卓越系列·高职高专工作过程导向"六位一体"创新型系列教材

电工基本技能

编　　　著　李景福　袁光德　艾述亮

行业指导专家　张文华

天津大学出版社

TIANJIN UNIVERSITY PRESS

内 容 简 介

本书是依据教育部最新制定的《高职高专教育电工技术基础课程教学基本要求》,并在课程教学改革研究与实践成果的基础上编写而成。全书共分 6 个模块:模块 1 为"电工工具使用";模块 2 为"低压电器设备";模块 3 为"照明线路";模块 4 为"电路基本理论";模块 5 为"正弦交流电路";模块 6 为"电动机控制系统"。

本书可供高职高专学校、成人专科学校机电一体化专业、电子信息专业、计算机应用专业、数控技术专业、模具设计与制造专业等及其相近专业作为教材使用,也可供有关科技人员参考。

图书在版编目(CIP)数据

电工基本技能/李景福,袁光德,艾述亮编著. —天津:天津大学出版社,2009.5(2017.8 重印)

(卓越系列)

高职高专工作过程导向"六位一体"创新型系列教材

ISBN 978-7-5618-3028-4

Ⅰ. 电… Ⅱ. ①李…②袁…③艾… Ⅲ. 电工技术 Ⅳ. TM

中国版本图书馆 CIP 数据核字(2009)第 068785 号

出版发行	天津大学出版社	
地 址	天津市卫津路 92 号天津大学内(邮编:300072)	
电 话	发行部:022-27403647	
网 址	publish. tju. edu. cn	
印 刷	北京京华虎彩印刷有限公司	
经 销	全国各地新华书店	
开 本	185mm×260mm	
印 张	17	
字 数	425 千	
版 次	2009 年 5 月第 1 版	
印 次	2017 年 8 月第 3 次	
定 价	32.00 元	

高职高专工作过程导向"六位一体"创新型系列教材

编审委员会

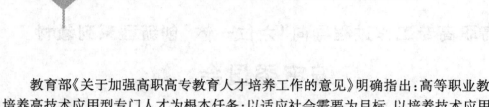

总序

　　教育部《关于加强高职高专教育人才培养工作的意见》明确指出:高等职业教育要以培养高技术应用型专门人才为根本任务;以适应社会需要为目标、以培养技术应用能力为主线设计学生的知识、能力、素质结构和培养方案;以"应用"为主旨和特征构建课程和教学内容体系。为此,高等职业院校都在大刀阔斧地进行教学改革以适应社会的需要。

　　郴州职业技术学院率先在湖南进行课程教学改革,并形成了"六位一体"课程教学模式:课程教学以职业能力需求为导向,确定明确、具体、可检验的课程目标;根据课程目标构建教学模块、设计职业能力训练项目;以真实的职业活动实例做训练素材;以职业能力训练项目为驱动;根据职业能力形成和知识认知规律,"教、学、做"一体化安排,促使和指导学生进行职业能力训练,在训练中提高能力,认知知识;课程考核以平时项目完成情况和学习过程的考核为主。这种模式突出能力本位,完全摆脱了传统学科型课程教学的思维定势。

　　基于工作过程导向的"六位一体"创新型系列教材作为"六位一体"教学模式改革的一项重要成果,改变了传统教材以学科知识逻辑顺序来编写教材的模式,以一种全新的模块式、项目式结构来构架整个教材体系。

　　本系列教材较于传统教材有以下创新之处:

　　1.教材编写以职业活动过程(工作过程)为导向,以项目、任务为驱动,按照工作过程形成应用性教学体系。改变传统教材篇、章、节式的编写体例,采用创新性的模块、项目为编写体例,以一个工作过程为一个模块,下设若干个任务项目,按真实工作过程来编写教材。

　　2.教材的编著有现场专家或者行业、企业专家参与,编著人员"双师"结合,即教师和行业、企业专家相结合,把行业、企业的新工艺、新设备、新技术、新标准引入教材内容,并根据行业、企业需要确定教材中各方面知识的比例结构,从而保证教材的内容质量。

　　3.强调能力本位,理论知识以"必需、够用"为原则,符合国家职业教育精神,适合职业教育特点。

　　随着课程教学改革的不断深入和完善,我们还将推出适合机电、工商管理、旅游、财会等专业的一系列工作过程导向"六位一体"教学改革教材,从而推动和促进职业教育的进一步发展。

　　我们相信,职业教育的明天定会更加灿烂!

郴州职业技术学院院长　　支校衡

前言

　　本书是遵照教育部关于《加强高职高专教育人才培养工作的意见》的精神,总结多年的课程教学改革研究与实践,特别是在郴州职业技术学院"需求、目标、项目、素材、结合、考核六位一体"教学改革实践的基础上编写而成。全书力求以电工职业能力的需求和毕业生就业岗位的特点确定课程目标,根据电工职业能力的形成和认识认知的规律,采用项目驱动、电工操作案例为基本训练素材,分模块组织课程教学内容和进行技能训练,施行"教、学、做"一体化,逐步形成《电工基本技能》的内容体系。本书在编写过程中力求全面体现高等职业教育的特点。

　　(1)本教材每一模块前根据"需求、目标、项目、素材、结合、考核六位一体"的教学体系,以项目为驱动设定模块【能力目标】、【知识目标】和【训练素材】,并在模块后附有技能训练题。

　　(2)注重技能性和实用性。本书无论是理论部分还是实践操作部分的内容,都是根据企、事业单位低压维修电工作业要求的基本技能、职业资格考证要求、专业课程的基础学习内容和解决实际电工问题的需要进行设计安排的。教材编写目标明确,突出实用性。教材内容力争实现教学与实践的"零距离",教与学"零间隙",技能与上岗的"零过渡"。学生通过学习与实际操作能得到锻炼与提高。

　　(3)不拘形式。本教材以电工职业活动为导向,以电工职业能力为中心来构建"六位一体"的教学体系。教材编写时,打破传统的学科知识体系,根据职业要求,以职业能力为中心,引入职业活动,整合课程教学内容,如整合电路的基本理论、三相电路的分析与计算等内容,使教材内容具有科学性、先进性、实用性及理论与实践融为一体的特点。

　　(4)教材在内容选取上,以"必需、够用、适用"为原则,从培养技术应用型人才要求出发,结合高职学生文化基础、专业实际和职业资格考证的需要,不过多追求知识体系的完整性,把编写的侧重点定位在对电工问题的分析、应用和学生动手能力的培养方面,立足于解决实际问题。

　　本书由湖南省郴州职业技术学院李景福、袁光德、艾述亮编著。其中李景福副教授拟定编写提纲及全书筹划,编写了模块1、模块4,并对全书进行修改定稿。袁光德副教授编写模块2、模块5、模块6,艾述亮讲师负责编写模块3。

　　本书送审稿承蒙郴州电力公司张文华高级工程师仔细审阅,并提出了许多宝贵意见,在此表示深切的感谢。

　　本课程的教学改革方案、教材编写大纲及教材初稿得到了郴州职业技术学院校本教材编审委员多次研讨与认真审核,提出了许多宝贵意见,郴州职业技术学院拿出专款资助出版,在此表示衷心的感谢。

　　由于编者水平有限,加之时间仓促,书中难免有不当之处,恳请指正。

编　者

2009 年 2 月

目　录

模块 1　电工工具使用

模块 6　电动机控制系统

附录

电工工具使用

模块 1

模块能力目标

▷ 能正确使用电工常用工具

▷ 能对人体触电事故进行简单的急救处置

▷ 能对常用电器设施采取安全用电的保护措施

▷ 能用常见电工仪表对低压电路进行测量

模块知识目标

☑ 掌握电工常用工具、仪表的工作原理和使用方法

☑ 掌握安全用电的常识和人体触电的急救方法

☑ 掌握用电设备的安全保护

☑ 掌握导线的分类、导线的连接及各种导线绝缘层的去除与恢复

☑ 掌握常用电工仪表的使用、分类、型号

模块计划学时

24 学时

项目 1.1 电工常用工具使用

【能力目标】

1. 能用试电笔测试低压用电器的带电状况。

2. 能正确使用螺丝刀、钢丝钳。

3. 能正确使用尖嘴钳、断线钳、剥线钳、电工刀、扳手。

【知识目标】

1. 掌握验电笔的构造、作用及使用注意事项。

2. 掌握螺丝刀、钢丝钳构造及使用注意事项。

3. 掌握尖嘴钳、断线钳、剥线钳、电工刀、扳手构造及使用注意事项。

【训练素材】试电笔、钢丝钳(尖嘴钳、斜口钳、剥线钳)、电工刀、螺丝旋具(一字起、十字起)。

任务一　试电笔的使用

一、试电笔的结构

试电笔的结构如图 1.1 所示。

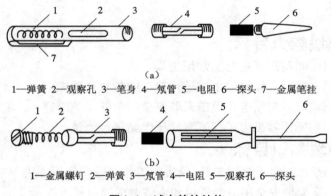

(a)
1—弹簧 2—观察孔 3—笔身 4—氖管 5—电阻 6—探头 7—金属笔挂

(b)
1—金属螺钉 2—弹簧 3—氖管 4—电阻 5—观察孔 6—探头

图 1.1　试电笔的结构

(a)钢笔式试电笔；(b)改锥式试电笔

试电笔又称验电笔，简称电笔，用来检查低压导体和电气设备的金属外壳是否带电的一种常用工具。常见的试电笔有钢笔式和改锥式两种，如图 1.1 所示，前端是金属探头，内部依次装接氖管、安全电阻和弹簧，弹簧与后端外部的金属部分相接触。

二、试电笔的使用

普通试电笔测量电压范围为 60～500 V，用于 60 V 时试电笔的氖管可能不会发光，高于 500 V 不能用普通试电笔来测量，否则容易造成人身触电。试电笔的使用方法如图 1.2 所示。检查或测试低压用电器时，手一定要触及电笔后端的金属部分，当试电笔的笔尖触及带电体，带电体上的电压经试电笔的笔尖(金属体)、氖管、安全电阻、弹簧及电笔后端的金属体，再经过人体接入大地形成回路，若带电体与大地之间的电压超过 60 V，电笔中的氖管就会发出红色的辉光，指示被测带电体有电。

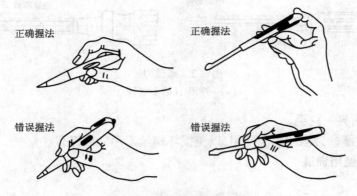

正确握法

正确握法

错误握法

错误握法

图1.2 试电笔的使用方法

三、试电笔验电操作训练

1. 使用低压试电笔的注意事项

（1）使用试电笔之前，首先要检查有无安全电阻，再直观检查它是否损坏，有无受潮或进水，检查合格后方可使用。

（2）在使用试电笔正式测量电气设备是否带电之前，先要将电笔在有电源的部位检查一下氖管是否能正常发光，如果试电笔氖管能正常发光，则可开始使用。

（3）如果试电笔需在明亮的光线下或阳光下测试带电体时，应当避光检测电气设备是否带电，以防光线太强不易观察到氖管是否发亮，造成误判。

（4）大多数试电笔前面的金属探头都制成一物两用的小螺丝刀，特别注意试电笔当作螺丝刀使用时，用力要轻，扭矩不可过大，以防损坏。试电笔在使用完毕后要保持清洁，放置干燥处，严防摔碰。

2. 试电笔使用训练

（1）用试电笔判断正常照明电路、火线和零线。在零线断路时，用试电笔分别测量火线和零线，观察两种情况下氖管发光情况。

（2）当调压变压器输出电压为220 V、110 V 和 60 V 时，用试电笔分别测量火线和零线，观察氖管发光情况。

（3）在室外或强光下，当调压变压器输出电压为220 V、110 V 和 60 V 时，用试电笔分别测量火线和零线，观察氖管发光情况。

任务二 螺丝刀的使用

一、螺丝刀的结构

电工最常用的工具要数螺丝刀了，它又称"起子"、螺丝旋具、旋凿等，如图1.3所示。螺丝刀是用来紧固或拆卸带槽螺钉的常用工具。近年来还生产了多用组合式螺丝刀。螺丝刀的大小尺寸和种类很多，头部形状有一字形和十字形两种，手柄常为木柄或塑料手柄。

二、螺丝刀的使用注意事项

（1）螺丝刀手柄要保持干燥清洁，以防带电操作中发生漏电。

（2）在使用小头较尖的螺丝刀紧松螺钉时，要特别注意用力均匀，严防手滑触及其他

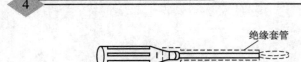
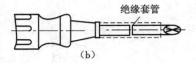

图 1.3　螺丝刀

(a)一字形；(b)十字形

带电体或者刺伤另一只手。

(3)切勿将螺丝刀当作錾子使用,以免损坏螺丝刀手柄或刀刃。

三、螺丝刀使用训练

1.训练素材

训练素材:各种型号的螺丝刀(一字形和十字形)、各种规格的螺丝钉、木板(硬质或软质)、导线、接线盒、拉线开关、瓷夹、闸刀开关。

2.训练步骤

训练步骤如下。

(1)操作要领如图 1.4 所示。

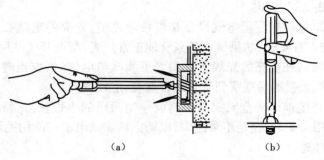

图 1.4　螺丝刀的使用方法

(a)紧松大螺丝钉;(b)紧松小螺丝钉

(2)在木质配电板上布线、安装瓷夹。

(3)在木质配电板上安装拉线开关一个,闸刀开关一个。

任务三　钢丝钳的使用

一、钢丝钳的结构和功能

观察钢丝钳结构,如图 1.5 所示。

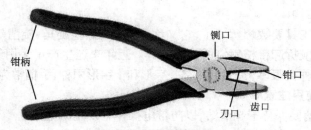

图 1.5　钢丝钳的结构

钢丝钳常称为钳子、老虎钳。钢丝钳有钳头和钳柄两部分。钳头包括钳口、齿口、刀口和铡口四部分。钢丝钳有带绝缘手柄和不带绝缘手柄两种,电工应选用带绝缘手柄的一种。一般钢丝钳的绝缘护套耐压为 500 V,所以只适合在低压带电设备上使用。

钢丝钳是电工操作人员必备的工具之一,钳口用来钳夹和弯绞导线头;齿口用来松开和紧固螺母;刀口用来剪切导线或剖削软导线的绝缘层;铡口用来铡切电线线芯、钢丝或铅芯等较硬的金属线材。

二、钢丝钳的使用方法

使用钢丝钳时采用拳握法,如图1.6所示。

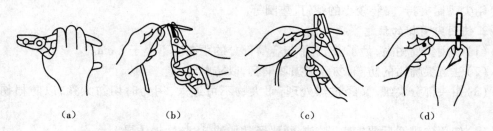

图1.6　钢丝钳的使用方法
(a)紧固螺母;(b)弯绞导线;(c)剪切导线;(d)铡切钢丝

三、使用钢丝钳的注意事项

使用钢丝钳时应注意以下几个问题。

(1)在使用钢丝钳的过程中,切勿将绝缘手柄碰伤、损伤或烧伤,并注意防潮。

(2)钳轴要经常加油,防止生锈。

(3)要保持钢丝钳清洁,带电操作时,手与钢丝钳的金属部分保持 2 cm 以上的距离。

(4)根据不同的用途,选择钢丝钳的大小规格,一般钢丝钳有 150 mm、175 mm 和 200 mm 等数种。

(5)不能用钢丝钳同时剪切火线和零线。

四、钢丝钳使用训练

训练(方式)步骤如下。

(1)用钢丝钳弯绞铜线、铝线、铁丝。

(2)用钢丝钳剪断钢丝。

(3)用钢丝钳松开已固定的螺母。

任务四　尖嘴钳、断线钳、剥线钳的使用

一、尖嘴钳

1. 尖嘴钳的结构和用途

观察尖嘴钳外形,如图1.7(a)所示。尖嘴钳的头部尖细,适用于狭小的工作空间或带电操作低压电气设备。尖嘴钳是制作和维修工具,又可作家庭日常修理的工具,使用灵活方便。电工维修人员在选用尖嘴钳时,也应选用带有耐酸塑料套管的绝缘手柄,耐压应在 500 V 以上。

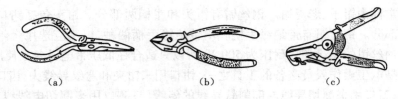

图 1.7　电工用钳
(a)尖嘴钳;(b)断线钳;(c)剥线钳

它的主要用途是剪切较细的金属丝和导线,能将单股导线弯成一定圆弧的接线鼻子,并可用尖嘴钳夹持、安装较小的螺钉、垫圈等。

2.使用尖嘴钳的注意事项

(1)使用尖嘴钳时,为了安全,手与金属部分的距离应不小于 2 cm。

(2)注意尖嘴钳的防潮,勿磕碰损坏柄套,以防触电。

(3)钳头部分尖细,又经过热处理,钳夹物不可过大,用力时切勿太猛,以防损伤钳头。

(4)使用尖嘴钳后要擦净,钳轴、肋要经常加油,以防生锈失灵。

二、断线钳

断线钳如图 1.7(b)所示,又称斜口钳,它专门用于剪断较粗的金属丝、线材及电缆等。其规格以全长表示,有 450 mm、600 mm 和 750 mm 等几种。常用的为耐压 500 V 带绝缘柄的断线钳,此外还有铁柄和管柄两种形式。

三、剥线钳

1.剥线钳的结构和用途

剥线钳如图 1.7(c)所示,它是用于剥除小直径导线端部的橡皮或塑料等绝缘材料的专用工具。剥线钳手柄一般带有绝缘套,工作电压为 500 V,但一般在生产中尽量不要带电作业,以免发生危险。它的钳口有 0.5~3 mm 多个不同口径的刃口,使用时,根据需要定出剥去绝缘层的长度,按导线线芯的直径大小,将其放入剥线钳相应的刃口。所选的刃口应比线芯直径稍大,用力一握线柄,导线的绝缘层即被割断,同时自动弹出。

2.使用剥线钳的注意事项

(1)导线放入钳口时,必须放入比导线直径稍大的刃口,否则,刃口大了绝缘层剥不去,刃口小了会伤及导线或剪断导线。

(2)维修电工在使用钳子进行带电作业时,必须检查绝缘是否良好,以防绝缘损坏,发生触电事故。

任务五　电工刀、扳手、高压绝缘棒、绝缘夹钳的使用

一、电工刀

1.电工刀的结构和用途

电工刀外形如图 1.8 所示,它是电工在安装与维修过程中用来割削电线电缆绝缘层、切割木台缺口、削制木桩及软金属的专用工具。电工刀的刀柄是没有绝缘保护的,不能在带电导线和器材上剖削,以免触电。目前市面上还有三用式、多用式或组合式电工刀,它们增加了锯片和锥子的功能,可以分别锯割电线槽板和锥钻木螺钉的底孔。

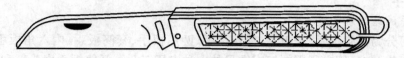

图1.8 电工刀的结构

2.使用电工刀的注意事项

(1)使用电工刀时切勿用力过猛,以免不慎划伤手指。

(2)一般电工刀的手柄是不绝缘的,因此电工刀不能带电操作。

(3)电工刀用毕,随即将刀刃折进刀柄。

3.电工刀使用训练

1)电工刀剖削单芯护套导线绝缘层操作

电工刀剖削导线绝缘层时,应使刀面和导线成较小的锐角,以免伤及导线。用电工刀剖削护套线和线头方法如图1.9所示。

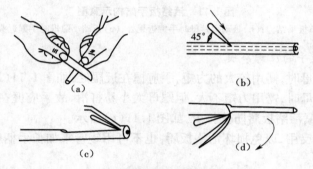

图1.9 剖削单芯护套塑料绝缘层方法

(a)握刀姿势;(b)以45°角倾斜切入;(c)以25°角倾斜推削;(d)翻开塑料层并在根部切去

步骤1 电工刀以45°角倾斜切入,如图1.9(b)所示,然后剥去上面一层塑料绝缘。

步骤2 使刀面以25°角左右,用力向线端推削,注意不要切入芯线,剥去上面一层塑料绝缘,如图1.9(c)所示。

2)电工刀剖削双芯或三芯护套塑料绝缘层操作

步骤1 电工刀对准芯线缝隙划开护套层,如图1.10(a)所示。

步骤2 向后翻护套层,用刀齐根切去,如图1.10(b)所示。

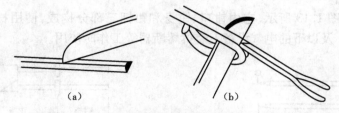

图1.10 剖削双芯或三芯护套塑料绝缘层操作方法

(a)对准芯线缝隙划开护套层;(b)向后翻护套层并齐根切去

二、扳手

1. 扳手的结构和用途

扳手可分为活络扳手、呆扳手、梅花扳手、两用扳手、套筒扳手、内六角扳手等。活络扳手又称扳头,它是用来紧固螺钉或螺母的一种专用工具。活络扳手由头部和尾部组成,头部由活络扳唇、呆扳唇、扳口、蜗轮和轴销等组成,如图1.11(a)所示。旋动蜗轮可调节扳口的大小。它的开口宽度可在一定范围内调节,其规格以长度乘以最大开口宽度来表示。电工常用的活络扳手有150 mm × 19 mm、200 mm × 24 mm、250 mm × 30 mm 和300 mm × 36 mm 四种,又称6 in、8 in、10 in 和12 in。

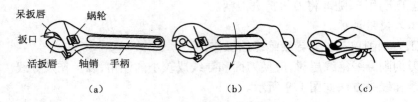

图1.11　活络扳手结构示意图
(a)扳手结构;(b)扳动大螺母时手握近尾处;(c)扳动小螺母时手握近头部

2. 使用活络扳手的注意事项

(1)扳动大螺母时,需用较大的力矩,手应握在近尾处,如图1.11(b)所示。

(2)扳动小螺母时,需用力矩不大,但螺母太小易打滑,故手应握在近头部的地方,可随时调节蜗轮,收紧活络扳唇防止打滑,如图1.11(c)所示。

(3)扳手不可反用,以免损坏活络扳唇,也不可用钢管来加长手柄获取较大的扳拧力矩。

(4)活络扳手不得代替撬棒和手锤使用。

三、高压绝缘棒

1. 高压绝缘棒结构

绝缘棒如图1.12所示,它由工作部分、绝缘部分和握手部分三部分组成。工作部分长5~8 cm,绝缘和握手部分由护环隔开,用浸过绝缘漆的木材、硬塑料、胶木或玻璃钢制成。

2. 高压绝缘棒的作用

高压绝缘棒的主要作用是用于断开和闭合高压刀闸跌落熔断器,安装和拆除携带型接地线以及进行带电测量和试验等工作。

四、绝缘夹钳

绝缘夹钳如图1.13所示,它由钳口、钳身和钳把三部分构成,使用材料与绝缘棒相同,主要在35 kV 及以下的电气设备上装拆熔断器等工作时使用。

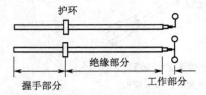

图1.12　高压绝缘棒

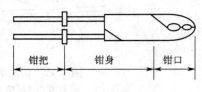

图1.13　绝缘夹钳

项目1.2 电烙铁、喷灯、转速表、手摇绕线机、手电钻使用训练

【能力目标】能正确使用电烙铁、喷灯、转速表、手摇绕线机、手电钻。

【知识目标】掌握电烙铁、喷灯、转速表、手摇绕线机、手电钻的构造及使用方法。

【训练素材】电烙铁、各类导线、焊锡、松香、煤油喷灯、煤油、电动机、电机转子漆包线、转速表、手摇绕线机、手电钻、木板及电工部分常用工具等。

任务一 电烙铁的使用

一、电烙铁的结构及用途

电烙铁是电工常用的焊接工具,主要是用来焊接电线接头、电气元件接点、铜合金、钢和镀锌薄钢板等材料。电烙铁的工作原理是利用电流通过发热体(电热丝)产生的热量熔化焊锡后进行焊接。电烙铁是锡焊的主要工具,其形式很多,主要类型有外热式、内热式、吸锡式和恒温式等。外热式电烙铁具有耐振动,机械强度大,适用于较大体积的电线接头焊接等优点;缺点是预热时间较长,效率较低。内热式电烙铁优点是体积小、重量轻、发热快,适用于在印刷电路板上接电子元件;缺点是机械强度差,不耐振动,不适于大面积焊接。其结构如图1.14所示。

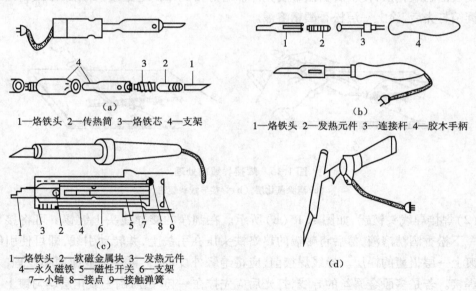

1—烙铁头 2—传热筒 3—烙铁芯 4—支架
(a)

1—烙铁头 2—发热元件 3—连接杆 4—胶木手柄
(b)

1—烙铁头 2—软磁金属块 3—发热元件
4—永久磁铁 5—磁性开关 6—支架
7—小轴 8—接点 9—接触弹簧
(c)

(d)

图1.14 常用电烙铁结构示意图
(a)外热式;(b)内热式;(c)恒温式;(d)吸锡式

二、电烙铁的使用

1.使用前的安全检查

电烙铁使用前先用万用表检查烙铁的电源线有无短路和开路,烙铁是否漏电,电源线的装接是否牢固,螺丝是否松动,在手柄上的电源线是否被螺丝顶紧,电源线的套管有无破损。

2. 新烙铁头的处理

新烙铁使用前,应用细砂纸将烙铁头打光亮,通电烧热,蘸上松香后用烙铁头刃面接触焊锡丝,使烙铁头上均匀地镀上一层锡。这样做,可以便于焊接和防止烙铁头表面氧化。旧的烙铁头如果严重氧化而发黑,可用钢挫挫去表层氧化物,使其露出金属光泽后,重新镀锡使用。

3. 使用注意事项

(1)电烙铁插头最好使用三极插头,要使外壳妥善接地。

(2)使用前,应认真检查电源插头、电源线有无损坏,并检查烙铁头是否松动。

(3)电烙铁使用中,不能用力敲击,要防止跌落。烙铁头上焊锡过多时,可用布擦掉,不可乱甩,以防烫伤他人。

(4)焊接过程中,烙铁不能到处乱放。不焊时,应放在烙铁架上,注意其电源线不可搭在烙铁头上,以防烫坏绝缘层而发生事故。

(5)使用结束,应及时切断电源,拔下电源插头,冷却后,再将电烙铁收回工具箱。

三、电烙铁焊接操作基础知识

1. 焊前处理

(1)清除导线接焊部位的氧化层,如图 1.15(a)所示。用断锯条制成小刀,刮去金属接导线表面的氧化层,使引脚露出金属光泽。若焊接到印刷电路板,可用细砂纸将印刷电路板铜箔打光后,涂上一层松香酒精溶液。

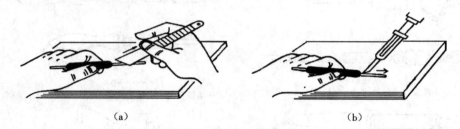

（a）   （b）

图 1.15　焊接导线前处理

（a）清除氧化层;（b）焊接导线头镀锡

(2)焊接导线头镀锡,如图 1.15(b)所示。在刮净的接导线头上镀锡。可将接导线头蘸一下松香酒精溶液,然后将带锡的热烙铁头压在引线上,并转动引线,即可使引线均匀地镀上一层很薄的锡层。导线焊接前,应将绝缘外皮剥去,再经过上面两项处理,才能正式焊接。若是多股金属丝的导线,打光后应先拧在一起,然后刮去氧化层均匀镀上一层锡。

2. 焊接的手法

(1)焊锡丝的拿法。经常使用烙铁进行锡焊的人,一般把成卷的焊锡丝拉直,然后截成一尺长左右的一段。在连续进行焊接时,锡丝的拿法是:用左手的拇指、食指和小指夹住锡丝,用另外两个手指配合,这样就能把锡丝连续向前送进。若不是连续焊接,锡丝的拿法也可采用其他形式。

(2)电烙铁的握法。根据电烙铁的大小、形状和被焊件要求的不同,电烙铁的握法一般有三种形式：正握法、反握法和握笔法，如图1.16所示。握笔法适合于使用小功率的电烙铁和进行热容量小的被焊件的焊接。

做好焊前处理之后，就可正式进行焊接。

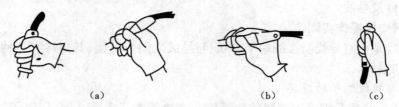

图1.16 电烙铁的握法

(a)反握法；(b)握笔法；(c)正握法

3.焊接方法(参看图1.17)

手工焊接时，常采用五步操作法。

步骤1 焊接准备。把被焊件、锡丝和烙铁准备好，处于随时可焊的状态。

步骤2 加热被焊件。把烙铁头放在接线端子和引线上进行加热。

步骤3 送上焊锡丝。被焊件经加热达到一定温度后，立即将手中的锡丝触到被焊件上使之熔化适量的焊料。注意焊锡应加到被焊件上与烙铁头对称的一侧，而不是直接加到烙铁头上。

步骤4 脱开焊锡丝。当锡丝熔化一定量后(焊料不能太多)，迅速移开锡丝。

步骤5 脱开电烙铁。当焊料的扩散范围达到要求后移开电烙铁。撤离烙铁的方向和速度的快慢与焊接质量密切相关，操作时应特别留心仔细体会。

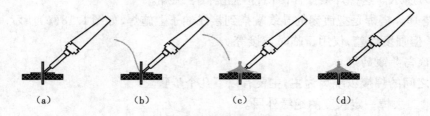

图1.17 焊接操作示意图

(a)加热；(b)送上焊锡；(c)脱开焊锡；(d)脱开烙铁

4.焊接注意事项

在焊接过程中除应严格按照以上步骤操作外，还应特别注意以下几个方面。

(1)烙铁的温度要适当。可将烙铁头放到松香上去检验，一般以松香熔化较快又不冒大烟的温度为适宜。

(2)焊接的时间要适当。从加热焊料到焊料熔化并流满焊接点，一般应在2~3 s完成。若时间过长，助焊剂完全挥发，就失去了助焊的作用，会造成焊点表面粗糙，且易使焊点氧化。但焊接时间也不宜过短，时间过短则达不到焊接所需的温度，焊料不能充分熔化，易造成虚焊。

(3)焊料与焊剂的使用要适量。若使用焊料过多，则多余的会流入管座的底部，降低管脚之间的绝缘性；若使用的焊剂过多，则易在管脚周围形成绝缘层，造成管脚与管座之间的接触不良。反之,焊料和焊剂过少易造成虚焊。

(4)焊接过程中不要触动焊接点。在焊接点上的焊料未完全冷却凝固时,不应移动被焊元件及导线,否则焊点易变形,也可能造成虚焊现象。焊接过程中也要注意不要烫伤周围的元器件及导线。

四、导线焊接操作实训

常见导线焊接有导线与接线端子、导线与导线之间的焊接,其焊接有三种基本形式:绕焊、钩焊和搭焊。

1.导线与接线端子的焊接

(1)绕焊。绕焊是把经过镀锡的导线端头在接线端子上缠一圈,用钳子拉紧缠牢后进行焊接,如图 1.18(a)所示。这种焊接可靠性最好。

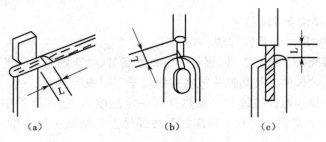

(a)　　　　　　　　(b)　　　　　　　　(c)

图 1.18　导线与端子的焊接

(a)绕焊;(b)钩焊;(c)搭焊

(2)钩焊。钩焊是将导线端子弯成钩形,钩在接线端子上,并用钳子夹紧后焊接,如图 1.18(b)所示。这种焊接操作简便,但强度低于绕焊。

(3)搭焊。搭焊是把镀锡的导线端搭到接线端子上施焊,如图 1.18(c)所示。这种焊接最简便,但强度最差,仅用于临时连接等。

2.导线与导线的焊接

导线之间的焊接以绕焊为主,主要有以下几个步骤。

步骤1　去掉一定长度的绝缘外层。

步骤2　端头上锡,并套上合适的绝缘套管。

步骤3　绞合导线,施焊。

步骤4　趁热套上套管,冷却后固定在接头处。

此外,对调试或维修中的临时线,也可采用搭焊的办法。

五、焊接工艺要求与焊接实训

1.工艺要求

(1)焊点要圆润、光滑,焊锡量适中,没有虚焊。

(2)剥导线绝缘层时,不要损伤铜芯。导线连接要正确、牢靠。

2.焊接实训

(1)在空心铆钉板的铆钉上焊接圆点(50 个铆钉),先清除空心铆钉表面的氧化层,然后在空心铆钉上焊上圆点。

(2)在空心铆钉板上焊接铜丝(50 个铆钉),先清除空心铆钉表面氧化层,清除铜丝表面氧化层,然后镀锡,并在空心铆钉上(直插、弯插)焊接。

(3)在印制电路板上焊接铜丝(100个孔),在保持印制电路板表面干净的情况下,清除铜表面氧化层,然后镀锡,并在印制电路板上焊接。

(4)用若干单股短导线,剥去导线端子绝缘层,练习导线与导线之间的焊接。

(5)用单股及多股导线和焊接片练习导线与端子之间的绕焊、钩焊与搭焊。

任务二 喷灯的使用

一、喷灯的结构

喷灯是利用喷射火焰对工件进行局部加热的工具。按使用燃料不同分为汽油喷灯、煤油喷灯和酒精喷灯。各部分的名称和作用如图1.19所示。

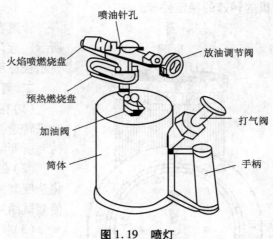

图1.19 喷灯

二、喷灯的使用方法

(1)按喷灯所要求的燃料油种类,加注相应的燃料油。

(2)使用前应仔细检查油桶是否漏油,喷嘴是否通畅,丝扣处有无漏气等。

(3)喷灯点火时,喷嘴前严禁有人,工作场所无可燃物。

(4)经检查正常后,旋下加油阀,按喷灯所要求的燃料注入煤油或汽油,加油量不超过油桶的3/4,然后关闭好加油阀。

(5)加油后进行预热,先在点火碗内注入燃料油,再点火将喷嘴加热,使燃料汽化。

(6)待喷嘴烧热后再慢慢打开进油阀,点燃喷火,喷灯正常工作。在打气加压前应先关闭加油阀,油桶内压力可根据火焰喷射力量控制调节。

三、喷灯使用的注意事项

(1)禁止在煤油或酒精喷灯内注入汽油,加注的油量要低于油桶最大容量的3/4,并拧紧加油处的螺塞。

(2)在加油时应先熄火,再将加油阀上螺栓旋松,听见放气声后不要再旋出,以免油喷出,待气放尽后,方可开盖加油。

(3)在加汽油时,周围不得有火。

(4)打气压力不可过高,喷灯能正常喷火即可。

(5)在使用过程中,要经常检查油桶中的油量是否少于简体容积的1/4,以防简体过热发生危险。

(6)要经常检查油路密封圈零件配合处有无渗漏跑气现象。

(7)喷灯喷火时,喷嘴前严禁站人。

(8)喷灯的加油、放油和修理应在熄火后方可进行。

(9)使用完毕,应将剩余的油气放掉。

任务三　转速表的使用

一、转速表的用途及其构造

转速表可用来测定电动机转轴旋转的速度,也可测定负载端机械轮的转速。根据测定的转速可以判断三相异步电动机的极数。例如在测定某电动机的转速为 2 930 r/min 时,那么这台电机便为 2 极,在测定电动机转速为 950 r/min 时,则为 6 极。另外,它还可在调试整流子式异步电动机时,配合两块钳型电流表测出电动机的同步转速以及直流电动机的转速的稳定件等。

转速表常用的是离心式手持转速表,如图 1.20 所示。近几年新型转速表不断涌现,有离心式电子显示板显示转速的转速表、感应式转速表等。

二、离心式手持转速表在使用中应注意的事项

(1)在测电动机轴的转速之前,要用眼观察电动机转速,大致判断其速度,然后把转速表的调速盘转到所要测的转速范围内。

(2)在一般没有多大把握判断电机转速时,要将速度调到高位观察,确定转速后,再调向低挡,以使测试结果准确。

(3)换挡时要等转速表停转后再换挡,以免损坏表的机构。

(4)测量转速时,应将转速表的测试轴与被测轴轻轻接触并逐渐增加接触力,测试时要手持转速表保持平衡,转速表测试轴与电动机轴保持同心,直到测试指针稳定时再记录数据。

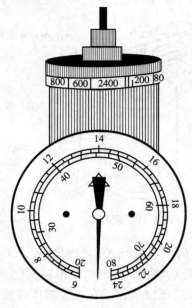

图 1.20　转速表示意图

(5)转速表换轴后,可测试设备的转速和线速度。

任务四　手摇绕线机的使用

一、手摇绕线机的结构和用途

手摇绕线机的结构如图 1.21 所示。它主要用来绕制精度要求不太高的低压电器线圈、小型电动机绕组和小型变压器绕组。绕制时操作者将导线拉直排匀,从计数器上读出绕制匝数。

二、使用时注意事项

在使用手摇绕线机时应注意以下几个问题。

(1)使用时,要把绕线机固定在操作台上。

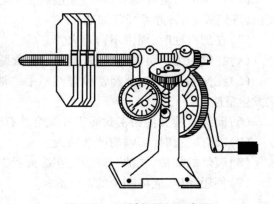

图 1.21　手摇绕线机示意图

（2）绕制线圈时，注意记下起头指针所指示的匝数，并在绕制后减去。

（3）绕线时操作者用手把导线拉紧拉直，注意较细的漆包线切勿用力过度，以免将线拉断。

任务五　手电钻的使用

一、手电钻的用途和种类

1.手电钻的用途

手电钻是电工在安装维修中常用工具之一，它不但体积小、重量轻，而且还能随意移动。近年来，手电钻的功能和用途不断扩展，功率也越来越大，不但能对金属钻孔，还能带有冲击功能，在钢筋水泥上打眼等。

2.手电钻的种类

手电钻目前常用的有手枪式和手提式两种，电源一般为220 V，也有三相380 V的。钻头大致也分两大类：一类为麻花钻头，一般用于金属打孔；另一类为冲击钻头，用于往水泥上打孔。手电钻大多数是单相交直流两种串激电动机，它的工作原理是接入220 V交流电源后，电流通过整流子导入转子绕组，转子绕组所通过的电流方向和定子激磁电流所产生的磁通方向是同时变化的，从而使手钻上的电动机按一定方向运转。如图1.22所示为手枪式手电钻。

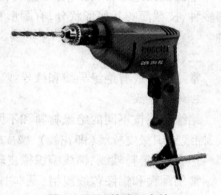

图1.22　手枪式手电钻

二、使用手电钻的注意事项

（1）使用时首先要检查电线绝缘是否良好，如果电线有破损处，可用胶布包好。最好使用三芯橡皮软线，并让手电钻外壳接地。

（2）检查手电钻的额定电压与电源电压是否一致，开关是否灵活可靠。

（3）手电钻接入电源后，要用电笔测试外壳是否带电，如不带电方能使用。操作中需接触手电钻的金属外壳时，应戴绝缘手套、穿电工绝缘鞋并站在绝缘板上。

（4）拆装钻头时应用专用钥匙，切勿用螺丝刀和手锤敲击电钻夹头。

（5）装钻头时要注意钻头与钻夹保持同一轴线，以防钻头在转动时来回摆动。

（6）在使用手电钻过程中，钻头应垂直于被钻物体，用力要均匀。当钻头被被钻物体卡住时，应停止钻孔，检查钻头是否卡得过松，重新紧固钻头后再使用。

（7）钻头在钻金属孔过程中，若温度过高，很可能引起钻头退火，为此，钻孔时要适量加些润滑油。

（8）钻孔完毕，应将电线绕在手电钻上，放置干燥处，以备下次使用。

项目 1.3　导线线头加工连接

【能力目标】能正确进行各类电力线头加工。

【知识目标】掌握各类线头加工的方法及导线的分类。

【**训练素材**】钢丝钳（尖嘴钳、斜口钳、剥线钳）、电工刀、螺丝旋具（一字起、十字起）、钳形电流表、摇表、电能表、绝缘胶布、各种型号的导线、压线钳、各种规格的导线。

任务一　导线的分类与安全载流量

导线线头的加工，是电工的一种最基本而又最关键的操作工艺，许多电气事故的根本原因，往往是由于导线线头加工不良而引起的，因此必须正确掌握其加工技术。

一、常见导线的分类和应用

电工所用的导线分为两大类，即电磁线和电力线。电磁线用来制作各种线圈，如制作变压器、电动机和电磁铁中的线圈。电力线则用来将各种电路连接成通路。每一大类的导线又分成许多品种和规格。

电磁线按绝缘材料分，有漆包线、丝包线、丝漆包线、纸包线、玻璃纤维包线和纱包线等多种；按截面的几何形状分，有圆形和矩形两种；按导线的线芯分，有铜线芯和铝线芯两种。

二、电力线分类

常用电力线有绝缘导线和裸导线。

1. 绝缘导线

绝缘导线按不同的绝缘材料和不同用途，又分为塑料线、塑料护套线、塑料软线、橡皮线、棉线编织橡皮软线（即花线）、橡皮软线和铅包线以及各种电缆线等。其中以塑料线、塑料护套线、塑料软线、棉线编织橡皮软线、橡皮线最为常用。

常用圆铜和铝漆包线规格，见本书附录 A。

常用绝缘导线的结构和应用范围，见本书附录 B。

各种绝缘导线的规格和安全载流量，见本书附录 C。

2. 裸导线

常用的裸导线有裸铝线和钢芯铝绞线两种。钢芯铝绞线的强度较高，用于电压较高或电杆挡距较大的线路上，一般低压电力线路多采用铝绞线。

三、电力导线载流的选择

常用架空线路用裸铝导线安全载流量如表 1.1 所示。

表 1.1　架空线路用裸铝导线安全载流量

（1）安全载流量			
铝绞线		钢芯铝绞线	
导线型号	安全载流量(A)	导线型号	安全载流量(A)
LJ－16	93	LGJ－16	97
LJ－25	120	LGJ－25	124
LJ－35	150	LGJ－35	150
LJ－50	190	LGJ－50	195
LJ－70	134	LGJ－70	242
LJ－95	190	LGJ－95	295

续表

LJ-120	330	LGJ-120	335
LJ-150	388	LGJ-150	393
LJ-185	440	LGJ-185	450
		LGJ-240	540

(2)温度校正系数

环境平均温度(℃)	5	10	15	20	25	30	35	40	45	50	55
校正系数	1.36	1.31	1.25	1.20	1.13	1.07	1.00	0.93	0.85	0.76	0.66

注:表(1)中所列的安全载流量是根据导线最高工作温度为 70 ℃、周围空气温度为 35 ℃ 而定的。在实际环境平均温度超过或低于 35 ℃ 的地区,导线的安全载流量应乘以表(2)所列的校正系数。

任务二 导线线头绝缘层的除去操作训练

一、电力线塑料绝缘线头剥削训练

(1)用电工刀以 45° 角倾斜切入塑料层并向线端推削,如图 1.23 (a)、(b)所示。

(2)削去一部分塑料层,并将另一部分塑料层翻下,将翻下的缘料层切去,至此塑料层全部削掉并露出芯线,如图 1.23(c)、(d)所示。

二、护套线头的剖削训练

(1)根据需要长度,用电工刀在指定的地方划一圈深痕,如图 1.23 (a)所示,但不得损伤芯线绝缘层。

(2)对准芯线的中间缝隙,用电工刀把保护套层划破,如图 1.23 (b)所示。

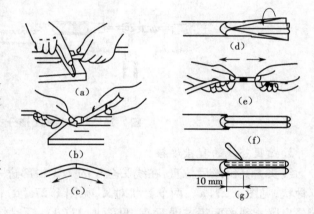

图 1.23 护套线头剖削方法
(a)第一步;(b)第二步;(c)、(d)、(e)、(f)第三步;(g)第四步

(3)剥去线头保护层,露出芯线绝缘层,如图 1.23(c)、(d)、(e)、(f)所示。

(4)在距离保护层约 10 mm 处(图 1.23(g)),用电工刀以 45° 角倾斜切入芯线绝缘层,再以塑料绝缘导线线头的剖削方法,将护套芯线绝缘层剥去。

三、刮去漆包线线头绝缘漆层训练

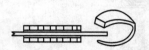

图 1.24 刮除漆包线头绝缘层

漆包线线头可用专用工具刮线刀刮去绝缘漆层,如图 1.24 所示;也可用电工刀刮削,把绝缘漆层刮干净,但不得将铜线刮细、刮断。直径在 0.07 mm 以下的漆包线不便于去绝缘层,只需将待接的两接线头并拢后,用打火机(或火柴)直接烧掉即可。

任务三　导线的连接和绝缘层恢复训练

一、中小截面铜导线的连接训练

1.单股芯线直线连接

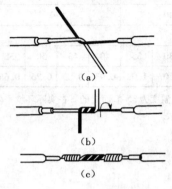

图 1.25　单股芯线直线连接

先将两导线端去绝缘层,后作叉相交,见图 1.25(a);互相绞合 2~3 匝后扳直,见图 1.25(b);两线端分别紧密向芯线上并绕 6 圈,多余线端剪去,并钳平切口,见图 1.25(c)。

2.单股芯线 T 形分支连接

支线端和干线去其绝缘后十字相交,使支线线芯根部留出约 5 mm 后向干线缠绕一圈,再环绕成结状,收紧线端向干线共绕 6~8 圈剪平切口,见图 11.26(a);如果连接导线截面较大,两芯线十字相交后,可以不打结,直接在干线上紧密缠 8 圈即可,见图 1.26(b)。

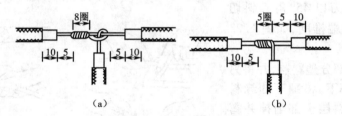

图 1.26　单股芯线 T 形分支连接

3.七股芯线的直接连接

线头去其绝缘后拉直,在线头全长的 1/3 根部进一步绞紧。余下的线头芯子分散成伞骨状,见图 1.27(a);两伞骨状对叉,见图 1.27(b);捏平每股芯线,见图 1.27(c);在一端分出紧相邻的两根芯线垂直,见图 1.27(d);顺时针方向绕两圈后扳成直角与干线贴紧,见图 1.27(e);再拿出两根芯线,做法同前,见图 1.27(f);最后三根芯线紧密绕至根部,见图 1.27(g);剪去余端,钳平切口,见图 1.27(h)。

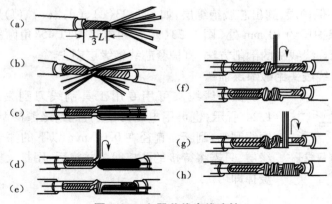

图 1.27　七股芯线直线连接

4．七股芯线 T 形分支连接

支线头与干线去其绝缘后在支线头 1/8 根部进一步绞紧，余部分散，见图 1.28（a）；支线线头分成两组，四根一组插入干线的中间（干线三、四根，两组中间留出插缝），见图 1.28（b）；将三股芯线的一组往干线一边按顺时针紧缠 3～4 圈，剪去余端，钳平切口，见图 1.28（c）；另一组用相同方法缠绕 4～5 圈，剪去余端，钳平切口，见图 1.28（d）。

二、导线绝缘层的恢复训练

从线头完整的绝缘层上开始包缠，见图1.29（a）；绝缘带采用 1/2 叠包至另一端后在芯线完整绝缘层上再包 3～4 圈，见图 1.29（b）；对绝缘电线包缠绝缘层时，必须先包黄蜡绸带（或涤纶薄膜带），然后再包黑胶带，见图 1.29（c）。

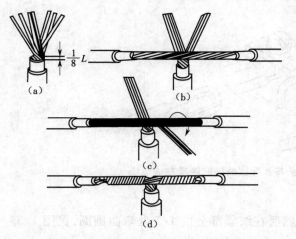

图 1.28　七股芯线 T 形分支连接

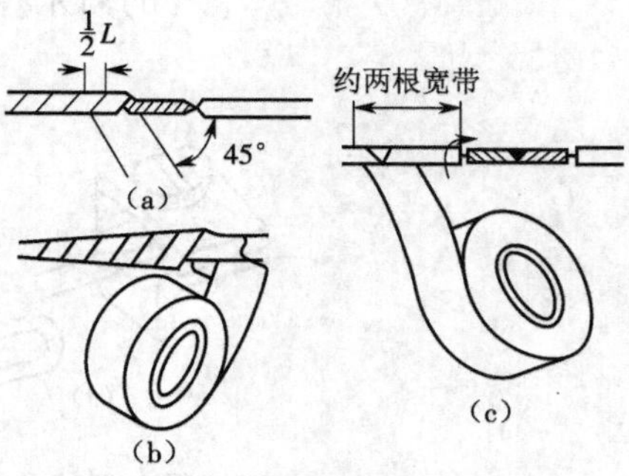

图 1.29　绝缘带的包缠方法

任务四　导线与接线桩的连接训练

一、线头与平压式接线桩的连接训练

单股导线线头与平压式接线桩的连接（俗称芊眼圈的压接）步骤如下。

（1）剥去线头绝缘层，在离导线绝缘层根部约 3 mm 处向外侧折角，见图 1.30（a）。

（2）按略大于螺钉直径弯曲圆弧，再剪去芯线余端并修正圆圈，见图 1.30（b）和（c）。

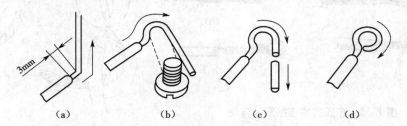

图 1.30　单股芯与接线端的连接

（3）把芯线弯成的圆圈套在螺钉上，圆圈弯曲的方向应跟螺钉旋转方向一致，拧紧螺钉，通过垫圈紧压导线，见图 1.30（d）。

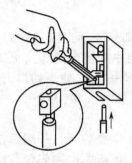

图 1.31　单股芯线与针孔接线桩的连接

二、单股芯线线头与针孔接线桩的连接训练

芯线直径小于针孔,针孔可插入两根芯线时,将线头折成双股插入针孔内,当芯线直径与针孔大小合适时,应在单股芯线插入孔前把线芯端头略折一下,折转的端头翘向孔上部,直接插入,如图 1.31 所示。

三、线头与瓦形接线桩的连接训练

(1)将单股芯线端按略大于瓦形垫圈螺钉直径弯成"U"形,螺钉穿过"U"形孔压在垫圈下旋紧,如图 1.32(a)所示。

(2)如果两个线头接在同一瓦形接线桩上,其接法如图 1.32(b)所示。

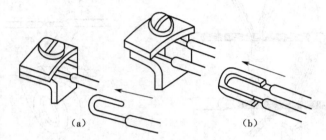

(a)　　　　　　　　　(b)

图 1.32　单股导线头与瓦形接线桩的连接方法

四、多段芯线压接圈的弯法训练

(1)将芯线线头的 1/2 从根部绞紧,然后在绞紧部分的 1/3 处弯曲圆圈,见图 1.33(a)、(b)。

(2)把已弯成的压接圈最外侧几股芯线折成垂直状,按直线连接的方法连接,见图 1.33(c)、(d)。

(3)对多根芯线则要把芯线绞紧,顺着螺钉旋转方向绕螺钉一圈,再在线头根部绕一圈,然后旋紧螺钉,剪去余下的芯线,如图 1.34 所示。该连接方法的缺点是受热易松动,不适用于大载流量的连接,载流量小的场所可用。

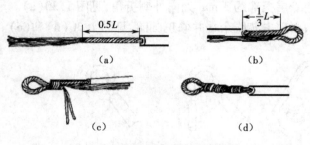

0.5L

$\frac{1}{3}L$

(a)　　　　　　　　(b)

(c)　　　　　　　　(d)

图 1.33　多股芯线压接圈的弯法

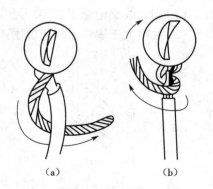

(a)　　　　　　(b)

图 1.34　多股芯线压接方法

(a)围绕螺钉后再自缠;

(b)自缠一圈后,线头压入螺钉

五、多股芯线与针孔接线桩的连接训练

该连接方式有3种情况:其一是针孔内径与导线直径匹配或导线直径稍大一点时,将导线进一步绞紧后装入孔中即可,导线头的剥削长度略大于针孔深度3~4 mm,并且线头要顺芯线原绞紧方向旋紧,做法见图1.35(a);其二是针孔过大,线头外径小的,将剥削好的线头(长度同前)用一单股芯围绕剥削的线头单排密绕一层导线,直接插入针孔底部,旋紧螺钉,做法见图1.35(b);其三是芯线直径大于针孔内径太多,将多股芯线剪去1~2根,然后按芯线原绞紧方向纹紧,直插针孔底部旋紧螺钉,做法见图1.35(c)。

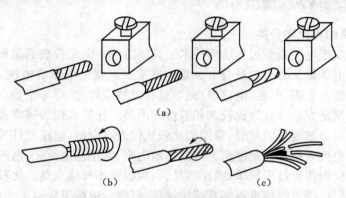

图1.35 多股芯线与针孔式接线桩的连接
(a)孔大小较适宜时的连接;(b)孔过大时的连接;(c)孔过小时的连接

六、导线与接线耳的连接训练

一般电气设备的接线柱多是钢制的,当有潮气侵入时,铜和铝的连接处易产生电化腐蚀,会引起接头发热或烧断,为了防止这种故障的发生,常采用一种铜铝过渡接头(也称接线耳),如图1.36(a)所示。先将铝导线和接线耳铝内孔清理净,涂凡士林油,然后将铝导线插入接线耳,铝端用压接钳压接,如图1.36(b)所示。最后将接线耳的铜端再与设备的接线桩连接。图1.36(c)为铜接线耳,将多股线芯镀锡再焊接到接线耳的尾端,另一端接设备。

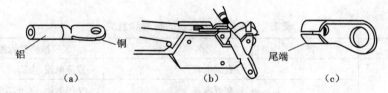

铝　铜　　　　　　　　　尾端

(a)　　　　　(b)　　　　　(c)

图1.36 铜导线与接线耳的连接
(a)铜铝过渡接头;(b)铝芯与接线耳压接;(c)铜接线耳

项目1.4 电工仪表的使用

【能力目标】能正确连接、安装或使用电流表、电压表、万用电表、功率表、电度表、钳形电流表、兆欧表等常见的电工仪表。

【知识目标】

1.熟悉电流表、电压表、万用电表、功率表、电度表、钳形电流表、兆欧表等常见的电工仪表的工作原理、接线方法。

2.熟悉电工仪表的分类、图形符号及意义,了解各种仪表等级。

3.了解误差的概念。

【训练素材】电流表、电压表、万用电表、功率表、电度表、钳形电流表、兆欧表。

任务一 电工仪表及其分类

一、电工仪表的用途和分类

电工仪表是实现电工测量过程所需技术工具的总称。电工仪表的测量对象主要是电学量与磁学量。电学量又分为电量与电参量。通常要测量的电量有电流、电压、功率、电能、频率等;电参量有电阻、电容、电感等;磁学量有磁感应强度、磁导率等。

电工仪表按测量方法可分为比较式和直读式两类。比较式仪表需将被测量与标准量进行比较后才能得出被测量的数量,常用的比较式仪表有电桥、电位差计等。直读式仪表将被测量的数量由仪表指针在刻度盘上直接指示出来,常用的电流表、电压表等均属直读式仪表。直读式仪表测量过程简单,操作容易,但准确度不可能太高。比较式仪表的结构较复杂,造价较昂贵,测量过程也不如直读法简单,但测量的结果较直读式仪表准确。

按被测量的种类,电工仪表可分为电流表、电压表、功率表、频率表、相位表等。

按电流的种类,电工仪表可分为直流、交流和交直流两用仪表。

按工作原理,电工仪表可分为磁电式、电磁式、电动式仪表等。

按显示方法,电工仪表可分为指针式(模拟式)和数字式仪表。指针式仪表用指针和刻度盘指示被测量的数值;数字式仪表先将被测量的模拟量转化为数字量,然后用数字显示被测量的数值。

按准确度,电工仪表可分为0.1、0.2、0.5、1.0、1.5、2.5和5.0共7个等级。

二、常用电工仪表的符号和意义

常用电工仪表的符号和意义见表1.2。

表1.2 常用电工仪表的符号和意义

分类	符号	名称	被测量的种类
电流种类	—	直流电表	直流电流、电压
	～	交流电表	交流电流、电压、功率
	≃	交直流两用表	直流电量或交流电量
	≋或3～	三相交流电表	三相交流电流、电压、功率

续表

分类	符号	名　　称	被测量的种类
测量对象	Ⓐ ⓜA ⓤA	安培表、毫安表、微安表	电流
	Ⓥ Ⓚᵥ	伏特表、千伏表	电压
	Ⓦ Ⓚw	瓦特表、千瓦表	功率
	kW·h	千瓦时表	电能量
	Ⓥ	相位表	相位差
	f	频率表	频率
	Ω MΩ	欧姆表、兆欧表	电阻、绝缘电阻
工作原理	⊓	磁电式仪表	电流、电压、电阻
	〜	电磁式仪表	电流、电压
	⊟	电动式仪表	电流、电压、电功率、功率因数、电能量
	⊓	整流式仪表	电流、电压
	⊙	感应式仪表	电功率、电能量
准确度等级	1.0	1.0 级电表	以标尺量限的百分数表示
	①.5	1.5 级电表	以指示值的百分数表示
绝缘等级	⚡2 kV	绝缘强度试验电压	表示仪表绝缘经过2 kV 耐压试验
工作位置	→	仪表水平放置	
	↑	仪表垂直放置	
	∠60°	仪表倾斜60°放置	
端钮	+	正端钮	
	−	负端钮	
	± 或 ✕	公共端钮	
	⊥ 或 ⏚	接地端钮	

任务二　电工仪表的误差

一、电工仪表的误差表示方法

误差是指用仪表测量时,其测量值与真实值之间的差异。准确度是指测量结果(简称示值)与被测量真实值(简称真值)之间相接近的程度,是测量结果准确程度的量度。准确度与误差本身的含义是相反的,但两者又是紧密联系的,测量结果的准确度高,其误差就小,因此,在实际测量中往往采用误差的大小来表示准确度的高低。

由于制造工艺的限制及测量时外界环境因素和操作人员的因素,误差是不可避免的。

根据引起误差的原因不同,仪表误差可分为基本误差和附加误差。基本误差是在规定的正常工作条件下(如温度、湿度、频率、波形、放置方式以及无外界电磁场干扰等),由于仪表本身的原因所产生的误差。附加误差是由于外界因素的影响和仪表放置不符合规定等原因所产生的误差。附加误差有些可以消除或限制在一定范围内,而基本误差却不可避免。常用电工仪表的误差表示方法有以下几种。

(1)绝对误差 ΔA:定义

$$\Delta A = A_x - A_0$$

式中,A_x——测量值;

A_0——真实值。

(2)相对误差 γ:定义

$$\gamma = \frac{\Delta A}{A_0} \times 100\%$$

(3)示值误差 γ_x:定义

$$\gamma_x = \frac{\Delta A}{A_x} \times 100\%$$

(4)引用误差 γ_n:定义

$$\gamma_n = \frac{\Delta A}{A_m} \times 100\%$$

式中,A_m——最大量程。

(5)最大相对误差 γ_m:定义

$$\gamma_m = \frac{\Delta A_m}{A_x} = \frac{\Delta A_m}{A_x} \times \frac{A_m}{A_m} = \frac{\Delta A_m}{A_m} \times \frac{A_m}{A_x} = K \times \frac{A_m}{A_x}$$

二、电工仪表仪表的准确度 K

定义

$$K = \frac{\Delta A_m}{A_m} \times 100\%$$

例如:用一量程为 150 V 的电压表,在正常条件下测得某电路两点间的电压 U,示值为 100 V,绝对误差为 1 V。这时 U 的真实值为 100 – 1 = 99 V,相对误差 $\gamma = 1\%$。如果示值为 10 V,绝对误差为 – 0.8 V,则其真值为 10.8 V,相对误差为 8%。如果已知该电压表可能发生的最大绝对误差为 1.5 V,则仪表的最大引用误差为

$$K = \frac{\Delta A_m}{A_m} \times 100\% = \frac{1.5}{150} \times 100\% = 1\%$$

所以该仪表的准确度等级为 1.0 级。

> **注意**:被测量比仪表量程小得越多,测量结果可能出现的最大相对误差值也越大。例如用 1.0 级量程为 150 V 的电压表测量 30 V 的电压,可能出现的最大相对误差为 5%,而改用 1.0 级量程为 50 V 的电压表测量 30 V 的电压,可能出现的最大相对误差为 1.67%。所以选用仪表的量程时应使读数在 2/3 量程以上。

任务三　指针式电流表的结构和工作原理

电工测量中常用的指针式仪表有磁电式、电动式、电磁式 3 种。这些仪表的结构虽然不同,但工作原理却是相同的,都是利用电磁现象使仪表的可动部分受到电磁转矩的作用而转动,从而带动指针偏转来指示被测量的大小。

一、磁电式电流表的结构和工作原理

图 1.37 所示为磁电式电流表的构造图,直流电流 I 通过可动线圈时,线圈与磁场相互作用使线圈产生转动力矩,带动指针偏转。指针偏转后扭紧弹簧游丝,使游丝产生反抗力矩。当反抗力矩和转动力矩相平衡时,线圈和指针便停止偏转。由于在线圈转动的范围内磁场均匀分布,因此线圈的转动力矩与电流的大小成正比。又由于游丝的反抗力矩与线圈的偏转角度成正比,所以仪表指针的偏转角度 α 与流过线圈的电流的大小成正比,即 $\alpha = KI$。可见磁电式电流表标尺上的刻度是均匀的。

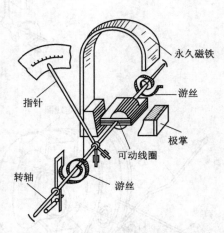

图 1.37　磁电式电流表结构示意图

磁电式电流表的优点:刻度均匀、灵敏度高、准确度高、消耗功率小、受外界磁场影响小等。

磁电式电流表的缺点:结构复杂、造价较高、过载能力小,而且只能测量直流电流,不能测量交流电流。

> **使用注意事项**:电流表接入电路时要注意极性,否则指针反打会损坏电流表。通常磁电式电流表的接线柱旁均标有 +、- 记号,以防接错。

二、电磁式电流表的结构和工作原理

电磁式电流表(又称动铁式仪表)是利用动铁片与通有电流的固定线圈之间的作用力与通入的电流成正比关系这一原理制成的。它有吸入式和排斥式两种,目前应用最为广泛的是排斥式。

排斥式电磁式电流表的结构如图 1.38 所示。

排斥式电磁式电流表工作原理是当固定线圈通入直流电时,在其内部空间产生磁场,于是在两个弯曲的软铁片上均被磁化,在铁片的同一侧极性是相同的,因而互相排斥,即产生转动力矩,使动铁片带动转轴和指针及空气阻尼器的翼片一起转动,当转动力矩与游丝的反抗力矩相平衡时,指针便停止偏转。由于动、定铁片的磁化程度均与线圈中的电流成正比,所以转动力矩与电流的平方成正比;又由于游丝的反抗力矩与线圈的偏转角度成正比,所以仪表指针的偏转角度 α 与线圈电流 I 的平方成正比,即 $\alpha = KI^2$。可见排斥式电磁式电流表标尺上的刻度是不均匀的。

排斥型电磁式电流表也可以测量交流电流,当线圈中电流方向改变时,它所产生磁场的方向随之改变,因此动、静铁片磁化的极性也发生变化,两铁片仍然相互排斥,转动力矩方向不变,其平均转矩与交流电流有效值的平方成正比。

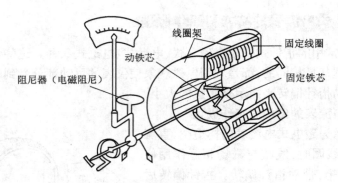

图 1.38　排斥式电流表结构示意图

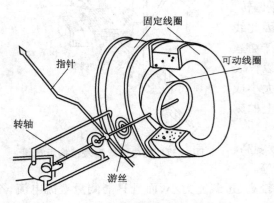

图 1.39　电动式电流表结构示意图

三、电动式电流表的结构和工作原理

电动式电流表结构如图 1.39 所示。固定线圈中通入直流电流 I_1 时产生磁场,磁感应强度 B_1 与 I_1 成正比。如果可动线圈通入直流电流 I_2,则可动线圈在此磁场中就要受到电磁力的作用而带动指针偏转。此时电磁力 F 的大小与磁感应强度 B_1 和电流 I_2 成正比。直到转动力矩与游丝的反抗力矩相平衡时,指针才停止偏转,仪表指针的偏转角度 α 与两线圈电流的乘积成正比,即 $\alpha = KI_1I_2$。

对于线圈通入交流电的情况,由于两线圈中电流的方向均改变,因此产生的电磁力方向不变,这样可动线圈所受到转动力矩的方向就不会改变。设两线圈的电流分别为 I_1 和 I_2,则转动力矩的瞬时值与两个电流瞬时值的乘积成正比。而仪表可动部分的偏转程度取决于转动力矩的平均值,由于转动力矩的平均值不仅与 I_1 及 I_2 的有效值成正比,而且还与 I_1 和 I_2 相位差的余弦成正比,因此电动式仪表用于交流时,指针的偏转角与两个电流的有效值及两电流相位差的余弦成正比,即 $\alpha = KI_1I_2\cos\varphi$。

任务四　电流、电压、功率和电能测量

一、学习电流表测量电流知识

电流分直流电和交流电两种,测量直流电流通常采用磁电式电流表,测量交流电流主要采用电磁式电流表。测量电流时:①电流表必须与被测电路串联,否则将会烧毁电表;②测量直流电流时还要注意电流表的极性;③各类电流表能允许通过的电流值较小(μA级)。故在测量实际大电流时,通常在电流表头上并联低值分流电阻来扩大电流表的量程。

如图 1.40 所示,在电流表头上并联低值电阻 R_A 称为分流器。设电流表头的量程为 I_0,并联低值电阻 R_A 后电流表的量程扩大到 I,量程扩大倍数 $n = I/I_0$,则分流器的阻值 $R_A = R_0/(n-1)$,式中 R_0 为表头内阻。

二、学习电压表测量电压的知识

电压分直流电压和交流电压,测量直流电压通常采用磁电式电压表,测量交流电压主要采用电磁式电压表。电压表测量电压时:①电压表必须与被测电路并联,否则将会烧毁电表;②测量直流电压时还要注意仪表的极性;③各类电压表能承受的

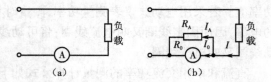

图1.40 电流表量程的扩大原理

(a)直接测量电流;(b)电流表量程的扩大

最大电压值(I_0R_0)较小,故在测量实际电路电压时,通常在电压表头上串联高值分压电阻来扩大电压表的测量电压的量程。

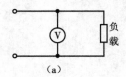 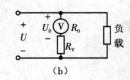

图1.41 电压表量程的扩大原理

(a)直接测量电流;(b)电流表量程的扩大

如图1.41所示,在电压表头上串联高值电阻 R_V 称为分压器。设电压表头的量程为 $U_0(U_0 = I_0R_0)$,串联高值电阻 R_A 后电压表的量程扩大到 V,量程扩大倍数为 $m = V/U_0(I_0R_0)$,则分压器的阻值 $R_V = (m-1)R_0$,式中 R_0 为表头内阻。

三、学习电路功率的测量知识

功率表用于测量电路某一时刻的功率大小,即反映电压和电流的乘积。它不仅用来测量直流电的功率,而且更多用于测量交流电的功率。功率表的电压和电流只适合在低压(500 V)、小电流(10 A以下)使用。功率表可分为单相功率表、二元功率表和三元功率表。

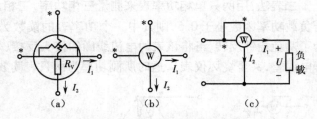

图1.42 功率表符号及测量原理

(a)原理图;(b)符号;(c)接线方法

1. 功率表的选择

功率表一般有两个电流量程,两个或三个电压量程。选用不同的电流、电压量程,可获得不同的功率量程。要正确选择功率表的量程,必须正确选择功率表的电流和电压量程。在选择功率表时:①要注意功率表线圈最大允许通过电流和最高能承受的电压;②可先分别测出电路中的电流和电压值,再选择功率表的量程。

2. 功率表的使用

1)功率表的接线

功率表反面的电压、电流各有一个接线柱标有"＊"。接线时,有"＊"符号的电流线圈应接电源一端,另一端接负载端,有"＊"符号的电压接线柱一定要接在电流线圈的那一根线上。无符号的接线柱接在电源的另一端,电流线圈和电压线圈的电源端处于同一电位。

2)功率表的读数

一般表上只标注分格数,而不是标注功率数。不同量程的功率表,每一格代表不同的功率数,称为功率表的分格常数。测量时将读得的偏转格数乘以分格常数,即可得到所测

功率值。若采用电动式仪表测量功率,测量时将仪表的固定线圈与负载串联,反映负载中的电流,因而固定线圈又叫电流线圈;将可动线圈与负载并联,反映负载两端电压,所以可动线圈又叫电压线圈。

直流和单相交流功率的测量计算公式如下:

分格常数
$$C = \frac{U_N I_N}{\alpha_m} \ (\text{W/格})$$

被测功率
$$P = C\alpha$$

式中,C——功率表分格常数,W/格;

U_N——所使用功率表的电压额定值;

I_N——所使用功率表的电流额定值;

α_m——功率表标度尺的满刻度的格数;

P——被测功率,W;

α——指针偏转的格数。

3)用单相功率表测量三相电路功率

一表法:测量三相对称负载的功率,用一个单相功率表测得一相功率,然后乘以3即得三相负载的总功率,如图1.43所示。

二表法:用两只单相功率表来测量三相功率,三相总功率为两个功率表的读数之和。若负载功率因数小于0.5,则其中一个功率表的读数为负,会使这个功率表的指针反转。为了避免指针反转,可将该表的电流线圈的接头反接(不可将电压线圈反接,否则将引起静电误差,甚至烧坏仪表),这时所测功率为两只表读数之差,如图1.44所示。

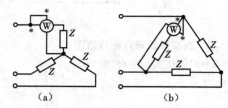

图1.43 一表法测量三相功率

(a)星形连接;(b)三角形连接

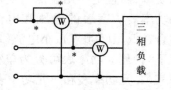

图1.44 二表法测量三相功率

三表法:用三只单相功率表来测量三相功率,三相总功率为三个功率表的读数之和,如图1.45所示。如果用二元功率表和三元功率表测量三相总功率,三相总功率均可直接从表上读出,如图1.46所示。

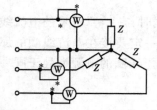

图1.45 三表法测量三相功率

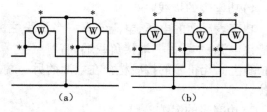

图1.46 二、三元功率表原理

(a)二元功率;(b)三元功率

用三只单相功率表测量三相四线制对称电路的无功功率时,电路的总功率等于两只表读数之和乘以$\sqrt{3}/2$。

四、学习电路电能的测量知识

电度表是用来测量某一段时间内负载消耗电能的仪表,是我国工农业生产及日常生活中不可缺少的一种仪表。电度表分成单相电度表和三相电度表两种。

1. 单相交流电度表的基本结构

单相电度表一般都是采用电磁感应原理制成的,因此叫感应式电度表,虽然这种电度表的型号不同,但其基本结构是相似的。如图1.47为常用的"三磁通式"DD1型单相电度表的内部结构示意图。其主要由驱动机构、制动机构和计算机构三个部分组成。

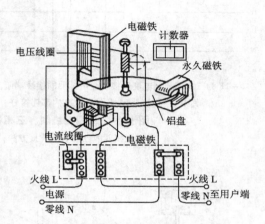

图1.47 单相电度表结构示意图

驱动机构用来产生转动力矩,由电压线圈、电流线圈和铝制转盘、转轴及蜗杆组成。当电压线圈和电流线圈通过交流电流时,就有交变的磁通穿过转盘,在转盘上感应出涡流,涡流与交变磁通相互作用产生转动力矩,从而使转盘转动。

制动机构用来产生制动力矩,由永久磁铁和转盘组成。转盘转动后,涡流与永久磁铁的磁场相互作用,使转盘受到一个反方向的磁场力,从而产生制动力矩,致使转盘以某一转速旋转,其转速与负载功率的大小成正比,从而使电度表能反映出负载所消耗的电能。

计算机构用来计算电度表转盘的转数,以实现电能的测量和计算。转盘转动时,通过蜗杆及齿轮等传动机构带动字轮转动,从而直接显示出电能的度数。

2. 单相交流电度表的使用

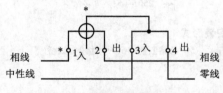

图1.48 单相电度表接线图

单相电度表接线时,电流线圈与负载串联,电压线圈与负载并联。单相电度表共有四根接线柱,1、3接线柱接进线,2、4接线柱接出线,1、2接线柱接火线,3、4接线柱接零线,单相电度表接线如图1.48所示。

在对称三相四线制电路中,可用一个单相电度表测量一相的电能,然后乘以3即可得电路消耗的电能。但是工业上实际测三相制系统的电能,用的是三相三线制有功电能表。对于不对称三相四线制电路消耗的电能,应采用三相四线制电度表来测量。为直观起见,我们将三相四线制、三相三线制的接线方法及电度表的安装形式示于图1.49、图1.50,以帮助大家掌握接线的方法。

使用电度表应注意下列事项。

(1)电度表接线较复杂,接线前必须分清电度表的电压端子和电流端子,然后按照技术说明书对号接入。对于三相电度表,还必须注意电路的相序,以避免电度表的错接引起

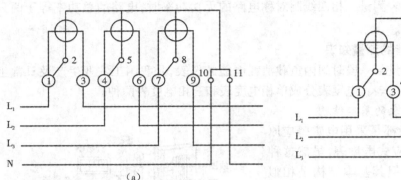

(a)　　　　　　　　　　　　　　　　　　　　　　　(b)

1～11 为三相四线制电度表接线盒中标明的接线端钮，　　　　　1、3、6、8 为电流线圈接线端钮，
其中 2 与 1、5 与 4、8 与 7 已在内部连接好　　　　　　　　　2、4、5、7 为电压线圈接线端钮

图 1.49　三相三线制、三相四线制及电度表的接线方法

(a)三相四线电度表的连接方法；(b)三相三线电度表的接线方法

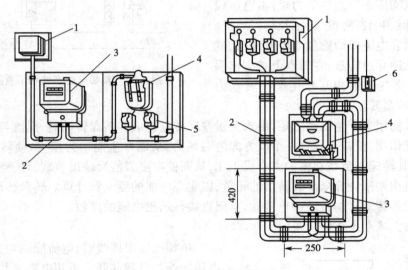

图 1.50　电度表的安装形式

1—总熔丝盒　2—电度表总线　3—电度表　4—总开关　5—总熔断器　6—中性线接线桥

错误指示。

（2）电度表在额定电压、额定电流的 20% ～120%，额定频率 50 Hz 的条件下工作时，才能保证标准准确度，偏离以上条件，误差增加。

（3）电度表不宜在小于规定电流的 5% 和大于额定电流的 15% 情况下工作。

（4）停用半年以上的电度表应重新校准，长期使用的电度表须 2～3 年校准一次。

任务五　电度表的安装训练

一、电度表的安装、选用要求和原则

（1）电度表应按设计装配图规定的位置进行安装。应注意不能安装在高温、潮湿、多尘、有腐蚀气体的地方。

（2）电度表应安装在不易受振动的墙上或开关板上，墙面上的安装位置以不低于 1.8 m 为宜。这样不仅安全，而且便于检查和"抄表"。

（3）为了保证电度表工作的准确性，必须严格垂直装设。如有倾斜，会发生计数不准或停走等故障。

（4）电度表的导线中间不应有接头。接线时接线盒内螺丝应全部拧紧，不能松动，以免接触不良，引起接头发热而烧坏。配线应整齐美观，尽量避免交叉。

（5）电度表在额定电压下，当电流线圈无电流通过时，铝盘的转动不超过 1 转，功率消耗不超过 1.5 W。根据实践，一般 5 A 的单相电度表每月耗电为 1 kW·h 左右。所以，每月电度表总需要贴补总电度表 1 kW·h 电。

（6）电度表装好后，开亮电灯，电度表的铝盘应从左向右转动。若铝盘从右向左转动，说明接线错误，应把相线（火线）的进出线调换重接一下。

（7）单相电度表的选用必须与用电器总功率相适应。在 220 V 电压的情况下，根据公式

$$P = I \times U$$

（式中，P 为功率，W；I 为电流，A；U 为电压，V。）可以算出不同规格的电度表可装用电器的最大（总）功率，如表 1.3 所示。

表 1.3　不同规格电度表可装用电器的最大（总）功率

电度表的规格（A）	3	5	10	25
可装用电器最大（总）功率 kW	660	1 100	2 200	5 500

一般来说，对于一定规格的电度表所安装用电器的总功率是表 1.3 中最大（总）功率的 1/5 ~ 1/4 最为适当。

（8）电度表在使用时，电路不允许短路及用电器超过额定值的 125%。注意电度表不要受撞击。

二、电度表的安装连接训练

电度表可分为单相电度表和三相电度表。它们的连接有直接接入或间接接入方式。但总的来说，都只有两个回路，即电压回路和电流回路。

（1）电度表的直接接入方式。在低电压小电流线路中，电度表可采用直接接入方式，即电度表直接接入线路上。一般在电度表接线盒的背面都有具体的接线图。

（2）电度表的间接接入方式。在低电压大电流线路中，若线路负载电流超过电度表的量程，须经电流互感器将电流变小，即将电度表连接成间接式接在线路上。在结算用电量时，只要把电度表上的耗电数值乘以电流互感器的倍数就是实际耗电量。

步骤 1　合理选择电度表。一是根据任务选择单相或三相电度表。对于三相电度表，应根据被测线路是三相三线制还是三相四线制来选择。二是额定电压、电流的选择，必须使负载电压、电流等于或小于其额定值。

步骤 2　安装电度表。电度表与配电装置安装在一起，并安装在配电装置的下方，其中心距地面 1.5 ~ 1.8 m 处；并列安装多只电度表时，两表间距不得小于 200 mm；不同电价的用电线路应该分别装表；同一电价的用电线路应该合并装表；安装电度表时，必须使

表身与地面垂直,否则会影响其准确度。

步骤 3　正确接线。要根据说明书的要求和接线图把进线和出线依次对号接在电度表的出线头上;接线时注意电源的相序关系,特别是无功电度表更要注意相序;接线完毕要反复查对,无误后才能合闸使用。

步骤 4　断开电度表的电压连接片,观察电度表转动的情况。

步骤 5　接好电压连接片,将源进线与出线互换,观察电度表转动的情况。

实训思考题:根据电度表的结构和工作原理,分析窃电的方法和反窃电的手段。

任务六　万用表操作训练

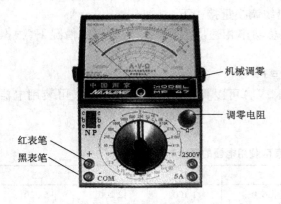

图 1.51　47 型万用电表板面

一、指针万用表的操作训练

1. 磁电式万用表的结构

磁电式万用表如图 1.51 所示,主要组成有刻度盘、挡位转换开关、表笔(红、黑)和测量电路。

2. 磁电式万用表的测量电路原理

万用表测量电路原理如图 1.52 所示。

(1)直流电流的测量。转换开关置于直流电流挡,被测电流从 +、- 两端接入,便构成直流电流测量电路。图 1.52

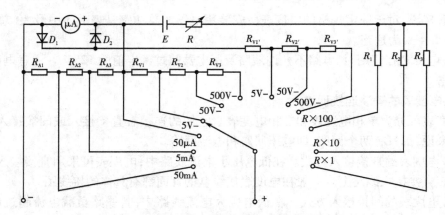

图 1.52　47 型万用表测量电路原理图

中 R_{A1}、R_{A2}、R_{A3} 是分流器电阻,与表头构成闭合电路。通过改变转换开关的挡位来改变分流器电阻,从而达到改变电流量程的目的。

(2)直流电压的测量。转换开关置于直流电压挡,被测电压接在 +、- 两端,便构成直流电压的测量电路。图 1.52 中 R_{V1}、R_{V2}、R_{V3} 是倍压器电阻,与表头构成闭合电路。通过改变转换开关的挡位来改变倍压器电阻,从而达到改变电压量程的目的。

(3)交流电压的测量。转换开关置于交流电压挡,被测交流电压接在 +、- 两端,便构成交流电压测量电路。测量交流时必须加镇流器,二极管 D_1 和 D_2 组成半波整流电路,表盘刻度反映的是交流电压的有效值。图 1.52 中 $R_{V1'}$、$R_{V2'}$、$R_{V3'}$ 是倍压器电阻,电压量程的改变与测量直流电压时相同。

(4)电阻的测量。转换开关置于电阻挡,被测电阻接在 +、− 两端,便构成电阻测量电路。电阻自身不带电源,因此接入电池 E。电阻的刻度与电流、电压的刻度方向相反,且标度尺的分度是不均匀的。

3. 指针万用表测量操作训练

47 型万用表的测量转换,利用转换旋钮的位置,实现交、直流电流,电压,电阻及音频电平的测量。

(1)测量电阻元件电阻值:①调"零点",先看指表针是否指在左端"零位"上,如果不是,则应用小改锥慢慢旋表壳中央的"起点零位"校正螺丝,使指针指在零位上。然后将红、黑两表笔相接,看指表针是否指在右端"零位"上,如果不是,则旋表壳中央的"调零电阻",使指针指在右零位上。②测量电阻值,表指针偏转范围在 1/3 ~ 2/3 误差最小,如表指针不偏转或偏转较小,应更换测量量程重复①操作,再测量。

(2)测量直流电流:①调"零点",先看指表针是否指在左端"零位"上,如果不是,则应用小改锥慢慢旋表壳中央的"起点零位"校正螺丝,使指针指在零位上。②转动左边的旋钮,使"A"挡对准尖形标志,再将右边旋钮转至所需直流电流量程即可进行测量。③测量时,万用表必须串联在电路中。

二、数字式万用表测量训练

数字式万用表由功能变换器、转换开关和直流数字电压表三部分组成,其原理框图如图 1.53(b)所示。直流数字电压表是数字式万用表的核心部分,各种电量或参数的测量,都是首先经过相应的变换器,将其转化为直流数字电压表可以接受的直流电压,然后送入直流数字电压表,经模/数转换器变换为数字量,再经计数器计数并以十进制数字将被测量显示出来,如图 1.53(a)所示。

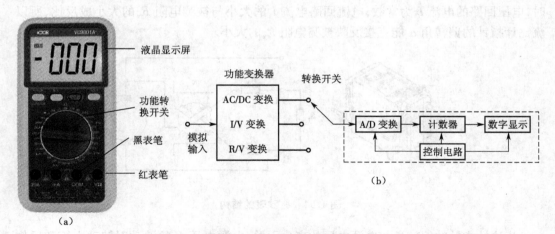

图 1.53　数字万用表板面和功能方框图

(a)数字万用表板面;(b)功能方框图

1. 输入端插孔

黑表笔总是插"COM"插孔的,测量交直流电压、电阻、二极管及其通断检测时,红表笔插"V/Ω"插孔,测量 200 mA 以下交直流电流时,红表笔插"mA"插孔,测量 200 mA 交直流时,红表笔插"A"插孔。

2. 功能和量程选择开关

交、直流电压挡的量程为 200 mV、2 V、20 V、200 V、1 000 V 共 5 挡。交直流电流挡的量程为 200 μA、2 mA、20 mA、200 mA、10 A 共 5 挡。电阻挡为 200 Ω、2 kΩ、20 kΩ、200 kΩ、2 MΩ、20 MΩ、200 MΩ 共 7 挡。

任务七　兆欧表测量操作训练

一、兆欧表结构和用途

兆欧表俗称摇表,是测量绝缘体电阻的专用仪表,主要由磁电式流比计与手摇直流发电机组成。

兆欧表结构如图 1.54(a)所示,流比计是用电磁力代替游丝产生反作用力矩的仪表。它与一般磁电式仪表不同,除了不用游丝产生反作用力矩外,还有两个区别,如图 1.54(b)所示:一是空气隙中的磁感应强度不均匀;二是可动部分有两个绕向相反且互成一定角度的线圈,线圈 1 用于产生转动力矩,线圈 2 用于产生反作用力矩。被测电阻接在 L(线)和 E(地)两个端子上,形成了两个回路,一个是电流回路,一个是电压回路。电流回路从电源正端经被测电阻 R_x、限流电阻 R_A、可动线圈 1 回到电源负端。电压回路从电源正端经限流电阻 R_V、可动线圈 2 回到电源负端。由于空气隙中的磁感应强度不均匀,因此两个线圈产生的转矩 T_1 和 T_2 不仅与流过线圈的电流 I_1、I_2 有关,还与可动部分的偏转角 α 有关。当 $T_1 = T_2$,可动部分处于平衡状态时,其偏转角 α 是两个线圈电流 I_1、I_2 比值的函数(故称为流比计),即 $\alpha = f\left(\dfrac{I_1}{I_2}\right)$。因为限流电阻 R_A、R_V 为固定值,在发电机电压不变时,电压回路的电流 I_2 为常数,电流回路电流 I_1 的大小与被测电阻 R_x 的大小成反比,所以流比计指针的偏转角 α 能直接反映被测电阻 R_x 的大小。

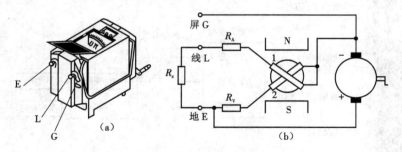

图 1.54　兆欧表的结构

流比计指针的偏转角与电源电压的变化无关,电源电压 U 的波动对转动力矩和反作用力矩的干扰是相同的,因此流比计的准确度与电压无关。但测量绝缘电阻时,绝缘电阻值与所承受的电压有关。摇手摇发电机时,摇的速度须按规定,而且要摇够一定的时间。常用的兆欧表的手摇发电机的电压在规定转速下有 500 V 和 1 000 V 两种,可根据需要选用。因电压很高,测量时应注意安全。

二、兆欧表测量绝缘电阻操作训练

兆欧表的接线端钮有 3 个,分别标有"G
(屏)"、"L(线)"、"E(地)"。被测的电阻接在
L 和 E 之间,G 端的作用是为了消除表壳表面
L、E 两端间的漏电和被测绝缘物表面漏电的
影响。在进行一般测量时,把被测绝缘物接在
L、E 之间即可。但测量表面不干净或潮湿的
对象时,为了准确地测出绝缘材料内部的绝缘
电阻,就必须使用 G 端。图 1.55 所示为测量电缆绝缘电阻的接线图。

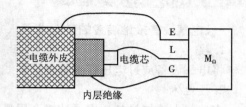

图 1.55　兆欧表测量接线图

任务八　钳形电流表测量操作训练

用万用表测量线路中的电流,需断开电路将万用表串联在线路中,一般只能测量较小
的电流。钳形电流表则可在不断开电源的情况下,直接测量线路中的大电流。它的主要
部件是一个穿心式电流互感器,在测量时将钳形电流表的磁铁套在被测导线上,形成 1 匝
的初级线圈,利用电磁感应原理,次级线圈中便会产生感应电流,与次级线圈相加的电流
表指针便会发生偏转,指示出线路中电流的数值。

一、钳形电流表使用方法与技巧

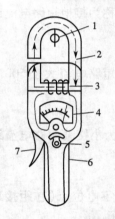

图 1.56　钳形电流表结构

1—被测导线　2—铁芯

3—二次绕组　4—表头

5—量程调节开关

6—胶杆柄　7—铁芯开关

(1)在使用钳形电流表时,要正确选择钳形电流表的挡位位
置,测量前,根据负载的大小粗估一下电流数值,然后从大挡往小
挡切换,换挡时要将被测导线置于钳形电流表卡口之外,如图
1.56 所示。

(2)检查表针在不测量电流时是否指向零位,若未指零,应用
小螺丝刀调整表头上的调零螺栓使表针指向零位,以提高读数准
确度。

(3)在使用钳形电表时,要尽量远离强磁场(如通电的自耦调
压器、磁铁等),以减少磁场对钳形电流表的影响。

(4)测量较小的电流时,如果钳形电流表量程较大,可将被测
导线在钳形电流表口内绕几圈,然后去读数。线路中实际的电流
值应为仪表读数除以导线在钳形电流表上绕的匝数。

二、钳形电流表测量电动机电流训练

钳形电流表测量电动机电流时:①搬开钳口活动磁铁;②将电
动机的一根电源线放在钳口中央位置,然后松手使钳口密合好;③
如果钳口接触不好,应检查是否弹簧损坏或脏污,如有污垢,用干布清除后再测量。

项目1.5　电气设备的接地与接零保护训练

【能力目标】能对常见电器设施采取安全用电的保护措施。

【知识目标】熟悉电气设备的接地与接零保护。

【训练素材】小型三相变压器、电焊机、角钢、电动机、导线。

任务一　电气设备接地装置

一、电气设备接地装置的专业术语

1. 接地

将电气设备或过电压保护装置用导线（又叫接地线）与接地体连接，简称为接地。

2. 接地体

直接与大地接触的金属导体或金属导体组称为接地体。

3. 接地线

电气设备接地部分与接地体连接用的导线称为接地线。接地线可分接地干线和接地支线。

4. 接地装置

接地线和接地体的总称为接地装置。

5. 接地短路

电气设备的带电部分偶尔与其结构部分或直接与大地发生的电气连接称为接地短路。如电机、电器和线路的带电部分，由于绝缘损坏而与其接地结构部分发生的连接称为碰壳短路。

6. 接地短路电流

当发生接地短路或碰壳短路时，经接地短路点流入地中的电流，称为接地短路电流或接地电流。

7. 大接地短路电流

系统电压在 1 000 V 以上，单相接地短路电流或同点两相接地短路电流大于 500 A 的，称为大接地短路电流系统。

8. 小接地短路电流

系统电压在 1 000 V 以上，单相接地短路电流小于 500 A 的，称为小接地短路电流系统。

9. 对地电压

电气设备的接地部分，如接地外壳、接地线和接地体等，与大地零电位点（在距接地体或接地处 20 m 以外的地方）之间的电位差，称为接地时的对地电压。

10. 接地装置的接地电阻

接地体的对地电阻和接地线电阻的总和，称为接地装置的接地电阻。

接地体的对地电压与通过接地体流入地中的电流的比值即为接地体的对地电阻。

11. 接触电压

在接地电流回路上，一人同时触及的两点间所呈现的电位差，称为接触电压。

离接地体处或碰地处越近，接触电压越小，离接地体处或碰地处越远则接触电压越大。在离接地体处或碰地处约 20 m 以外的地方，接触电压最大，可达电气设备的对地电压。

12. 跨步电压

当电气设备碰壳短路和电力线路接地短路时，就有电流通过接地体流入地中，而在地面上出现不同的电位分布,当人的两脚(一般取人的跨距为0.8 m)站在这种带有不同电位的地面上时,两脚间所呈现的电位差,称为跨步电压。

13. 工作接地

为了保证电气设备可靠运行,在电气回路中某一点进行接地,称为工作接地,如低压线路的中性点、避雷器和避雷针的接地,如图1.57所示。

14. 保护接地

将电气设备上不带电部分的金属部分与地做可靠的金属连接。这样可以防止因绝缘损坏而遭受触电的危险,这种保护工作人员的接地措施,称为保护接地(或叫安全接地)。如变压器和电机的外壳接地,以及仪表互感器二次线圈的接地等都属于保护接地,如图1.58所示。

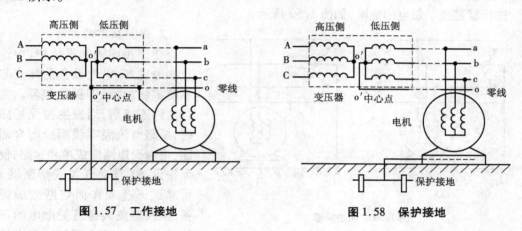

图1.57　工作接地　　　　　　　　图1.58　保护接地

15. 直接接地的中性点

直接或经过小阻抗与接地装置连接的变压器和发电机的中性点,称为直接接地的中性点。

16. 非直接接地的中性点

不与接地装置连接,或经过消弧线圈、电压互感器以及高电阻等与接地装置连接的中性点,称为非直接接地的中性点。

17. 零线

发电机和变压器的中性点直接接地时,该点称为零点。由中性点引出的导线,称为中性线。由零点引出的导线,称为零线。

18. 接零

将电气设备上与带电部分绝缘的金属外壳与零线相接,称为接零。

19. 重复接地

将零线上的一点或多点与地再次连接,称为重复接地。

二、电器设备的保护接地与保护接零

1. 保护接地的作用

接地的作用概括起来有两个:一是为了安全,防止因电气设备绝缘损坏而遭受触电的危险,如电气设备的保护接地、接零和重复接地等;二是为了保证电气设备的正常运行,如电气设备的工作接地。现将各种接地的作用分述如下。

在中性点不接地的系统中，在电气设备（包括变压器、电机和配电装置等）运行、维护和检修时，为了保证人身的安全，所有这些电气设备的外壳、金属构架和操作机构等要求不能带电，必须妥善地保护接地。这样，使电气设备不带电部分和大地保持相同的电位（大地的电位在正常时等于零）。如果该电气设备一旦因绝缘损坏或感应而带电，则电流可以经过接地线、接地体而流到大地中去，不致使接地的电气设备产生危险电压，从而保护人身的安全。例如当接到这个系统上的某台电动机内部绝缘损坏使机壳带电，电动机又没有接地，由于大地和线路之间存在着分布电容，如果人触及机壳，就会出现触电的危险。如果电机有保护接地，一般接地电阻是 4 Ω 左右，则当人体触及带电的外壳时，形成人体电阻与接地电阻并联的等效电路，人体的电阻远大于 4 Ω，所以通过人体的电流很小，这样就避免了触电的危险，如图 1.59 所示。

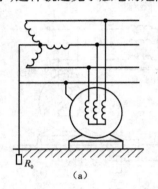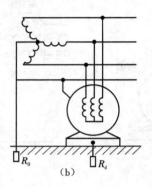

图 1.59　保护接零
（a）保护接零；（b）不安全原理

2. 保护接零的作用

在三相四线制系统中，中性点接地良好，电气设备的外壳与系统零线相接，即保护接零。实行这种连接后，当发生碰壳短路时，短路电流经零线而成闭合回路，将碰壳短路变成单相短路，使保护设备（自动开关或熔断器）可靠地迅速动作而切断故障设备，从而避免人身遭受触电的危险，如图 1.59（a）所示。在中性点不接地系统中，采用接零保护是绝对不允许的。因为系统中的任何一点接地或碰壳时，都会使所有接在零线上的电气设备金属外壳上呈现出近于相电压的电压，这对人身是十分危险的。

在三线系统中性点具有良好接地装置时，若仍用保护接地就不妥当了，如图 1.59（b）所示。因为，当采用保护接地而绝缘损坏使端线碰壳时，其短路电流

$$I_d = \frac{U_p}{R_0 + R_d} = \frac{220}{4 + 4} = 27.5 \text{ A}$$

式中，R_0 和 R_d 不超过 4 Ω，这个电流不一定能使线路中的熔断器的熔体熔断。因为保护装置可靠动作，一般接地短路电流不应小于自动开关整定电流的 1.25 倍或熔断器额定电流的 3 倍。也就是说，用电设备用自动开关保护时，整定的动作电流不能大于 27.5/1.25 ＝ 22 A；用熔断器保护时，熔断器的额定电流不能大于 27.5/3 ＝ 9.2 A。实际上当用电器的功率较大时，其工作电流较大，则保护电器的动作电流也应相应调大。如熔断器的额定电流是 12 A，则它的动作电流应为 36 A，远远超过上述 27.7 A 的数值，所以 27.5 A 的接地短路电流就不足以使其熔断。

3. 家用电器的接地接零作用

随着家用电器使用的日益广泛，防止家用电器设备因漏电而出现的使人触电事故非常重要。我们知道三相四线电源中性点不接地，用电器应采用接地保护措施；若三相四线

制电源中性点接地,则采用接零保护。

家用电器一般采用单相供电,单相用电器应用三角插头和三眼插座才安全。正确的接法是把用电器的外壳用导线接在粗的插脚上,并通过插座与中线相连,如图1.60所示。但绝不允许直接在用电器的连线上接中线,这样会造成不应有的触电危险。从图1.61(a)和1.61(b)的比较中,不难看出因接法错误而引起的触电危险。

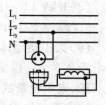

图1.60　三角插头

4.重复接地的作用

重复接地的作用是当系统中发生碰壳或接地短路时,可以降低零线的对地电压。另外,当零线发生断线时,在一定程度上保证人们与断线处后面的电气设备接触时的安全。如图1.62所示,当零线断线和B段上发生碰壳短路时,重复接地就能保证该段上所有接零的部分经过电阻R_0与大地相连。

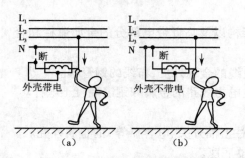

图1.61　单相三孔插座的接法

(a)不正确接法;(b)正确接法

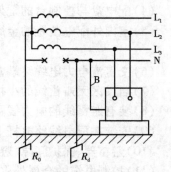

图1.62　重复接地

重复接地的一般要求如下。

(1)为保证人身安全,所有的电气设备都应装设接地装置,并将电气设备外壳接地,装设接地装置时,首先应用与地有可靠连接的各种金属结构、管道和设备作为接地体(但输送易燃、易爆物的金属管道除外),这种接地体称为自然接地体。如果这些接地体的电阻能满足要求,可不再装设人工接地体(发电厂、变电所的接地装置除外)。

(2)当没有特殊要求时,为了节省金属,各种不同用途和不同电压的电气设备,应使用一个总的接地装置。接地装置的接地电阻,应满足其接地电阻最小值的要求。

(3)当做接地装置有困难时,允许用绝缘台进行电气设备的维修,但此时只能站在台上方可触及有危险的未接地部分,并应防止同时和电气设备未接地部分及与地有连接的建筑物相接触。

(4)在电压为1 kV以下的中性点直接接地的线路中,当接地短路时,应保证以最短的时间自动断开故障点。

在直接接地的线路中,电气设备的外壳一般应与零线相连接,即采用接零保护。

(5)电压为1 kV以下的交直流电气设备,允许中性点直接接地或不接地。

在三相四线制交流电网中,一定要用直接接地的中性线。

(6)电气设备的人工接地体(钢管、扁钢和圆钢等)应尽可能使电气设备所在地点附近对地电压分配均匀。大接地短路电流系统,一定要装设环形的接地体,并加装均压带。

(7)接地装置的电阻,应在一年四季中,均能达到规定的标准。

（8）1 kV 以下中性点接地的架空线路，在下述地点，都应做重复接地：进入的入口附近；长度超过 200 m 的分支线路的终端处；直线段每隔 l km 的地方。

（9）人工接地体不宜装设在车间内，最好离开车间的门及通往车间的人行道 5 m（不得小于 2.5 m），以减小跨步电压。

三、电气设备的接地和不需要接地的范围

1. 需要接地或接零的电气设备

电气设备的金属部分，如发生绝缘损坏，可能带有危险电压，因此应进行接地或接零。应当接地或接零的电气设备有以下几种。

（1）电机、变压器、照明设备等的底座和外壳。

（2）电气设备的传动装置。

（3）互感器的二次线圈（继电保护另有规定者除外）。

（4）配电盘与控制台的框架。

（5）室内外配电装置的金属和钢筋混凝土架构以及临近带电部分的金属遮栏和金属门。

（6）交直流电力电缆终端盒的金属外壳和电缆的金属外皮，布线的钢管等。

（7）居民区无避雷线的小接地短路电流架空电力线路的金属和钢筋混凝土电杆。

（8）装有避雷线的电力线路电杆。

（9）安装在配电线路电杆上的电气设备（如柱上油开关、电容器等）的金属外壳。

（10）避雷器、保护间隙、避雷针和耦合电容器底座。

（11）控制电缆的金属外皮。

2. 不需要接地的电气设备

不需要接地的电气设备有以下几种。

（1）在不良导电地面（如木质的、沥青的地面等）的干燥房间内，当交流额定电压为 380 V 及以下和直流额定电压 400 V 及以下时，电气设备金属外壳不需接地（有爆炸危险场所除外）。但当维修人员因某种原因同时可触及其他电气设备和已接地的其他物件时，则仍应接地。

（2）在干燥地方，当交流额定电压为 127 V 及以下和直流额定电压为 110 V 及以下时，电气装置不需要接地。但有爆炸危险的设备除外。

（3）电力线路的木质电杆和屋外变电所木架构上的悬式和针式绝缘子的金属器具（在污秽地区除外）以及照明灯具。

（4）安装在控制盘、配电柜及配电装置间隔墙壁上的电气测量仪表，继电器和其他低压电器的外壳，以及当发生绝缘损坏时，在支持物上不会引起危险电压的绝缘子金属附件。

（5）安装在已接地的金属架构上的设备（如套管等）及金属外皮两端已接地的电力电缆的架构。

（6）电压为 220 V 及以下蓄电池室内的金属框架。

（7）发电厂和变电所区域内的金属管道。

（8）如电气设备与机床的机座之间能保证可靠地接触，可将机床的机座接地，机床上的电动机和电器便不必接地。

（9）在一定的高度以上，人不能接触到的地方，工作时需用木梯进行操作的设备。

（10）用绝缘台进行工作的电气设备。

任务二 电气设备接地装置测量训练

一、电气设备接地装置观察

（1）观察建筑房屋避雷器工作接地系统的组成及其构造。

（2）观察变压器保护接地系统的组成及其构造。

二、电气设备接地装置的安装与电阻测量

1. 接地电阻

应接地的电气设备通过接地装置和大地之间的电阻称为接地电阻，它包含五个部分：

（1）电气设备和接地线的接触电阻；

（2）接地线本身的电阻；

（3）接地体本身的电阻；

（4）接地体和大地的接触电阻；

（5）大地的电阻。

不同的电气设备对接地电阻有不同的要求：

（1）大接地短路电流系统 $R \leqslant 0.5~\Omega$；

（2）容量在 100 kVA 以上的变压器或发电机 $R \leqslant 4~\Omega$；

（3）阀型避雷器 $R \leqslant 5~\Omega$；

（4）独立避雷针、小接地电流系统、容量在 100 kVA 及以下的变压器或发电机、高低压设备共用的接地均 $R \leqslant 10~\Omega$；

（5）低压线路金属杆、水泥杆及烟囱的接地 $R \leqslant 30~\Omega$。

2. 接地装置的安装与电阻测量

1）接地系统的建造

步骤1 接地电极的选用。为使电流入地扩散而设计或使用的与大地成电气接触的良导体（金属或石墨）部件及部件群称为接地电极。在普通土壤条件下，镀锌角钢应是接地电极的首选材料，它价格低、施工易、可用年限较长。在土壤电阻率过高条件下，例如只有沙石并无土的地方，可选用厂家生产的石墨接地电极。

步骤2 接地导线的选用。采用截面为 50～120 mm² 的铜线或铜棒，还应有绝缘防腐保护层。在选用时应该考虑到各种装置的最大故障电流。在雷电保护接地系统中，则应根据雷击电流的大小和延时来决定。

步骤3 接地汇集线（汇流排）的选用。根据接地分配系统接线需要和总故障电流的大小，建议采用截面为 120～240 mm² 的铜板或矩形铜棒。

步骤4 接地分配系统。把必须接地的各个部分连接到接地汇集线上去。

2）接地装置的建造

本接地实训采用镀锌角钢做接地电极时的建造方法（要求在晴朗的天气条件下施工）。

步骤1 确定接地极的排列方式并挖沟。首先根据建筑物所处的地理位置确定接地

电极埋设时的排列方式并进行挖沟,可采用一字排列、矩形排列、环形排列等,其中一字形排列是最常见的一种排列方法。当一字形排列时,沟深可挖 1.8 m,沟底宽以方便人员操作为宜;当矩形排列时,如围绕障碍物可按一字沟要求挖掘,否则沟底宽不得小于 1.2 m;环形排列要求类同。

步骤 2 打入接地电极。将镀锌角钢每 2 m 一根截断,一端切割成尖锐状,按沟均匀布放(角钢间隔一般不小于 1.2 m)。打入时一人扶正,一人打锤,保证角钢垂直和焊接扁钢面在一条直线上。当角钢顶部与沟底还有 30~40 cm 时,停止打入,以便焊接扁钢。

步骤 3 焊接镀锌扁钢。采用电焊和氧气焊。在焊接前用老虎钳将镀锌扁钢与角钢面夹紧,保证全面接触并上下左右焊四条焊缝。焊缝应连续无虚焊。

步骤 4 测量接地电阻。所有角钢都焊接好后,即可测量接地电阻。当所测电阻值不符合规范要求,则需沿沟方向将地线延长,增加角钢根数,同时测量电阻值,直到接地电阻合格为止(当矩形或环形排列时可在中间增加角钢根数,也可向方便挖沟一侧延长)。

步骤 5 连接接地导线。当用于直流工作接地(或与保护接地合用)时,须选用截面为 70~120 mm² 铜芯电力电缆做接地导线,其余可用镀锌扁钢。

步骤 6 防腐处理。对所有连接处均用沥青做防腐处理。

步骤 7 回土夯实。待沥青凝固即可回填土。回填土时每隔 30~40 cm 夯实一次,直至回填完毕。

步骤 8 核实接地电阻。用接地电阻测试仪测量,此时的接地电阻值应是回土前测试值的 3/4 左右,可保证后期天气比施工时气候还要干燥时阻值也符合要求。

步骤 9 连接接地汇集线(汇流排)。将接地导线穿入金属蛇皮管内(包括室外地下部分和过墙部分),引入室内与接地汇集线(汇流排)用 M12 的镀锌螺栓紧固。

> **注意:** 在刷沥青前应做到以下几点:①将角钢与扁钢各焊接处的焊渣除净,刷防锈油漆(包括各角钢的顶部);②用高压绝缘胶带将接地导线的铜鼻子缠绕几层并在扁钢连接处缠绕几层(包括连接螺栓);③将融化的沥青在已处理过的连接处刷两遍,对包扎高压绝胶带的连接处应重点做防腐处理,并用麻布等包扎好。

项目 1.6　安全用电

【能力目标】能对人体触电事故进行急救处置。

【知识目标】掌握安全用电常识和人体触电急救常识。

【训练素材】心肺复苏模拟人。

任务一　电流对人体的危害

为了防止用电事故的发生,必须十分重视安全用电。安全用电包括人身安全和设备安全。当发生用电事故时,不仅会损坏用电设备,而且还可能引起人身伤亡、火灾或爆炸等严重事故。因此,讨论安全用电问题是十分必要的。

一、电流对人体的危害分类

概括起来有电伤和电击两类。

1. 电伤

电伤是电对人体外部造成的局部伤害,包括电弧烧伤、熔化的金属渗入皮肤等伤害。电伤事故的危险虽不及电击严重,但也不可忽视。

2. 电击

电击伤害程度与通过人体电流的大小、电流通过人体的持续时间、电流通过人体的途径、电流的频率及人体的健康状况等因素有关。

研究表明,常用的 50 ~ 60 Hz 的工频交流电对人体的伤害最为严重,频率偏离工频越远,交流电对人体的伤害越轻,但对人体依然是十分危险的。

二、人体触电方式

人体触电,当接触电压一定时,流经人体的电流大小由人体的电阻值决定。人体电阻主要包括人体内部电阻和皮肤电阻。人体内部电阻基本是固定不变的,约为 500 Ω。皮肤电阻一般是指手和脚的表面电阻,它与皮肤的厚薄、干湿程度、有无损伤或是否带有导电性粉尘等因素有关,不同类型的人,皮肤电阻差异很大。

通过人体的工频电流超过 50 mA 时,心脏就会停止跳动,发生昏迷并出现致命的电灼伤。若不及时脱离电源并及时抢救,则人很快就会死亡。

按照对人有致命危险的工频电流 50 mA 和人体最小电阻 800 ~ 1 000 Ω 来计算,可知对人有致命危险的电压

$$U = 0.05\text{A} \times (800 \sim 1\ 000)\ \Omega = (40 \sim 50)\text{V}$$

根据环境条件的不同,我国规定的安全电压为:在没有高度危险的建筑物内为 65 V,在有高度危险的建筑物内为 36 V,在特别危险的建筑物内为 12 V。一般认为安全电压为 36 V。

1. 单相触电

当人体直接接触带电设备的其中一相时,电流通过人体,这种触电现象称为单相触电。

图 1.63 所示为中性点接地时的单相触电。当人体碰触裸露的相线时,一相电流通过人体,经大地回到中性点。由于人体电阻比中性点直接接地的电阻大得多,所以相电压几乎全部加在人体上,十分危险。

图 1.64 所示是中性点不直接接地(通过保护间隙接地)的单相触电。电气设备对地具有相当大的绝缘电阻,当在低压系统中发生单相触电时,电流通过人体流入大地,此时

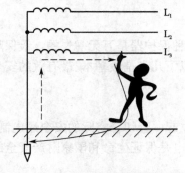

图 1.63 中性点接地系统单相触电

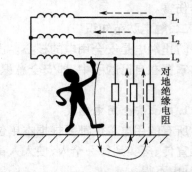

图 1.64 中性点不接地系统的单相触电

通过人体的电流就很小，一般不致造成对人体的伤害。但当绝缘能力降低或被破坏时，单相触电对人体的危害仍然存在。特别是在高压中性点不接地的系统中，由于系统对地电容电流较大，通过相线与地的电容形成电流，也有危险，所以在工作时必须避免触及相线。

2. 两相触电

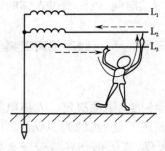

图 1.65　两相触电

人体同时接触不同相的两相带电导体，而发生触电，电流从一相导体通过人体流入另一相导体，构成一个闭合回路，这种触电方式称为两相触电，如图 1.65 所示。发生两相触电时，作用于人体上的电压等于线电压，因为没有任何绝缘保护，所以这种触电是最危险的。

设线电压为 380 V，两相触电后人体电阻为 1 400 Ω，则人体内部流过的电流 $I = 380 \text{ V}/1\ 400\ \Omega = 270$ mA，这样大的电流只要经过极短的时间就会致人死亡，因此两相触电的危险比单相触电要严重得多。

3. 静电触电

因摩擦而产生的静电，当积累电荷电压高时，可引起放电、打火，这类静电虽对人体伤害较小，但在易燃易爆场所，易引起火灾或爆炸。应采取措施防止静电的积累。通常采用接地将静电导引到大地。

高压大容量电容器充电后可存储电荷，当人体触碰时放电，由于电压高、电流大，对人造成伤害。在检修这类电器时，应先放电。

4. 跨步触电

跨步触电是指当输变电导线带电断落在地下时，在断落点周边由近及远形成由强到弱的电场。当人走进这一区域时，将因跨步于不同电位点而形成跨步电压使人触电，如图 1.66 所示。因此应单足跳跃远离电线断落点，脱离危险区，并向有关部门报告。

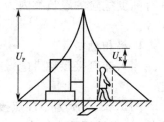

图 1.66　跨步触电

5. 高压电击

在高压设备附近，若靠近带电设备的距离小于安全距离，高压设备会对人体放电发生电击，对人身产生危险。所以，对高压设备的安装安全高度或防护栏安全距离有明确规定，并安装警示标志，非专业人员切勿靠近，以免造成高压电击伤害。

二、触电防范知识

防止触电是安全用电的核心。没有哪种措施或哪种保护器是万无一失的。最保险的钥匙掌握在自己的手中，即安全意识和警惕性。遵循以下几点是最基本、最有效的安全措施。

1. 建立安全用电制度

所有的用电单位都要根据本单位的具体情况，建立起一套切合实际的安全用电制度，并且宣传、落实到每一个人，使人人都懂得注重安全用电是保证生命和国家财产安全的大事，马虎不得。

2．采取安全用电措施

预防触电的措施很多，这里提出几条最基本的安全保障措施。

(1)用电单位的工作场所输电、配电、电源及布线，一定要按照国家有关标准规范施工，以保证工作环境符合安全用电标准。

(2)根据用电的工作要求，选用合理的供电方式，建立防护系统。

(3)电源的总开关及各重要场所的分开关，尽量采用自动开关，并装设漏电保护器，以保证在出现漏电及发生触电事故时及时跳闸。

(4)随时检查所用电器的插头、电线，发现破损老化及时更换。

(5)手持式电动工具尽量使用安全电压工作。

3．注意安全操作

(1)检修电路或电器都要确保断开电源，并在电源开关处挂上警示牌。

(2)操作时，应根据检修对象采用相应规定装备，如穿绝缘靴、戴绝缘手套、使用绝缘工具等。

(3)遇到不明情况的电线，先认为它是带电的。

(4)尽量养成单手进行电工作业的习惯。

(5)遇到较大体积的电容器要先行放电，再进行检修。

三、触电急救知识

人体触电后，往往会出现神经麻痹、呼吸中断、心脏停止跳动等症状，呈昏迷不醒状态，但实际上这是处于假死状态。

1．触电假死特征

判断真死的特征有：①心跳、呼吸停止；②瞳孔放大；③血管硬化；④身上出现尸斑；⑤尸僵。如果上述特征有一个尚未出现，那都应视为假死，这时必须迅速进行现场救护。只要救护得当，坚持不懈，多数触电者可以起死回生。有的触电者经过数小时抢救后才脱离危险。因此每个电气工作人员和其他有关人员必须熟练掌握触电急救方法。

2．在抢救触电者脱离电源中应注意的事项

(1)救护人员不得采用金属或其他潮湿物品作为救护工具。

(2)未采用任何绝缘措施，救护人员不得直接触及触电者的皮肤或潮湿衣服。

(3)在使触电者脱离电源的过程中，救护人员最好用一只手操作，以防自身触电。

(4)当触电者站立或位于高处时，应采取措施防止触电者脱离电源后摔跌。

(5)夜晚发生触电事故时，应考虑切断电源后的临时照明，以利救护。

3．现场抢救应注意的事项

(1)现场抢救贵在坚持。

(2)心肺复苏应在现场就地进行。

(3)现场触电急救，不得打强心针。

(4)对触电过程中的外伤特别是致命外伤，也要采取有效的方法处理。

任务二　触电急救训练

步骤1　使触电者尽快脱离电源

触电急救首先要使触电者迅速脱离电源。如果触电者是触及低压带电设备，救护人员应迅速设法将触电人员脱离电源。

（1）应迅速设法切断电源，如拉开电源断路器或闸刀，拔除电源插头等。

（2）使用绝缘工具，如干燥的木板、木棒、绳索等不导电的东西设法使触电者与电源脱离。

（3）救护者也可以抓住触电者干燥而不贴身的衣服，将触电者拖离电源，切记要防止碰到金属物体和触电者裸露的身躯。

（4）可以戴绝缘手套或用干燥衣物等将手包起来绝缘后解脱触电者，救护人员也可以站在绝缘垫上或干木板上进行救护。

（5）解脱触电者，救护人员最好用一只手进行，如果电流通过触电者入地，并且触电者手紧握电线，救护人员可设法用干木板塞到触电者身下，使其与地隔断电流，然后再采取其他办法切断电源。

（6）可用干木把斧头或有绝缘柄的钳子将电源线剪断，并尽可能站在绝缘物体上剪。

步骤2 判定触电者的伤情

（1）触电者如神志清醒，只是心慌、四肢发麻、全身无力，但没有失去知觉，则应使其就地平躺，严密观察，暂时不要站立或走动。

（2）触电者如失去知觉，但呼吸和心脏尚正常，则应使其舒适平卧，保持空气流通，同时立即请医生或送医院诊治。随时观察，若发现触电者出现呼吸困难或心跳失常，则应迅速进行人工呼吸或胸外心脏按压。

（3）如果触电者失去知觉，心跳呼吸停止，则应判定触电者是假死状态。触电者若无致命外伤，没有得到专业医务人员证实，不能判断触电者死亡，应立即进行心肺复苏。对触电者应在10 s内用看、听、摸的方法，判定其呼吸、心跳情况，如图1.67所示。

①看：就是看触电者胸部、腹部有无起伏动作。

②听：就是用耳贴近触电者的口鼻处，听有无呼吸的声音。

③摸：就是触摸触电者口鼻有无呼吸的气流，再用两手指轻试一侧喉结旁凹陷处颈动脉有无跳动。

若看、听、摸的结果是无呼吸，又无动脉搏动，则可判定呼吸、心跳停止。

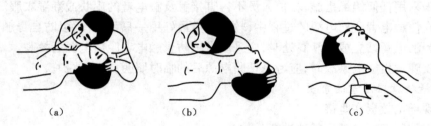

（a）　　　　　　　　（b）　　　　　　　　（c）

图1.67　伤情判定方法

（a）看；（b）听；（c）摸

步骤3 现场救护操作

触电者呼吸和心跳停止时，应立即进行现场救护操作，也就是进行心肺复苏支持生命的三项基本措施，正确进行就地抢救。

（1）畅通气道。触电者呼吸停止，抢救时重要的一环是始终确保气道畅通。如发现触电者口中有异物,可将其身体及头部同时侧转,迅速用一个手指或两个手指交叉从口角插入,取出异物,操作中要防止将异物推到咽喉深部。通畅气道可采用仰头抬颏法,如图1.68所示。用一只手放在触电者前额,另一只手将其下颌骨向上抬起,两手协同将头部推向后仰,舌根随之抬起。严禁用枕头或其他物品垫在触电者头下,头

图1.68 仰头抬颏法畅通气道操作

部抬高前倾,会更加重气道阻塞,且使胸外按压时流向脑部的血流减少,甚至消失。

(2)口对口(鼻)吹气急救。如图1.69所示,将病人置于仰卧位,急救者跪在患者身旁(或取合适姿势),先用一手捏住患者的下巴,把下巴提起,另一只手捏住患者的鼻子,不使其漏气。进行人工呼吸者,在进行前先深吸一口气,然后将嘴贴紧病人的嘴,在不漏气的情况下,连续大口吹气两口,每次1~1.5 s,如果两次吹气后测试颈动脉仍无搏动,可判定心跳已经停止,要立即进行胸外按压。除开始大口吹气两次外,吹气量不能过大,以免患者肺泡破裂;也不可过小,要使触电者胸部膨胀,以免进气不足,达不到救治目的。每分钟吹气14~16次(吹2 s,放松3 s),对触电的小孩,只能小口吹气。同时观察病人胸部是否高起;吹完气后嘴即离开,让病人把肺内的气"呼"出。最初吹的5~10口气要快些,以后则不必过快,只要看到患者高起的胸部下落,表示肺内的气体已排出时,接着就可以吹下一口气了,如果吹气时有较大的阻力,可能是头部后仰不够,就及时纠正。如此往复不止地操作,直到病人恢复自动呼吸或真正确诊死亡为止。

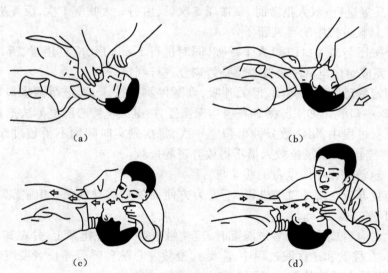

(a) (b) (c) (d)

图1.69 口对口人工呼吸救护操作步骤

(a)清除口腔杂物;(b)舌根抬起气道通;(c)深呼吸后紧贴嘴吹气;(d)放松嘴鼻换气

如触电者牙关紧闭,可采用口对鼻人工呼吸。口对鼻人工呼吸时,要将触电者嘴唇紧闭,防止漏气。

(3)胸外按压急救。人工胸外按压法,其原理是用人工机械方法按压心脏,代替心脏跳动,以达到血液循环的目的。凡触电者心脏停止跳动或不规则的颤动可立即用此法急

救,如图 1.70 所示。

①右手的食指和中指沿触电者的右侧肋弓下缘向上,找到肋骨和胸骨接合点的中点。

②两手指并齐,中指放在切迹中点,食指放在胸部下部。

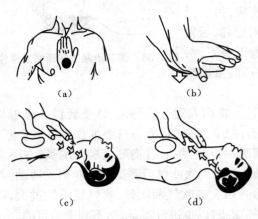

③另一手的手掌根紧挨食指上缘,置于胸骨上,即为正确按压位置。

④正确的按压姿势是达到胸外按压效果的基本保证,其要求如下。

A. 使触电者仰面躺在平硬的地方,救护人员立或跪在触电者一侧肩旁,救护人员的两肩位于触电者胸骨正上方,两臂伸直,肘关节固定不屈,两手掌根相叠,手指翘起,不接触触电者的胸壁。

B. 以髋骨节为支点,利用上身的重力,垂直将正常成人胸骨压陷 3 ~ 5 cm(儿童和瘦弱者酌减)。

C. 压至要求程度后,立即全部放松,但放松救护人员的掌根不得离开胸壁。

图 1.70 胸外按压法救护操作过程

(a)找准位置;(b)按压姿势;(c)向下按压;(d)突然松手

D. 按压要以均匀速度进行,每分钟 80 ~ 100 次,每次按压和放松的时间相等。

E. 胸外按压与口对口(鼻)人工呼吸同时进行,其节奏为:单人抢救时,每按压 15 次后吹气 2 次,反复进行;双人抢救时,每按压 5 次后,由另一人吹气 1 次,反复进行。

步骤 4 急救过程中的再判断

(1)胸外按压与口对口(鼻)人工呼吸,同时进行 1 min 后,应再用看、听、摸方法在 5 ~ 7 s 时间内完成对触电者呼吸及心跳是否恢复进行判定。

(2)若判定颈动脉已有搏动,但无呼吸,则暂停胸外按压,再进行两次口对口人工呼吸,接着 5 s 吹一口气。如果脉搏和呼吸均未恢复,则继续坚持心肺复苏法抢救。

(3)在抢救过程中,每隔数分钟再判定一次,每次判定时间均不得超过 5 ~ 7 s,在医护人员未接替抢救前,现场抢救人员不得放弃现场抢救。

步骤 5 急救过程中触电者的移动与转移

(1)心肺复苏应在现场就地进行,不要为方便而随意移动伤员,如确需要移动时,抢救中断时间不宜超过 30 s。

(2)移动触电者或将触电者送医院时,应使触电者平躺在担架上,并在其背部垫以平硬的宽木板。在移动和送医院过程中,应继续抢救。心跳和呼吸停止者要继续用心肺复苏法抢救,在医护人员接替救治前不能中止。

(3)应创造条件,用塑料袋装入碎冰屑做成帽子状包绕在触电者头部,露出眼睛,使脑部温度降低,争取心、肺、脑完全复苏。

步骤 6 触电者好转后的处理

如果触电者经抢救后心跳和呼吸均已恢复,则可暂停心肺复苏操作。但心跳、呼吸恢复的早期,有可能再次出现骤停,应严密监护不能麻痹,要随时准备再次抢救。

初期恢复后,触电者有可能神志不清或精神恍惚、躁动,应设法使其安静。

课外技能训练

1.1　低压验电笔的基本构造如何？使用时应注意哪些事项？

1.2　导线分哪两大类？各有什么用途？怎样选择导线？

1.3　导线线头与柱形端子和螺钉端子连接时，要掌握哪些操作方法？

1.4　恢复导线绝缘层应掌握哪些基本方法？380 V线路导线的绝缘层应该怎么恢复？

1.5　电烙铁、喷灯使用时分别要注意哪些事项？

1.6　计量仪表按工作原理可分为哪些种类？

1.7　在工作中应从哪些方面来选择电工仪表？

1.8　试述钳形电流表的基本工作原理，其使用时应注意什么问题？

1.9　简述万用表的使用方法，如何用万用表寻找交流电源的火线与零线？

1.10　如何选择兆欧表？在测量绝缘时为什么规定摇测时间为分钟？

1.11　兆欧表摇测的快慢与被测电阻值有无关系？为什么？

1.12　接地装置电阻达不到要求，通常采用哪些方法解决？

1.13　发现有人被电击应如何处理？

1.14　电流通过人体内部，对人体伤害的严重程度与哪些因素有关？

1.15　导线的连接应符合哪些要求？

技能考核　电动机绝缘电阻测量

一、接地电阻测量

1. 测量用工具及材料

（1）工具：兆欧表（500 V）1块；计时表、试电笔、标识牌、电工工具。

（2）材料：额定电压380 V三相电动机1台、测量用的绝缘线、接地线。

2. 测量绝缘电阻安全要求

（1）试验前将被测电动机断电，以保证人身安全及测试结果准确。

（2）兆欧表应放置于平稳的地方。

（3）在测试前要做开路和短路试验。

（4）电动机绝缘电阻测量完毕或需要重复测量时，必须将电动机放电并接地，停止摇测前应先把相线（L端）离开被测端，防止设备反充电烧坏表计。

3. 测量步骤及工艺要求

1）步骤

（1）对被测电动机进行断电、验电、放电；

（2）设监护人；

（3）对表计的检查；

（4）摇测电动机的绝缘电阻；

（5）工作终结。

2)工艺要求

（1）先将备好的接地线牢固接地；

（2）派专人看守或安装好安全栏,防止有人接触被测试设备；

（3）检查绝缘电阻表在开路时是否能达到∞或短路时指零,接线时应使用屏蔽端子"G"；

（4）摇动手柄当转速达到 120 r/min 后,对各相逐一测试,并做好记录,测试一相时其他两相应接地,当一相测试完了后,应先取下测试线,然后对电动机放电并接地；

（5）测试结束收拾仪表、材料,撤出安全栏,恢复设备原状,并向工作负责人汇报工作。

二、考核

1.考核要点

（1）选择仪表电压和测量范围是否正确；

（2）检查兆欧表的好与坏；

（3）接线是否正确,测量绝缘电阻的方法是否正确,测量后是否放电；

（4）测试完毕后,清理现场和撤出安全措施是否完善和正确,有无工作结束汇报。

2.考核时间

参考时间为 20 min。

3.评分参考标准

姓名		学号			
操作时间	时　分至　时　分		累计用时		时　分
评分标准					
序号	项目名称	考核内容	配分	扣分	得分
1	对电动机进行接地	未对被测电动机接地的扣 5 分	5		
2	安全	未作安全措施扣 5 分	5		
3	表计选择	兆欧表电压范围选择错误扣 10 分	10		
4	检查表计	未对兆欧表作开路和短路试验的扣 10 分	10		
5	转动摇表	未达到额定转速（120 r/min）扣 5 分；摇速不稳定扣 5 分	10		
6	测量	未逐相测试扣 5 分；未作测试记录扣 5 分；测试某一相时其他两相未作接地扣 5 分；不能正确读数扣 5 分	20		
7	对测试相放电	兆欧表未离开测试相就开始放电扣 10 分；摇测后未放电和接地扣 10 分	20		
8	收拾仪表、材料,清理现场	未收拾现场或不干净扣 5 分	5		
9	安全措施及工作结束	未撤遮栏扣 7 分；未向工作负责人汇报扣 8 分	15		
	指导教师	总分			

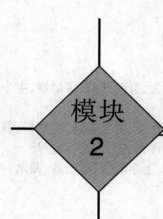

低压电器设备

**模块
2**

模块能力目标

▷ 能正确选用动力电路和照明电路熔断器和控制器

▷ 能正确选用照明电路、动力电路的断路器、接触器和继电器

▷ 能对照明电路、动力电路及用电器进行初步的维护维修

模块知识目标

☑ 掌握各种熔断器、开关的种类、符号、工作原理及其选择方法

☑ 知道各种继电器、接触器、断路器的工作原理、电路连接、使用方法

☑ 知道各种漏电保护器的工作过程、使用方法、命名及其意义

☑ 知道低压电器常见故障维修的一般方法

模块计划学时

16 课时

项目2.1　常用低压电器

【能力目标】能正确安装使用常用熔断器、刀开关、转换开关、自动开关、接触器、主令电器、继电器、漏电保护器。

【知识目标】知道熔断器、刀开关、转换开关、自动开关、接触器、主令电器、继电器、漏电保护器等低压电器的结构、原理、基本特性、主要用途、型号、图形符号和文字符号。

【训练素材】熔断器、刀开关、转换开关、自动开关、接触器、主令电器、继电器、漏电保护器。

任务一　熔断器

一、低压电器概述

电器是指对电能的产生、输送、分配与应用起开关、控制、保护和调节作用的电工器件，而低压电器通常是指工作电压在交流电压 1 200 V 或直流电压 1 500 V 及以下的电器设备。这与电工安全工作规程上规定的对地电压为 250 V 及以下的设备为低压设备的概念有所不同。前者是从制造角度考虑的，后者是从安全角度来考虑的，但二者并不矛盾，因为在发配电系统中，低压电器是指 380 V 配电系统，因此，在实际工作中，低电压电器是指 380 V 及以下电压等级中使用的电器设备。

低压电器的种类繁多，用途广泛，按低压电器在电气线路中的地位和作用不同可分为低压配电电器和低压控制电器，如表 2.1 所示。本模块仅介绍用于电力拖动自动控制的常用低压电器，这些电器包括刀开关、转换开关、断路器、熔断器、自动开关、接触器、继电器、主令电器等。

表 2.1　低压电器的分类

种　类	适　用　场　合	举　例
低压配电电器	用于低压配电系统中，对电器及用电设备进行保护，切断转换电源或者负载。要求这类电器工作可靠，在系统发生异常的情况下，动作准确并有足够的热稳定性和动稳定性	熔断器、刀开关、转换开关、自动开关等
低压控制电器	用于低压电力传动、自动控制系统和用电设备中，使其达到预期的工作状态。要求这类电器使用寿命长，体积小，重量轻，工作可靠	接触器、主令电器、继电器、电磁铁等

二、熔断器的构造与原理

熔断器是配电电路及电动机控制电路中用作过载和短路保护的电器。它串联在线路中，当线路或电气设备发生短路或过载时，熔断器中的熔体首先熔断，使线路或电气设备脱离电源，起到保护作用。它具有结构简单、价格便宜、使用维护方便、体积小、重量轻等优点，得到广泛的应用。熔断器主要由熔体和安装熔体的熔管（或熔座）两部分组成。熔体是熔断器的主要部分，常做成片状或丝状；熔管是熔体的保护外壳，在熔体熔断时兼有灭弧作用。熔体的材料有两种：一种是低熔点材料（如铅、锡等合金）制成的不同直径的圆丝（俗称保险丝），由于熔点低，不易熄弧，对熔断器各部分的温度影响小，一般用在小电流电路中;另一种是高熔点材料,如银、铜等,用在大电流电路中,它熄弧较容易,但会引起熔断器过热,对过载时保护作用较差。

每一种规格的熔体都有额定电流和熔断电流两个参数。通过熔体的电流小于其额定电流时,熔体不会熔断,只有在超过其额定电流并达到熔断电流时,熔体才会发热熔断。通过熔体的电流越大,熔体熔断越快,一般规定熔体通过的电流为额定电流的 1.3 倍时,应在 1 h 以上熔断;通过额定电流的 1.6 倍时,应在 1 h 内熔断;电流达到 2 倍额定电流时,应在 30 ~ 40 s 熔断;当达到 8 ~ 10 倍额定电流时,熔体应瞬间熔断。熔断器对于过载时是很不灵敏的,当设备轻度过载时,熔断时间延迟很长,甚至不熔断。因此,熔断器不宜作为过载保护用,它主要作为短路保护用。熔断电流一般是熔体额定电流的 2 倍。

1. 熔断器的参数

熔断器有三个参数:额定工作电压、额定电流和断流能力。

若熔断器工作电压大于其额定工作电压,则熔体熔断时有可能出现电弧不能熄灭的危险。熔管内所装熔体的额定电流必须小于或等于熔管的额定电流。断流能力是表示熔管断开网络故障所能切断的最大电流。根据切断网络故障电流的要求:常用熔管交流额定电压为 500 ~ 600 V,额定电流为 500 ~ 600 A,断流能力可达 200 kA。

2. 熔断器常用系列产品

熔断器的种类有:瓷插式、螺旋式、无填料封闭式、有填料封闭式(即快速熔断器)。

1)瓷插式熔断器

瓷插式熔断器一般在交流额定电压、额定电流以下的低压线路或分支线路中,作为电气设备的短路保护及一定程度的过载保护。它是由瓷盖、瓷底、动触头、静触头及熔丝 5 部分组成。常用 RC1A 系列瓷插式熔断器的外形及结构如图 2.1(a)所示。瓷盖和瓷底均用电工瓷制成,电源线及负载线可分别接在瓷底两端的静触头上。瓷底座中间有一空腔,与瓷盖突出部分构成灭弧室。容量较大的熔断器在灭弧室中还垫有熄弧用的编织石棉。

图 2.1　几种常用熔断器
(a)瓷插式熔断器;(b)螺旋式熔断器;
(c)无填料封闭式熔断器;(d)有填料封闭式熔断器

RC1A 系列瓷插式熔断器的额定电压为 380 V,额定电流有 5 A、10 A、15 A、30 A、60 A、100 A、200 A 等。因其价格便宜,更换方便,广泛用作照明和小容量电动机的短路保护。

2)螺旋式熔断器

螺旋式熔断器用于控制箱、配电屏、机床设备及振动较大的场所,作为短路及一定程度的过载保护。

螺旋式熔断器主要由瓷帽、熔断管(芯子)、瓷套、上接线端、下接线端及座干等 6 部分组成。常用 RL1 系列螺旋式熔断器的外形及结构如图 2.1(b)所示。

RL1 系列螺旋式熔断器的熔断管除了装熔丝外,在熔丝周围填满石英砂,作为熄灭电弧用。熔断管的一端有一小红点,熔丝熔断后红点自动脱落,显示熔丝已熔断。使用时将熔断管有红点的一端插入瓷帽,瓷帽上有螺纹,将瓷帽连同熔管一起拧进瓷底座,熔丝便接通电路。

在装接时,用电设备的连接线接到连接金属螺纹壳的上接线端,电源线接到瓷底座上的下接线端,这样在更换熔丝时,旋出瓷帽后螺纹壳上不会带电,保证了安全。

RL1 系列螺旋式熔断器的额定电压为 500 V,额定电流有 15 A、60 A、100 A、200 A 等。

RL1 螺旋式熔断器的断流能力大,体积小,安装面积小,更换熔丝方便,安全可靠,熔丝熔断后有显示。它常在额定电压为 500 V、额定电流为 200 A 以下的交流电路或电动机控制电路中作为过载或短路保护。

3)无填料封闭式熔断器

无填料封闭式熔断器如图 2.1(c)所示,用于交流电压 380 V、额定电流在 1 000 A 以内的低压线路及成套电气设备的过载与短路保护。

4)有填料封闭式(即快速)熔断器

有填料封闭熔断器如图 2.1(d)所示,用于交流电压 380 V、额定电流在 1 000 A 以内的高短路电流的电力网络和配电装置中作为电路、电机、变压器及其他设备的过载和短路保护。

3.熔断器的型号及意义

熔断器的文字符号用 R 表示,其型号意义如下。

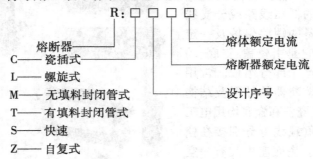

图中标注:

R:□□□□

熔断器 ——
C —— 瓷插式
L —— 螺旋式
M —— 无填料封闭管式
T —— 有填料封闭管式
S —— 快速
Z —— 自复式

熔体额定电流
熔断器额定电流
设计序号

任务二　常见低压开关

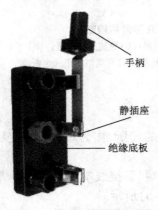

图 2.2 刀开关典型结构

(图注:手柄、静插座、绝缘底板)

开关是指对电源、负载、控制线路起接通和切断作用的电器。其结构简单且应用广泛,有手动操作型和自动通断型两大类。常用开关有刀开关、瓷底胶盖闸刀开关(开启式负荷开关)、转换开关(组合开关)、自动空气开关(断路器)等。

一、刀开关

刀开关习惯称为闸刀开关,是结构最简单、应用最广泛的一种低压电器,其种类很多。典型的单极单投刀开关如图 2.2 所示,推动手柄,使触刀嵌插入静插座中,电路就被接通。常用的 HD 系列为单投刀开关、HS 系列为双投刀开关。

刀开关适用于额定电压 380 V、额定电流 15 A 及以下的电气系统中作不频繁的手动接通和切断电路或隔离电源之用。它只能起隔断电流的作用,与熔断器配合使用具备短路保护作用。

二、瓷底胶盖闸刀开关(开启式负荷开关)

1. HK 系列瓷底胶盖闸刀开关结构和用途

如图 2.3 所示,瓷底胶盖闸刀开关是由刀开关和熔断器组合而成的一种电器,瓷底板上装有进线座、静触头、熔丝、出线座及 3 个刀片式的动触头,上面覆有胶盖以保证用电安全。它有二极和三极之分。两极的额定电压为 220 V 或 250 V,额定电流有 10 A、15 A、30 A 三种;三极的额定电压为 380 V 或 500 V,额定电流有 15 A、30 A、60 A 三种。

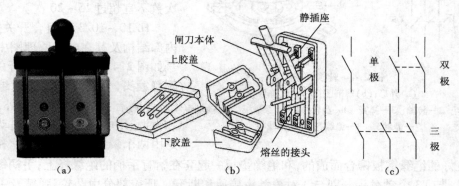

图 2.3 瓷底胶盖闸刀开关
(a)外形图;(b)内部结构图;(c)电气符号

HK 系列瓷底胶盖刀开关没有专门的灭弧设备,易被电弧烧坏,引起接触不良或灼伤人手等故障。一般用胶木盖来防止电弧灼伤人手,拉闸、合闸时应动作迅速,使电弧较快地熄灭,减轻电弧对刀片和触座的灼伤,因此这种开关不宜用于经常分合的电路。但因其价格便宜,在一般的照明电路和功率小于 5.5 kW 电动机的控制电路中仍常采用。用于照明电路时可选用额定电压为 250 V,额定电流等于或大于电路最大工作电流的两极开关;用于电动机的直接启动时,可选用额定电压为 380 V 或 500 V,额定电流等于或大于电动机额定电流 3 倍的三极开关。

2. 瓷底胶盖闸刀开关的型号及意义

瓷底胶盖闸刀开关的型号及意义如下。

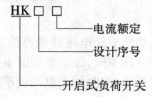

三、转换开关

1. 转换开关的结构和作用

转换开关又称组合开关,如图 2.4 所示,是手动控制电器,属于刀开关类型。它的特点是用动触片代替闸刀,以左右旋转代替刀开关的上下平面操作。它也有单极、双极和多极之分。主要用于电源引入、多路控制电路的切换及小容量电动机的启动、停止、正反转和调速控制等。HZ 系列转换开关有 HZ1、HZ2、HZ3、HZ4、HZ10 等系列产品。其中常用

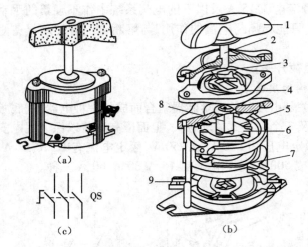

(a)

QS

(c)   (b)

图 2.4　转换开关

(a)外形;(b)解剖图;(c)电气符号

1—手柄　2—转轴　3—弹簧　4—凸轮　5—绝缘垫板　6—动触头

7—静触头　8—绝缘杆　9—接线柱

的 HZ10 系列组合开关的额定电压为 380 V,额定电流有 6 A、10 A、25 A、60 A、100 A 等。HZ10 系列组合开关具有寿命长、使用可靠、结构简单等优点,适用于交流 50 Hz、380 V 以下,直流 220 V 及以下的电源引入,5 kW 以下小容量电动机的直接启动,电动机的正、反转控制及机床照明控制电路中。但每小时的转换次数不宜超过 15 ~ 20 次。

HZ10 – 10/3 型组合开关外形、内部结构及其在电气原理图中的符号如图 2.4 所示。该转换开关有 3 副静触头,分别装在 3 层绝缘垫板上,并附有接线柱,伸出盒外,以便和电源、用电设备相接;3 副动触头是由两个磷铜片或硬紫铜片和消弧性能良好的绝缘钢板铆合而成的,和绝缘垫板一起套在附有手柄的绝缘杆上;手柄每次转动 90°,带动 3 个动触头分别与 3 对静触头接通和断开。顶盖部分由凸轮、弹簧及手柄等零件构成操作机构,这个机构由于采用了弹簧储能,可使开关快速闭合及分断。

在控制电动机正反转时,必须使电动机先经过完全停止的位置,然后才能接通反向旋转电路。

HZ10 系列转换开关需根据电源种类、电压等级、所需触头数、电动机的容量等进行选用。开关的额定电流一般取电动机额定电流的 1.5 ~ 2.5 倍。

2.HZ 转换开关的型号及意义

HZ 转换开关的型号及意义如下。

组合开关——

设计序号——

极数

开关的专门用途代号

开关的额定电流

四、自动空气开关(断路器)

自动空气开关是一种能自动切断故障电流并兼有控制和保护功能的低压电器,当电路发生短路、过载、久电压等不正常现象时,能自动切断电路,或在正常情况下用来作不太频繁的切换电路。通常用作电源开关,有时用于电动机不频繁地启动、停止控制和保护。

1.常用自动空气开关的品种

常用自动空气开关的品种类型有:①DZ 系列塑料外壳式自动空气开关;②DW 系列框架式自动空气开关,又叫万能式自动空气开关;③DS 系列直流快速自动空气开关;④漏电保护自动空气开关,又叫漏电保护器;⑤限流式自动空气开关等。常用的 DZ5 – 20 型自动空气开关是塑料外壳式,属于容量较小的一种,其额定工作电流为 20 A。容量较大的有 DZ10 系列,其额定工作电流为 100 ~ 600 A。

常用自动空气开关的外形及结构如图 2.5 所示。

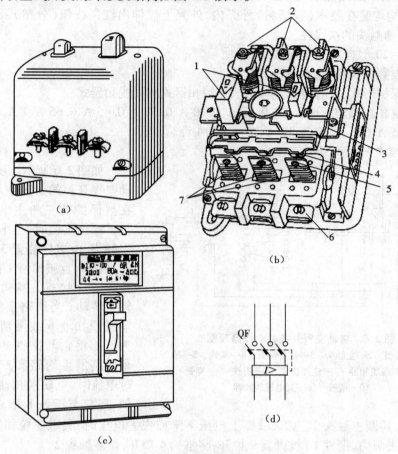

图 2.5 常用塑料外壳式自动空气开关
(a)DZ5 外形;(b)DZ5 内部结构;(c)DZ10 外形;(d)电气符号
1—按钮 2—电磁脱扣器 3—自由脱扣器 4—动触点 5—静触点 6—接线柱 7—热脱扣器

2.DZ5 系列自动空气开关结构

1)结构

DZ5 系列自动空气开关由动、静触头,灭弧室和操作机构,电磁脱扣器,热脱扣器,手动脱扣操作机构以及外壳等部分组成。有的自动空气开关还带有欠电压脱扣器,如 DZ10 系列塑料外壳式及 DW10 系列万能式自动空气开关。电磁脱扣器是一个电磁铁,它的电磁线圈串联在主电路中,当电路中出现短路时,它就吸合衔铁,使操作机构动作,将主触头断开,可作短路保护用。电磁脱扣器带有调节螺钉,以便调节瞬时脱扣整定电流。热脱扣器是一个双金属片热继电器,发热元件串接在主电路中,当电路过载时,过载电流流过发热元件,使双金属片受热弯曲,操作机构动作,断开主触头,可作过载保护用,其顶端也带有调节螺钉,用以调整各级的同步。手动脱扣操作机构采用连杆机构,通过尼龙支架与接触系统的导电部分连接在一起。在操作机构上,有过载脱扣电流调节盘,用以调节整定电流。如需手动脱扣,则按下红色按钮,使操作机构动作,断开主触头。

DZ5 - 20 型自动空气开关的结构采取立体布置。操作机构在中间,上面是热脱扣器,下面是电磁脱扣器,接触系统在后面。除主触头外,还具有常开及常闭辅助触头各一对,上述全部结构均装在胶木(或塑料)外壳内,外壳上仅伸出红色按钮(分钮)及绿色按钮(合钮)和主辅触头的接线柱。

2)DZ5-20型自动空气开关分类

(1)按极数分,有两极和三极。

(2)按保护形式分,有复式、电磁式、热脱扣器式和无脱扣器式。

(3)按脱扣器额定电流分,有0.15 A、0.20 A、0.30 A、0.45 A、0.65 A、1 A、1.5 A、2.0 A、3.0 A、4.5 A、6.5 A、10 A、15 A、20 A等14种。

3. 自动空气开关的动作原理

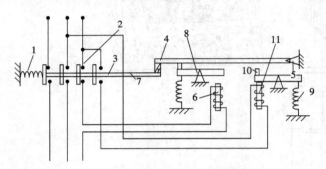

如图2.6所示。图中2为自动空气开关的3副主触头,串联在被保护的三相主电路中。当按下绿色按钮时,主电路中3副主触头,由连杆装置3(锁链)钩住搭钩4,克服弹簧1的拉力,保持在闭合状态。搭钩4可以绕轴5转动。当线路正常工作时,电磁脱扣器6线圈所产生的吸力不能将它与衔铁8吸合。如果线路发生短路和产生很大的过电流时,电磁脱扣器的吸力增加,将它与衔铁8吸合,并把搭

图2.6 自动空气开关的动作原理图

1—释放弹簧 2—主触头 3—连杆装置 4—搭钩 5—轴 6—电磁脱扣器 7—连杠装置 8—衔铁 9—弹簧 10—衔铁 11—欠电压脱扣器

钩4顶上去,切断主触头2。如果线路上电压下降或失去电压时,欠电压脱扣器11的吸力减小或失去吸力,衔铁10被弹簧9拉开,将搭钩4顶开,切断触头2。

4. 自动空气开关的优点

(1)结构紧凑,安装方便,操作安全。

(2)线路或负载故障时,脱扣器自动动作进行保护,动作后无须更换元件。

(3)恰逢开关作用、短路和过载保护外,还能作欠压保护。

(4)脱扣器动作电流可以根据实际情况整定。

(5)三极同时切断电源,可避免两相或单相运行情况的出现。

5. 自动空气开关型号及意义

自动空气开关型号及意义如下。

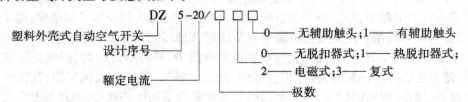

任务三 主令电器

主令电器是用在自动控制系统中发出指令的操纵电器,它主要用来切换控制电路,使

电路接通或分断,实现电气系统的各种控制。主令电器的种类有按钮开关、位置开关(又称行程开关)等。常用的主令电器有按钮开关、万能转换开关、主令控制器、行程开关及各种照明开关等。

一、按钮开关

1. 按钮开关的作用

按钮开关是一种手动操作接通或分断小电流控制电路的主令电器。一般情况下它不直接控制主电路的通断,而是在控制电路中发出"指令"去控制接触器、继电器等电器,再由它们来控制主电路。

2. 按钮开关的结构

按钮开关的外形和内部结构如图2.7所示。按钮开关的触头,允许通过的电流很小,一般不超过5 A。按帽的颜色有多种,便于识别和操作。按钮内可以有多对常闭和常开触点,使用时可视需要只选其中的常闭触点或常开触点,也可以两者同时选用,以满足不同控制电路的需要。

常闭触点
常开触点

(a)   (b)

图2.7 按钮开关
(a)外形;(b)内部结构

如图2.8所示,按钮开关根据用途和触头的结构不同分为停止按钮(常闭按钮)、启动按钮(常开按钮)和复合按钮(常开和常闭组合按钮)。

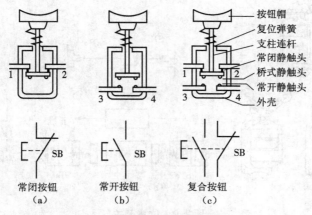

按钮帽
复位弹簧
支柱连杆
常闭静触头
桥式静触头
常开静触头
外壳

常闭按钮   常开按钮   复合按钮
(a)   (b)   (c)

图2.8 按钮开关结构名称和符号
(a)常闭按钮;(b)常开按钮;(b)复合按钮

在机床中,常用的产品有 LA2、LA10、LA18 和 LA19 系列,其中 LA18 系列按钮开关采用积木式结构,触头数目可按照需要拼装,一般拼装成2副常开、2副常闭,也可拼装成6副常开、6副常闭;结构形式有揿钮式、紧急式、钥匙式和旋钮式。

LA19 系列在按钮内还装有信号灯,除了作为控制电路的主令电器使用外,还可兼作信号指示灯使用。

3.按钮开关的型号及意义

按钮开关的型号及意义如下。

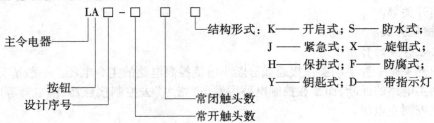

主令电器——
按钮——
设计序号——

结构形式：K——开启式；S——防水式；
J——紧急式；X——旋钮式；
H——保护式；F——防腐式；
Y——钥匙式；D——带指示灯

常闭触头数
常开触头数

二、位置开关

1.位置开关用途

位置开关常称为行程开关(即限位开关)，它的作用与按钮相同，只是其触头的动作不是靠手动操作，而是利用生产机械某些运动部件的碰撞使其触头动作来实现接通或分断某些电路，使之达到一定的控制要求。为了适应各种条件下的碰撞，行程开关有很多构造形式，常用的有滚轮式(即旋转式)和按钮式(即直动式)。常用行程开关来限制机械运动的行程或位置，使运动机械按一定行程自动停车、反转或变速，自动往返运动等，以实现自动控制。常用的行程开关有 LX19 和 JLXKI 系列。各种系列的行程开关其基本结构相同，区别仅在于使行程开关动作的传动装置和动作速度不同。

2.位置开关结构

JLXKI 系列快速行程开关的外形如图 2.9(a)所示，其结构和动作原理如图 2.9(b)所示。

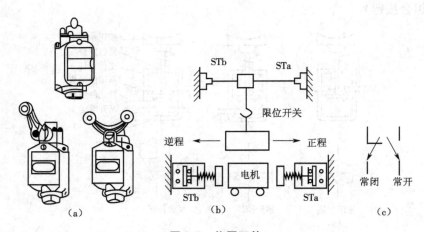

图 2.9 位置开关

(a)外形图；(b)控制原理图；(c)电气符号

当运动机械的挡铁撞到行程开关的滚轮上时，传动杠杆连同转轴一起转动，使凸轮推动撞块，当撞块被压到一定位置时，推动微动开关快速动作，使其常闭触头分断、常开触头闭合；当滚轮上的挡铁移开后，复位弹簧就使行程开关各部分恢复原始位置，这种单轮自动恢复的行程开关是依靠本身的恢复弹簧来复原的，在生产机械的自动控制中应用较为广泛。

行程开关在电气原理图中符号如图 2.9(c)所示。

行程开关应根据动作要求和触头的数量来选择。

3. 位置开关型号及意义

位置开关型号及意义如下。

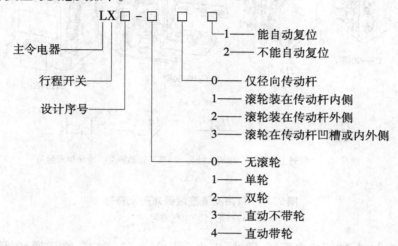

任务四 接触器

接触器是一种遥控电器,在机床电气自动控制中用它来频繁地接通和切断交直流电路。它具有低电压释放保护性能,控制容量大,能远距离控制,在自动控制系统中应用非常广泛,但也存在噪声大、寿命短等缺点。

接触器是利用电磁吸力及弹簧反作用力配合动作而使触头闭合与分断的一种电器。按其触头通过电流的种类不同,可分为交流接触器和直流接触器。

一、交流接触器

交流接触器具有 CJ0、CJ10、CJ12、CJ20 等系列的产品,常用的交流接触器的外形如图2.10 所示。

1. 交流接触器的结构

交流接触器主要由电磁系统、触头系统、灭弧装置等部分组成。

1)电磁系统

电磁系统是用来操作触头闭合与分断用的,包括线圈、动铁芯和静铁芯。

交流接触器的铁芯一般用硅钢片叠压铆成,以减少交变磁场在铁芯中产生涡流及磁滞损耗,避免铁芯过热。

交流接触器的铁芯上装有一个短路铜环,又称减振环,如图2.11(b)所示。短路环的作用是减少交流接触器吸合时产生的振动和噪声。当电磁线圈中通有交流电时,在铁芯中产生的是交变的磁通,所以产生对衔铁的吸力是变化的,当磁通经过零值时,铁芯对衔铁的吸力也为零,衔铁在弹簧反作用力的作用下有释放的趋势,这样,衔铁不能被铁芯紧紧吸牢,就在铁芯上产生振动,发出噪声;这使衔铁与铁芯极易磨损,并造成触头接触不良,产生电弧火花灼伤触头,且噪声使人易感疲劳。为了消除这一现象,在铁芯柱端面上嵌装一个短路铜环,此短路铜环相当于变压器的二次绕组。当电磁线圈通入交流电后,线圈电流 I_1 产生磁通 Φ_1,短路环中产生感应电流 I_2 而形成磁通 Φ_2,由于电流 I_1 与 I_2 的相位

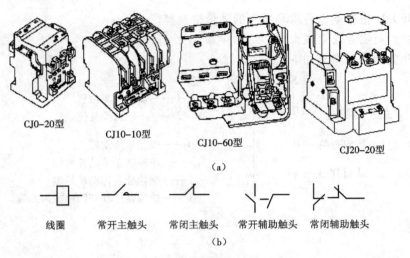

图 2.10 常用交流接触器外形及符号

（a）外形；（b）电气符号

不同，所以 Φ_1 与 Φ_2 的相位也不同，即 Φ_1 与 Φ_2 不同时为零。这样，在磁通 Φ_1 经过零时 Φ_2 不为零而产生吸力，吸住衔铁，使衔铁始终被铁芯吸牢，振动和噪声会显著减小。气隙越小，短路环的作用越大，振动和噪声就越小。短路环一般用铜、康铜或镍铬合金等材料制成。

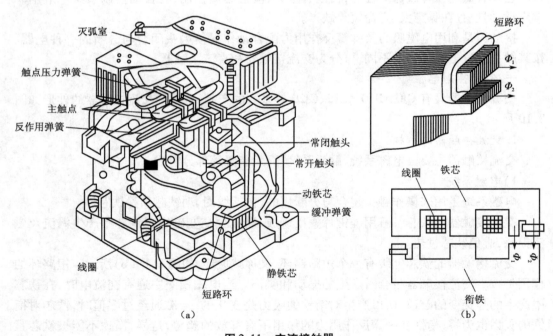

图 2.11 交流接触器

（a）内部结构；（b）减振环

为了增加铁芯的散热面积，交流接触器的线圈一般采用粗而短的圆筒形电压线圈，并与铁芯之间有一定间隙，以避免线圈与铁芯直接接触而受热烧坏。

2)触头系统

交流接触器的触头起分断和闭合电路的作用。因此,要求触头导电性能良好,所以触头通常用紫铜制成;但是铜的表面容易氧化而生成一层不良导体氧化铜,由于银的接触电阻小,且银的黑色氧化物对接触电阻影响不大,故在接触点部分镶上银块。接触器的触头系统分有主触头和辅助触头。主触头用以通断电流较大的主电路,体积较大,一般是由三对常开触头组成;辅助触头用以通断小电流的控制电路,体积较小,它有常开(动合)和常闭(动断)两种触头。所谓常开、常闭是指电磁系统未通电动作前触头的状态。常开和常闭触头是一起动作的,当线圈通电时,常闭触头先分断,常开触头随即闭合;线圈断电时,常开触头先恢复分断,随即常闭触头恢复原来的闭合状态。图2.10所示的CJ0-20系列交流接触器有三对常开主触头,有两对常开辅助触头和两对常闭辅助触头。

2. 交流接触器型号及意义

交流接触器型号及意义如下。

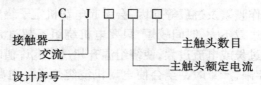

二、直流接触器

1. 结构及工作原理

电磁式直流接触器主要由铁芯、线圈、动触点、常开静触点、常闭静触点、衔铁、返回弹簧等部分组成,如图2.12所示。当线圈通电后,铁芯被磁化而产生足够的电磁吸力,吸动磁铁,使动触点与常闭静触点5断开,而与常开接触点4闭合,这叫接触器"动作"或"吸合"。当线圈断电后,电磁力消失,衔铁返回,动接点也恢复到原先的位置,这叫接触器"释放"或"复位"。

2. 直流接触器的质量判断

(1)首先测量接触器线圈阻值,一般在几十欧到几千欧,这也是判断线圈引脚的重要依据。

(2)观察触点有没有发黑等接触不良现象。也可以用万用表来测量,线圈在未加电压

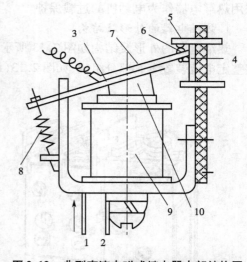

图2.12 典型直流电磁式继电器内部结构图
1、2、9—线圈 3、6—动触点 4、5—静触点
7—衔铁 8—返回弹簧 10—铁芯

时,动触点与常闭触点引脚电阻应为0 Ω,加电吸合后,阻值应变为无穷大,且测量动触点与常开触点电阻为0 Ω,断电后变为无穷大。电磁式直流接触器是各种接触器中应用最普遍的一种,它的特点是接点接触电阻很小(小于1 Ω),缺点是动作时间长(毫秒以上),接点寿命短(一般在10万次以下),体积较大。

任务五　继电器

继电器是一种能将温度、时间、速度、过电流、欠电压等信号转换成电信号的低压电器,在自动控制系统中应用相当广泛。

继电器一般不是用来直接控制主电路的,而是通过接触器或其他电器来对主电路进行控制的。因此,同接触器相比较,继电器的触头断流容量很小,一般不需要灭弧装置,且结构简单、体积小、重量轻,但对继电器动作的准确性则要求较高。

继电器的种类很多,有热继电器、时间继电器、速度继电器、中间继电器和过电流继电器等。按照它在电力拖动自动控制系统中的作用,可分为控制继电器和保护继电器。速度继电器和中间继电器一般作为控制继电器;而过电流继电器、过电压继电器、欠电压继电器和热继电器等均作为保护继电器。

一、热继电器

很多工作机械因操作频繁及过载等原因,会引起电动机定子绕组中电流增大、绕组温度升高等现象。若电机过载不大,时间较短,只要电机绕组不超过允许的温升,这种过载是允许的。若过载时间过长或电流过大,使绕组温升超过了允许值时,将会损坏绕组的绝缘,缩短电动机的使用年限,严重时甚至会使电动机绕组烧毁。电路中虽有熔断器,但熔体的额定电流为电动机额定电流的 1.5~2.5 倍,故不能可靠地起过载保护作用,为此,要采用热继电器作为电动机的过载保护。

1.热继电器的外形及结构

热继电器的外形及结构如图 2.13 所示。它由热元件、触头、动作机构、复位按钮和调整整定电流装置等 5 部分组成,如图 2.13(b)所示。

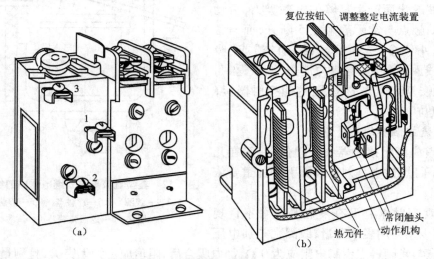

图 2.13　热继电器的外形及内部结构
(a)外形;(b)内部结构

（1）热元件共有两片,是热继电器的主要部分,是由双金属片及围绕在双金属片外面的电阻丝组成的。双金属片是由两种热膨胀系数不同的金属片复合而成的,如铁镍铬合金和铁镍合金。电阻丝一般用康铜、镍铬合金等材料做成,使用时,将电阻丝直接串联在异步电动机的两相电路中,如图 2.14 所示。

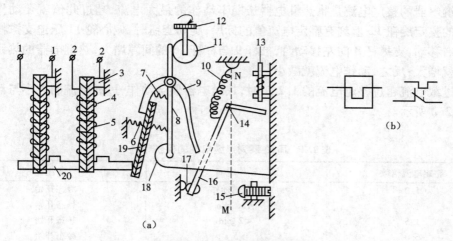

图 2.14 热继电器结构原理图

(a)工作原理图;(b)符号

1、2、3—接线柱 4—电阻丝 5—双金属片 6、7、10—弹簧 8—支撑杆 9—推杆 11—偏心轮
12—整定旋钮 13—复位按钮 14—轴 15—常开触头 16—杠杆 17—常闭触头 18—拉簧
19—补偿双金属片 20—导板

(2)触头有两副,由公共动触头、1 个常开触头和 1 个常闭触头组成的。图 2.13(a)中 1 为公共动触头的接线柱,3 为常开触头的接线柱,2 为常闭触头的接线柱。

(3)动作机构由导板、补偿双金属片(补偿环境温度的影响)、推杆、杠杆及拉簧等组成。

(4)复位按钮是热继电器动作后进行手动复位的按钮。

(5)调整整定电流装置是通过旋钮和偏心轮来调节整定电流值的。

2.热继电器的工作原理

如图 2.14 所示,当电动机过载时,过载电流通过串联在定子电路中的电阻丝 4 使之发热过量,双金属片 5 受热膨胀,因左边一片的膨胀系数较大,所以下面一端便向右弯曲,通过导板 20 推动补偿双金属片 19,使推杆 9 绕轴转动,这又推动了杠杆 16 使它绕轴 14 转动,于是将热继电器的常闭触头 17 断开;在控制电路中,常闭触头 17 使串联在接触器的线受到保护。

热继电器动作后的复位,有手动复位和自动复位两种。

(1)**手动复位。**当推杆 9 推动杠杆 16 绕轴转动、在弹簧 10 的拉力作用下,使杠杆 16 上的动触头和常开触头 15 闭合。此时,杠杆 16 超过 NM 轴线,在这种情况下,常闭触头 17 无法再闭合。因此,必须按下复位按钮 13,使杠杆 16 向左转过 NM 轴线后,在弹簧 10 的作用下,使常闭触头 17 重新闭合,这就称为手动复位。

(2)**自动复位。**如要自动复位,可旋动 15 螺杆,使它越过 NM 轴线,当热继电器因电动机过载动作后,经一段时间,双金属片 5 冷却复原,在弹簧 7 的作用下,补偿双金属片 19 连同推杆 9 复原,杠杆 16 在弹簧 10 的作用下,使常闭触头 17 复位闭合,这就称为自动复位。

3. 热继电器的整定电流

热继电器的整定电流是指热继电器长期不动作的最大电流,超过此值就要动作。热继电器的整定旋钮 12 上刻有整定电流值的标尺,旋动旋钮时,偏心轮 11 压迫支撑杆 8 绕交点左右移动,支撑杆 8 向左移动时,推杆 9 与杠杆 16 的间隙增大,热继电器的热元件动作电流就增大;反之,动作电流就减小。

当过载电流超过整定电流的 1.2 倍时,热继电器便会动作,过载电流的大小与动作时间如表 2.2 所示。

表 2.2　JR10 系列热继电器的保护特性

整定电流倍数	动作时间	备注
1.0	长期不动作	冷态开始
1.2	<20 min	热态开始
1.5	<2 min	热态开始
6.0	>5 s	冷态开始

上述的热继电器只有两个热元件,属于两相结构。此外,还有装三个热元件的三相结构继电器,其外形、结构及动作原理与两相结构的热继电器类似。

在一般情况下,由于电源的三相电压均衡,电动机的绝缘良好,电动机的三相线电流必将相等,应用两相结构的热继电器已能对电动机的过载进行保护,但当三相电源严重不平衡或电动机的绕组内部发生短路故障时,就有可能使电动机的某一相的线电流比其余两相的线电流要高。若该相线路中,恰巧没有热元件,就不能可靠地起到保护作用。因此,考虑到这种情况,就必须选用三相结构的热继电器。

热继电器所保护的电动机,如果是星形联结的,当线路上发生一相断路(如一相熔断器熔体熔断)时,另外两相发生过载,但此时流过热元件的电流也就是电动机绕组的电流(线电流等于相电流),因此,用普通的两相或三相结构的热继电器都可以起到保护作用。如果电动机是三角形联结的,发生断相时,由于是在三相中发生局部过载,而线电流大于相电流,故用普通的两相和三相结构的热继电器就不能起到保护作用,必须采用带断相保护装置的热继电器。这种热继电器不仅具有一般热继电器的保护性能,而且当三相电动机一相断路或三相电流严重不平衡时,能及时动作,起到保护作用(即断相保护特性)。

热继电器适用于轻载启动长期工作或间断工作时,作为电动机的过载保护;对频繁和重载启动时,则不能起到充分的保护作用,也不能作短路保护,因双金属片受热膨胀需要一定时间,当电动机发生短路时,电流很大,热继电器还来不及动作时,供电线路和电源设备就有可能已受损坏,因此,短路保护必须由熔断器来完成。

4. 热继电器的型号及意义

选择热继电器时,其额定电流和热元件的额定电流均应大于电动机的额定电流。在一般情况下,可选用两相结构的热继电器,但当电网电压的均衡性较差、工作环境恶劣或较少有人照管的电动机,可选用三相结构的热继电器。对于三角形联结的电动机,应选用带断相保护装置的热继电器,热元件的整定电流通常整定到与电动机额定电流相等。但如电动机拖动的是冲击性负载(如冲床等),或电动机启动时间较长,或电动机所拖动的设备不允许停电的情况下,选择的热继电器热元件的整定电流可比电动机的额定电流高

1.1~1.15 倍。热继电器的型号及意义如下。

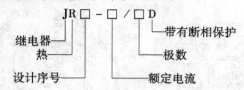

二、时间继电器

时间继电器是一种利用电磁原理或机械动作原理来实现触点延时闭合(或延时断开)的自动控制电器。它的种类很多,有电磁式、电动式、空气阻尼式(又称气囊式)及晶体管式等。其中,电动式时间继电器的延时精确度高,且延时时间较长(由几秒钟到几十小时),但价格较贵;电磁式时间继电器的结构简单,价格也较便宜,但延时较短(0.3~0.6 s),且只能用于直流电路和断电延时场合,体积和质量均较大;空气阻尼式时间继电器的结构简单,延时范围较长(0.4~180 s),可用于交流电路,更换线圈也可用于直流电路,缺点是延时准确度较低。

下而仅介绍常用的空气阻尼式时间继电器。

1. 空气阻尼式时间继电器(JS7-A 系列)结构

JS7-A 系列时间继电器,是利用空气通过小孔节流的原理来获得延时动作的,根据触头的延时特点,它可分为通电延时(如 JS7-1A 和 JS7-2A)与断电延时(如 JS7-3A 和 JS7-4A)两种。时间继电器的型号及意义如下。

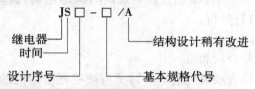

JS7-A 系列时间继电器的外形及结构如图 2.15 所示。

JS7-A 系列时间继电器由电磁系统、工作触头、气室及传动机构等 4 部分组成。

(1)电磁系统:由线圈、衔铁和铁芯组成,其他还有反力弹簧和弹簧片。

(2)工作触头:由两副瞬时触头(一副瞬时闭合,另一副瞬时分断)及两副延时触头组成。

(3)气室:气室内有一块橡皮薄膜和活塞随空气量的增减而移动,气室上面的调节螺钉可以调节延时的长短。

(4)传动机构:由杠杆、推板、推杆和宝塔弹簧等组成。

2. JS7-A 系列时间继电器的动作原理

1)断电延时的时间继电器动作原理

图 2.15(b)为断电延时时间继电器的内部结构图。当线圈通电后,衔铁克服反力弹簧阻力与铁芯吸合,推杆在推板的作用下,压缩宝塔弹簧,带动气室内的橡皮薄膜和活塞迅速向右移动,此时,通过弹簧片使瞬时触头和通过杠杆使延时触头都瞬时动作,当线圈断电后,衔铁在反力弹簧的作用下,迅速释放,瞬时触头瞬时复位,而推杆在宝塔弹簧的作用下,带动橡皮薄膜和活塞向左移动,移动的速度要视气室内进气口的节流程度而定,可通过调节螺钉调节。经过一定的延时时间后,推杆才回到最左端。这时,延时触头通过杠杆才动作。

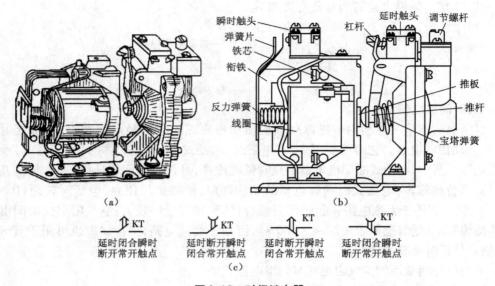

瞬时触头
弹簧片
铁芯
衔铁
反力弹簧
线圈
杠杆
延时触头
调节螺杆
推板
推杆
宝塔弹簧

（a）
（b）

延时闭合瞬时断开常开触点　KT

延时断开瞬时闭合常闭触点　KT

延时断开瞬时闭合常闭触点　KT

延时闭合瞬时断开常开触点　KT

（c）

图 2.15　时间继电器

（a）外形；（b）内部结构；（c）电气符号

2）通电延时的时间继电器动作原理

将电磁铁翻转 180°安装后，即成为通电延时时间继电器，其动作原理与断电延时时间继电器基本类似，可自行分析。

三、速度继电器

1. 速度继电器的外形和结构

速度继电器又称反接自动继电器。其转子与被控制电动机的转轴相接，作用是对电动机实现反接制动控制。在机床控制中，常用的速度继电器有 JY1 和 JFZ0 系列两种。JY1 系列速度继电器的外形和结构如图 2.16 所示。

2. 速度继电器的工作原理

如图 2.16（b）所示，转子是一块永久磁铁，它和被控制的电动机轴连在一起，定子固定在支架上。定子由硅钢片叠成，并装有笼形的短路绕组。当轴转动时，永久磁铁（转子）也一起转动，这样相当于一个旋转磁场，在绕组里感应出电流来，使定子和转子一起转动，于是胶木摆杆也转动，从而使簧片与静触头闭合（按轴的转动方向而定）。由于可动支架转动时被固定支架阻挡，限制胶木摆杆继续转动。因此，永久磁铁转动时，定子只能转过一个不大的角度，当轴上转速接近于零（小于 100 r/min）时，胶木摆杆恢复原来状态，触头又分断。

JY1 型速度继电器在转速 3 000 r/min 以下时能可靠地工作，当转速小于 100 r/min 时，触头就恢复原状。这种速度继电器在机床中用得较广。

速度继电器的动作转速一般不低于 300 r/min，复位转速约在 100 r/min 以下。使用速度继电器时，应将其转子装在被控制电动机的同一根轴上，而将其常开触头串联在控制电路中，通过控制接触器就能实现反接制动。

速度继电器在电气原理图中符号如图 2.16（c）所示。JY1 型和 JFZ0 型速度继电器主要根据电动机额定转速来选择。

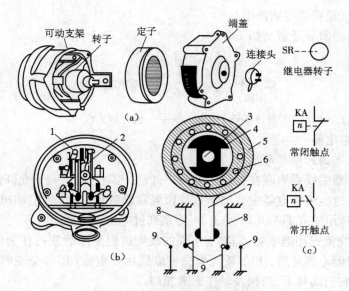

图2.16 JY1系列速度继电器

（a）外形；（b）结构；（c）符号

1—胶木摆杆 2、4—转子 3—电动机轴 5—定子 6—定子绕组

7—胶木摆杆 8—动触头（弹片） 9—静触头

四、中间继电器

中间继电器一般用来控制各种电磁线圈使信号得到放大，或将信号同时传给几个控制元件。常见的交流中间继电器有JZ7系列，直流中间继电器有JZ12系列。JZ7系列中间继电器的外形和结构如图2.17所示。它由线圈、静铁芯、动铁芯、触头系统、反作用弹簧及复位弹簧等组成。它的触头较多，一般有8副，可组成4副常开、4副常闭，或6副常开、2副常闭，或8副常开三种形式。

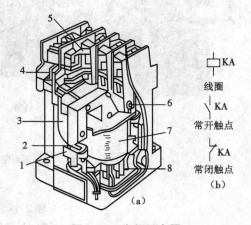

图2.17 中间继电器

（a）中间继电器结构；（b）电气符号

1—静触头 2—短路环 3—动铁芯 4—常开触头

5—常闭触头 6—恢复弹簧 7—线圈 8—缓冲弹簧

中间继电器的结构与交流接触器基本相同，主要区别在于接触器的主触点可以通过大电流，主要用来接通和断开主电路。

中间继电器的原理与接触器相似，但它的触头系统触点无主、辅之分，继电器的体积和触点容量小，触点数目多，且只能通过小电流。

所以，继电器一般用于控制电路中。中间继电器触头的额定电流都比较少，一般不大于5 A，而触头数量比较多。在选用中间继电器时，主要是考虑电压等级和触头数目。中间继电器通常用于传递信号和同时控制多个电路，也可直接用它来控制小容量电动机或其他电气执行元件。

通常中间继电器作为控制各种电磁线，使有关信号放大或将信号同时送给几个元件，使它们互相配合,起自动控制作用。

中间继电器的型号及意义如下。

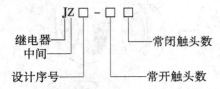

五、过电流继电器

1.过电流继电器的结构和用途

过电流继电器的线圈串联在控制主电路中,当主电路的电流高于允许值时,过电流继电器吸合动作。过电流继电器主要用于重载频繁启动的场合,作为电动机和主电路的过载和短路保护,常用的有 JT4、JL12 和 JL14 等系列过电流继电器。

JT4 系列为交流通用继电器,即加上不同的线圈或阻尼圈后便可作为电流继电器、电压继电器或中间继电器使用;JL12 系列为交直流通用继电器(用作交流时,铁芯上有槽,以减少涡流)。它们的外形、结构及动作原理相似。

JT4 系列过电流继电器的外形、结构及动作原理如图 2.18 所示,它由线圈、圆柱静铁芯、衔铁、触头系统及反作用弹簧等组成。

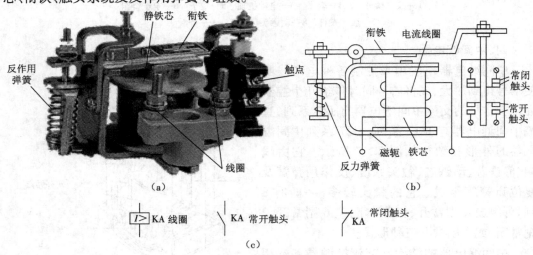

图 2.18 过流继电器
(a)结构;(b)动作原理;(c)电气符号

当通过线圈的电流为额定值时,它所产生的电磁吸力不足以克服反作用弹簧力,常闭触头仍保持闭合状态,只有当通过线圈的电流超过整定值后,电磁吸力大于反作用弹簧力,铁芯吸引衔铁使常闭触头分断,切断控制回路,从而保护了负载。调节反作用弹簧力,可整定继电器的动作电流值。这种过电流继电器是瞬时动作的,用在桥式起重机电路中,为了避免它在电动机启动时因较大的启动电流而动作,一般把线圈的动作电流整定在较大的数值上(一般为启动电流的 1.1~1.3 倍)。

2.过电流继电器的型号及意义

过电流继电器的型号及意义如下所示。

任务六 漏电保护器

一、漏电保护器的作用

漏电保护器(又称触电保护器或漏电开关)是利用漏电保护装置来防止电气事故的一种安全技术措施。漏电保护装置又称为剩余电流保护装置(Residual Current Operated Protective Device, RCD)。漏电保护装置是一种低压安全保护电器,其作用有以下几方面:

(1)用于防止由漏电引起的单相电击事故;

(2)用于防止由漏电引起的火灾和设备烧毁事故;

(3)用于检测和切断各种一相接地故障;

(4)有的漏电保护装置还可用于过载、过压、欠压和缺相保护。

二、漏电保护装置的原理

电气设备漏电时,将呈现出异常的电流和电压信号,漏电保护装置通过检测异常电流或异常电压信号,经信号处理,促使执行机构动作,借助开关设备迅速切断电源,实施漏电保护。根据故障电流动作的漏电保护装置是电流型漏电保护装置,根据故障电压动作的漏电保护装置是电压型漏电保护装置。目前,国内外广泛使用的是电流型漏电保护装置。下面主要对电流型漏电保护装置(即 RCD)进行介绍。

1. 漏电保护装置的组成

图 2.19 所示是漏电保护装置的组成方框图。其构成主要有三个基本环节:检测元件、中间环节(包括放大元件和比较元件)和执行机构。其次还有辅助电源和试验装置。

(1)检测元件。它是一个零序电流互感器,如图 2.20 所示。图中,被保护主电路的相线和中性线穿过环行铁芯构成了互感器的一次线圈 N_1,均匀缠绕在环行铁芯上的绕组构成了互感器的二次线圈 N_2。检测元件的作用是将漏电电流信号转换为电压或功率信号输出给中间环节。

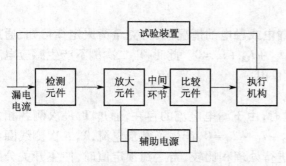

图 2.19 漏电保护器组成框图

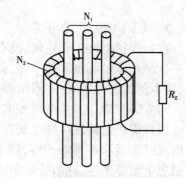

图 2.20 漏电电流互感器

(2)中间环节。其功能是对检测到的漏电信号进行处理。中间环节通常包括放大器、比较器、脱扣器(或继电器)等。不同形式的漏电保护装置在中间环节的具体构成上形式各异。

（3）执行机构。该机构用于接收中间环节的指令信号,实施动作,自动切断故障处的电源。执行机构多为带有分励脱扣器的自动开关或交流接触器。

（4）辅助电源。当中间环节为电子式时,辅助电源的作用是提供电子电路工作所需的低压电源。

（5）试验装置。这是对运行中的漏电保护装置进行定期检查时所使用的装置。通常是用一只限流电阻和检查按钮相串联的支路来模拟漏电的路径,以检验装置能否正常动作。

2.漏电保护装置的工作原理

图 2.21 是某三相四线制供电系统的漏电保护电气原理图。图中 T_A 为零序电流互感器,K_F 为主开关,T_L 为主开关 K_F 的分励脱扣器线圈。

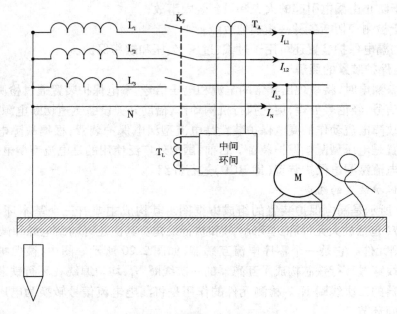

图 2.21　漏电保护工作原理

1）被保护电路工作正常

在被保护电路工作正常、没有发生漏电或触电的情况下,由克希荷夫定律可知,通过 T_A 一次侧电流的相量和等于零,即 $I_{L1} + I_{L2} + I_{L3} + I_N = 0$。此时,$T_A$ 二次侧不产生感应电动势,漏电保护装置不动作,系统保持正常供电。

2）被保护电路发生漏电或有人触电

当被保护电路发生漏电或有人触电时,由于漏电电流的存在,通过 T_A 一次侧各相负荷电流的相量和不再等于零,即 $I_{L1} + I_{L2} + I_{L3} + I_N \neq 0$,产生了剩余电流,$T_A$ 二次侧线圈就有感应电动势产生,此信号经中间环节进行处理和比较,当达到预定值时,使主开关分励脱扣器线 T_L 通电,驱动主开关 K_F 自动跳闸,迅速切断被保护电路的供电电源,从而实现保护。

二、漏电保护装置的分类

1. 按漏电保护装置中间环节的结构特点分类

（1）电磁式漏电保护装置。其中间环节为电磁元件,有电磁脱扣器和灵敏继电器两种形式。其特点是承受过电流和过电压冲击的能力较强,在主电路缺相时仍能起漏电保护作用。但是,电磁式漏电保护装置灵敏度不易提高,且制造工艺复杂,价格较高。

（a）

（b）

图2.22　漏电保护装置的分类
（a）电磁式;（b）电子式

（2）电子式漏电保护装置。其中间环节由电子电路构成。其特点是灵敏度高、动作电流和动作时间调整方便、使用耐久。但是,电子式漏电保护装置对使用条件要求严格,抗电磁干扰性能差,当主电路缺相时,可能会失去辅助电源而丧失保护功能。

2. 按结构特征分类

（1）开关型漏电保护装置。它是一种将零序电流互感器、中间环节和主开关组合安装在同一机壳内的开关电器,通常称为漏电开关或漏电断路器。其特点是当检测到触电、漏电后,保护器本身即可直接切断被保护主电路的供电电源,安装使用方便,主电路分断容量从几安培到几十安培,最大可达几百安培,它还兼有短路保护及过载保护功能。

（2）组合型漏电保护装置。它是一种由漏电继电器和主开关通过电气连接组合而成的漏电保护装置。漏电继电器由漏电电流互感器、中间环节和带有控制触点的漏电脱扣器组成,装在同一机壳内。发生触电、漏电故障时,漏电继电器动作,发出报警信号或通过控制触点去操作主开关切断供电电源。漏电继电器本身不具备直接断开主电路的功能。组合型漏电保护装置的特点是装设复杂,但因它可以利用电路上原有的断路器,具有一定的灵活性。

3. 按极数和线数分类

按照主开关的极数和穿过零序电流互感器的线数可将漏电保护装置分为:单极二线漏电保护装置、二极二线漏电保护装置、二极三线漏电保护装置、三极漏电保护装置、三极四线漏电保护装置和四极漏电保护装置。

4. 按运行方式分类

（1）不需要辅助电源的漏电保护装置。

（2）需要辅助电源的漏电保护装置。

5. 按动作时间分类

按动作时间可将漏电保护装置分为快速动作型漏电保护装置、延时型漏电保护装置和反时限型漏电保护装置。

6. 按动作灵敏度分类

按动作灵敏度可将漏电保护装置分为高灵敏度型漏电保护装置、中灵敏度型漏电保护装置和低灵敏度型漏电保护装置。

三、漏电保护装置的主要技术参数

1. 漏电动作性能的技术参数

1）额定漏电动作电流（$I_{\triangle n}$）

它是指在规定的条件下,漏电保护装置必须动作的漏电动作电流值。它反映了漏电保护装置的灵敏度。

我国标准规定的额定漏电动作电流值为:6 mA、10 mA、(15 mA)、30 mA、(50 mA)、(75 mA)、100 mA、200 mA、300 mA、500 mA、1 000 mA、3 000 mA、5 000 mA、10 000 mA、20 000 mA 共 15 个等级(带括号的值不推荐优先采用)。额定漏电动作电流为 30 mA 及以下者属于高灵敏度,主要用于防止各种人身触电事故;30 ~ 1 000 mA 者属中灵敏度,用于防止触电事故和漏电火灾;1 000 mA 以上者属低灵敏度,用于防止漏电火灾和监视一相接地事故。

2）额定漏电不动作电流（$I_{\triangle no}$）

它是指在规定的条件下,漏电保护装置必须不动作的漏电不动作电流值。为了防止误动作,漏电保护装置的额定不动作电流不得低于额定动作电流的1/2。

3）漏电动作分断时间

它是指从突然施加漏电动作电流开始到被保护电路完全被切断为止的全部时间。为适应人身触电保护和分级保护的需要,漏电保护装置有快速型、延时型和反时限型三种。

快速型漏电保护装置动作时间与动作电流的乘积不应超过 30 mA·s 。延时型漏电保护装置延时时间的优选值为:0.2 s、0.4 s、0.8 s、1 s、1.5 s、2 s。

我国标准规定漏电保护装置的动作时间见表2.3,表中额定电流≥40 A 的一栏适用于组合型漏电保护装置。

表 2.3 漏电保护装置的动作时间

额定动作电流	额定电流	动作时间（s）			
$I_{\triangle n}$（mA）	（A）	$I_{\triangle n}$	$2I_{\triangle n}$	$2.5I_{\triangle n}$	$5I_{\triangle n}$
<30	任意值	0.2	0.1	0.04	—
>30	任意值	0.2	0.1	—	0.04
	≥40	0.2	—	—	0.15

2. 其他技术参数

（1）额定频率:50 Hz。

（2）额定电压: 220 V 或 380 V。

（3）额定电流 （I_n）:6 A、10 A、16 A、20 A、25 A、32 A、40 A、50 A、(60 A)、63 A、

（80 A）、100 A、（125 A）、160 A、200 A、250 A（带括号值不推荐优先采用）。

3. 漏电保护装置接通分断能力

漏电保护装置的接通分断能力应符合表2.4的规定。

表2.4 漏电保护装置的接通分断能力

额定动作电流 $I_{\triangle n}$（mA）	接通分断电流（A）	额定动作电流 $I_{\triangle n}$（mA）	接通分断电流（A）
$I_{\triangle n} \leqslant 10$	$\geqslant 300$	$100 < I_{\triangle n} \leqslant 150$	$\geqslant 1\ 500$
$10 < I_{\triangle n} \leqslant 50$	$\geqslant 500$	$150 < I_{\triangle n} \leqslant 200$	$\geqslant 2\ 000$
$50 < I_{\triangle n} \leqslant 100$	$\geqslant 1\ 000$	$200 < I_{\triangle n} \leqslant 250$	$\geqslant 3\ 000$

四、漏电保护装置的应用

1. 漏电保护装置的选用

选用漏电保护装置应首先根据保护对象的不同要求进行选型,既要保证在技术上有效,还应考虑经济上的合理性。

1）动作性能参数的选择

（1）防止人身触电事故:防止直接接触电击时,应选用额定动作电流为 30 mA 及其以下的高灵敏度、快速型漏电保护装置。在浴室、游泳池、隧道等场所,漏电保护装置的额定动作电流不宜超过 10 mA。在触电后,可能导致二次事故的场合,应选用额定动作电流为 6 mA 的快速型漏电保护装置。

（2）防止火灾:根据被保护场所的易燃程度,可选用 200 mA 到数安的漏电保护装置。

（3）防止电气设备烧毁:通常选用 100 mA 到数安的漏电保护装置。

2）其他性能的选择

对于连接户外架空线路的电气设备,应选用冲击电压不动作型漏电保护装置。对于不允许停转的电动机,应选用漏电报警方式,而不是漏电切断方式的漏电保护装置。对于照明线路,宜采用分级保护的方式。支线上用高灵敏度的,干线上选用中灵敏度的漏电保护装置。漏电保护装置的额定电压、额定电流、分断能力等性能指标应与线路条件相适应。漏电保护装置的类型应与供电线、供电方式、系统接地类型和用电设备特征相适应。

2. 漏电保护装置的安装场所

（1）需要安装漏电保护装置的场所有以下几个:①带金属外壳的 I 类设备和手持式电动工具;②安装在潮湿或强腐蚀等恶劣场所的电气设备;③建筑施工工地的电气施工机械设备、临时性电气设备;④宾馆类的客房内的插座;⑤触电危险性较大的民用建筑物内的插座;⑥游泳池、喷水池或浴室类场所的水中照明设备;⑦安装在水中的供电线路和电气设备;⑧直接接触人体的电气医疗设备(胸腔手术室除外)等。

注意:在不允许突然停电的场所(如火灾报警装置、消防水泵、消防通道照明等),应装设不切断电源的漏电报警装置。

（2）不需要安装漏电保护装置的设备或场所有以下几个:①使用安全电压供电的电气设备;②一般情况下使用的具有双重绝缘或加强绝缘的电气设备;③使用隔离变压器供电的电气设备;④采用了不接地的局部等电位联结安全措施场所中的电气设备等。

（3）漏电保护装置的安装要求如下：①漏电保护装置的额定值应能满足被保护供电线路和设备的安全运行要求；②漏电保护装置只能起附加保护作用，因此，安装漏电保护装置后不能破坏原有安全措施的有效性；③漏电保护装置的电源侧和负载侧不得接反；④所有的工作相线（包括中性线）必须都通过漏电保护装置，所有的保护线不得通过漏电保护装置；⑤漏电保护装置安装后应操作试验按钮试验 3 次，带负载分合 3 次，确认动作正常后，才能投入使用。

3. 漏电保护装置的运行

1）漏电保护装置的运行管理

为了确保漏电保护装置的正常运行，必须加强运行管理。①对使用中的漏电保护装置应定期用试验按钮试验其可靠性。②为检验漏电保护装置使用中动作特性的变化，应定期对其动作特性进行试验。③运行中漏电保护器跳闸后，应认真检查其动作原因，排除故障后再合闸送电。

2）漏电保护装置的误动作和拒动作

漏电保护装置的误动作和拒动作分析如下。

（1）误动作。引起误动作的原因主要有以下几点。

①接线错误：例如，所有的工作相线没有都通过漏电保护装置等。

②绝缘恶化：保护器后方一相或两相对地绝缘破坏或对地绝缘不对称降低，将产生不平衡的泄漏电流。

③冲击过电压：冲击过电压产生较大的不平衡冲击泄漏电流。

④不同步合闸：不同步合闸时，先于其他相合闸的一相可能产生足够大的泄漏电流。

⑤大型设备启动：大型设备在大启动电流作用下，零序电流互感器一次绕组的漏磁可能引发误动作。

⑥偏离使用条件：制造安装质量低劣，抗干扰性能差等都可能引起误动作的发生。

（2）拒动作。造成拒动作的原因主要有以下几点。

①接线错误：错将保护线也接入漏电保护装置，从而导致拒动作。

②动作电流选择不当：额定动作电流选择过大或整定过大，从而造成拒动作。

③线路绝缘阻抗降低或线路太长：由于部分电击电流经绝缘阻抗再次流经零序电流互感器返回电源，从而导致拒动作。

项目2.2 常用低压电器的选用与安装

【能力目标】

1. 能正确选用常用低压电器：熔断器、刀开关、转换开关、自动开关、接触器、主令电器、继电器。

2. 能正确安装常用低压电器：熔断器、刀开关、转换开关、自动开关、接触器、主令电器、继电器。

【知识目标】熟悉常用低压电器：熔断器、刀开关、转换开关、自动开关、接触器、主令电器、继电器等电器的选择及技术参数。

【训练素材】熔断器、刀开关、转换开关、自动开关、接触器、主令电器、继电器。

任务一 常用低压电器的选用

一、熔断器的选用

1. 选用原则

正确选用熔断器(熔断器和它的熔体)才能起到保护作用。一般应先选择熔体的规格,再根据熔体的规格来确定熔断器的规格。其选用的一般原则如下。

1)熔体额定电流的选用

对负载电流比较平稳,没有冲击电流的短路保护,熔体额定电流等于或稍大于负载工作电流。

(1)用于普通照明线路和电热设备时,熔体额定电流 $I_{NR} = 1.2I_{NL}$。

(2)用于不频繁启动单台电动机短路保护时,熔体额定电流 $I_{NR} = (1.5 \sim 2.5) \times$ 电动机额定电流 I_{NL}。

(3)用于多台电动机短路保护时,熔体额定电流 $I_{NR} = (1.5 \sim 2.5) \times$ 容量最大一台电动机额定电流 I_{NL} + 其余电动机额定电流总和。

其中系数大小的选取方法是:电动机功率越大,系数选取值越大;相同功率时,启动电流较大,系数也选得较大。

2)熔断器额定值的选用

(1)熔断器的额定电压不得小于线路的工作电压。

(2)熔断器的额定电流不得小于所装熔体的额定电流。

2. 技术参数

技术参数如表2.5。

表2.5 常用低压熔断器基本技术参数

类别	型号	额定电压(V)	额定电流(A)	熔体额定电流等级
插入式熔断器	RCA - 5	380	5	2、4、5
	RCA - 10	380	10	2、4、6、10
	RCA - 15	380	15	6、10、15
	RCA - 30	380	30	15、20、25、30
	RCA - 60	380	60	30、4、50、60
	RCA - 100	380	100	60、80、100
螺旋式熔断器	RL1	500	15	2、4、6、10、15
			60	20、25、30、35、40、50、60
			100	60、80、100
			200	100、125、150、200
	RL2	500	25	2、4、6、10、15、20、25
			60	25、35、50、60
			100	80、100

二、开关的选用

1. 一般开关选用原则

(1)开关的额定工作电压不小于线路额定电压。

(2)开关的额定电流不小于线路负载电流。

（3）有热脱扣器装置的开关,其热脱扣器整定电流应当与所控制负载额定电流一致。

（4）有电磁脱扣器装置的开关,其电磁脱扣器瞬时脱扣整定电流应不小于负载电路正常工作峰值电流。

（5）有欠电压脱扣器装置的开关,其欠电压脱扣器额定电压应不小于线路额定电压。

2. 技术参数

技术参数如表2.6、表2.7、表2.8所示。

表2.6　HK1系列开启式开关基本技术参数

型号	极数	额定电流（A）	额定电压（V）	可控制电动机最大容量（kW）		配用熔丝规格			
						熔丝成分（%）			熔丝线径（mm）
						铅	锡	锑	
HK1－15	2	15	220	—	—				1.45～1.59
HK－130	2	30	220	—	—				2.30～2.52
HK1－60	2	60	220	—	—	98	1	1	3.36～4.00
HK1－15	3	15	380	1.5	2.2				1.45～1.59
HK－130	3	30	380	3.0	4.0				2.30～2.52
HK1－60	3	60	380	4.5	5.5				3.36～4.00

表2.7　DZ5系列自动开关技术参数

型号	极数	脱扣器形式	额定电压（V）	主触点额定电流（A）	辅助触点		脱扣器额定电流（A）	电磁脱扣器瞬时动作整定电流（A）
					类型	额定电流（A）		
DZ5－10 DZ5－10F DZ5－25	1	复式	交流220	10	无		0.5、1.5、2、3、4、6、10	为脱扣器额定电流的6倍
				10	1动合 1动断	1		
			交流380 直流110	25	无		0.5、1、1.6、2.5、4、6、10、15、20、25	
DZ5－20/330	3	复式	交流380 直流220	20	1动合 1动断		0.15（0.1～0.15）	为脱扣器额定电流的8～12倍
DZ5－20/230	2						0.2（0.15～0.2）	
DZ5－20/320	3	电磁式					0.3（0.20～0.30）	
DZ5－20/220	2						0.45（0.30～0.45）	
DZ5－20/310	3	热脱扣器式					0.65（0.45～0.65）	
DZ5－20/210	2						1（0.65～1）	
							1.5（1～1.5）	
							2（1.5～2）	
							3（2～3）	
DZ5－20/200	3	无脱扣式					4.5（3～4.5）	
DZ5－20/200	2						6.5（4.5～6.5）	
							10（6.5～10）	
							15（10～15）	
							20（15～20）	

续表

型号	极数	脱扣器形式	额定电压（V）	主触点额定电流（A）	辅助触点 类型	辅助触点 额定电流（A）	脱扣器额定电流（A）	电磁脱扣器瞬时动作整定电流（A）
DZ5－50	3	液压式	交流380 直流500	50	1 动合 1 动断 2 动合 2 动断	5	10、15、20、25、30、40、50	为脱扣器额定电流的10 倍

表 2.8　HZ 系列转换开关基本技术参数

型号	极数	额定电流（A）	额定电压（V）
HZ10－10	2、3	6、10	直流220　交流380
HZ10－25	2、3	25	
HZ10－60	2、3	60	
HZ10－100	2、3	100	

3. 自动空气开关选用原则

（1）自动空气开关的额定电压和额定电流应不小于电路的正常工作电压和工作电流。

（2）热脱扣器的整定电流应与所控制的电动机的额定电流或负载额定电流一致。

（3）电磁脱扣器的瞬时脱扣整定电流应大于负载电路正常工作时的尖峰电流。对于电动机来说，DZ 型自动空气开关电磁脱扣器的瞬时脱扣整定电流值 I_z 可按下式计算：

$$I_z \geq KI_{st}$$

式中，K 为安全系数，可取 1.7；I_{st} 为电动机的启动电流。

三、主令电器的选用

1. 按钮开关的选用原则

（1）按钮开关的一般选用原则有以下几点：

①根据使用场合选用按钮开关的种类；

②根据用途选用合适的形式；

③根据控制回路需要，确定不同按钮数；

④按工作状态指示和工作情况要求，选用按钮和指示灯的颜色。

（2）按钮开关技术参数如表 2.9 所示。

表 2.9　常用按钮开关的基本技术参数

型号	额定电压（V）	额定电流（A）	结构形式	触点对数 常开	触点对数 常闭	按钮数	按钮颜色
LA2	380　220	5	元件	1	1	1	黑或绿或红
LA10－2K	380　220	5	开启式	2	2	2	黑或绿或红
LA10－3K	380　220	5	开启式	3	3	3	黑、绿、红
LA10－2H	380　220	5	保护式	2	2	2	黑或绿或红
LA10－3H	380　220	5	保护式	3	3	3	黑、绿、红
LA18－22J	380　220	5	元件（紧急式）	2	2	1	红
LA18－44J	380　220	5	元件（紧急式）	4	4	1	红

型号	额定电压		额定电流	结构形式	触点对数		按钮数	按钮颜色
	（V）		（A）		常开	常闭		
LA18－66J	380	220	5	元件（紧急式）	6	6	1	红
LA18－22Y	380	220	5	元件（钥匙式）	2	2	1	黑
LA18－44Y	380	220	5	元件（钥匙式）	4	4	1	黑
LA18－22X	380	220	5	元件（旋钮式）	2	2	1	黑
LA18－44X	380	220	5	元件（旋钮式）	4	4	1	黑
LA18－66X	380	220	5	元件（旋钮式）	6	6	1	黑
LA19－11J	380	220	5	元件（紧急式）	1	1	1	红
LA19－11D	380	220	5	元件（指示灯）	1	1	1	红或绿或黄或蓝或白

2. 位置开关的选用

1）位置开关的选用原则

（1）根据使用场合及控制对象选用种类。

（2）根据安装环境选用防护形式。

（3）根据控制回路的额定电压和额定电流选用位置开关系列。

（4）根据机械与位置开关的传动与位移关系选用合适的操作头形式。

2）位置开关的技术参数

常用位置开关的基本技术参数如表 2.10 所示。

表 2.10　常用位置开关的基本技术参数

型号	额定电压/额定电流	结构特点	触点对数	
	（V/A）		常开	常闭
LX19K		元件	1	1
LX19－111		内侧单轮,自动复位	1	1
LX19－121		外侧单轮,自动复位	1	1
LX19－131		内侧双轮,不能自动复位	1	1
LX19－212	380/5	外侧双轮,不能自动复位	1	1
LX19－222		快速行程开关（瞬动）	—	—
LX19－232		无滚轮,仅径向转动杆	1	1
LXW1－11		自动复位	1	1
LXW2－11		微动开关	1	1

四、接触器的选用

1. 接触器的选用原则

（1）根据所控制的电动机及负载电流类别选用接触器的类型。

（2）接触器的主触点额定电压应大于或等于负载回路额定电压。

（3）接触器的主触点额定电流应大于或等于负载回路额定电流。

（4）根据吸引线圈的额定电压选用不同种类接触器。接触器吸引线圈分交流线圈（36 V、110 V、127 V、220 V、380 V）和直流线圈（24 V、48 V、110 V、220 V、440 V）两类。

2．接触器技术参数

常用交流接触器基本技术参数如表2.11所示。

表2.11　常用交流接触器基本技术参数

| 型号 | 主触点 | | | 控制触点 | | | 线圈 | | 可控制三相异步电动机的最大功率(kW) | 额定操作频　率(次/h) |
	对数	额定电流(A)	额定电压(V)	对数	额定电流(A)	额定电压(V)	电压(V)	功率(W)		
CJO－10	3	10						14	2.5	4
CJO－20	3	20					可为	33	5.5	10
CJO－40	3	40					36	33	11	20
CJO－75	3	75	380	2常开2常闭	5	350	110	55	22	40
CJO－10	3	10					270	11	2.2	4
CJIO－20	3	20					220	22	5.5	10
CJIO－40	3	40					380	32	11	20
CJIO－60	3	60						70	17	30

五、继电器的选用

1．继电器的选用原则

(1)热继电器的一般选用原则如下。

①用做断相保护时,对Y形接法应使用一般不带断相保护装置的两相或三相热继电器;对△形接法应使用带断相保护装置的继电器。

②用做长期工作保护或向断长期工作保护时,根据电动机启动时间,选取6倍的额定电流($6I_N$)以下具有可返回时间的热继电器。其额定电流或热元件整定电流应等于或大于电动机或被保护电路的额定电流。继电器热元件的整定值一般为电动机或被保护电路额定电流的1～1.15倍。

(2)时间继电器的一般选用原则如下。

①根据系统延时范围选用适当的系列和类型。

②根据控制电路的功能特点选用相应的延时方式。

③根据控制电压选择吸引线圈的电压等级。

(3)速度继电器的一般选用原则是根据电动机的额定转速选用合适的系列和类型。

(4)中间继电器的一般选用原则是根据被控制电路的电压等级,所需触点数量、种类和容量等要求来选择。

(5)过电流继电器的一般选用原则如下。

①保护中、小容量直流电动机和绕线式异步电动机时,线圈的额定电流一般可按电动机长期工作的额定电流来选择;对于频繁启动的电动机,线圈的额定电流可选大一级。

②过电流继电器的整定值,应考虑到动作误差,可按电动机最大工作电流的1.7～2倍来选用。

(6)触电保护器的一般选用原则是根据用户的使用要求来确定保护器的型号、规格。

2．常用热继电器的基本技术参数

(1)常用热继电器的基本技术参数如表2.12所示。

表 2.12   常用热继电器的基本技术参数

型号	额定电流(A)	热元件等级			
		额定电流(A)		整定电流调节范围(A)	
JBO - 20/3 JBO - 20/3D JBO - 16/3 JBO - 16/3D JBO - 20/3	20、40	0.35 0.72 1.60 3.50 7.20 16.00	0.50 1.10 2.40 5.00 11.00 22.00	0.25 ~ 0.35 0.45 ~ 0.72 1.00 ~ 1.60 2.20 ~ 3.50 4.50 ~ 7.20 10.0 ~ 16.0	0.32 ~ 0.50 0.68 ~ 1.10 1.50 ~ 2.40 3.20 ~ 5.00 6.80 ~ 11.0 14.0 ~ 22.0
JBO - 40/3 JBO - 40/3D	40	0.64 1.00 2.50 6.40 16.00 40.00	1.00 1.60 4.00 10.00 25.00	0.40 ~ 0.64 1.60 ~ 2.50 4.00 ~ 6.40 10.0 ~ 16.0 25.0 ~ 40.0	0.64 ~ 1.00 2.50 ~ 4.00 6.40 ~ 10.0 16.0 ~ 25.0

（2）时间继电器的基本技术参数如表 2.13 所示。

表 2.13   JS7 系列时间继电器的基本技术参数

型号	瞬时动作触点数量		延时动作触点数量				触点额定电压(V)	触点额定电流(A)	线圈电压(V)	延时范围(s)	额定操作次数(次/h)
			通电延时		断电延时						
	常开	常闭	常开	常闭	常开	常闭			24		
JS7 - 1A JS7 - 2A JS7 - 3A JS7 - 4A	— 1 — 1	— 1 — 1	1 1 — —	1 1 — —	— — 1 1	— — 1 1	380	5	36 110 127 220 380	0.4 ~60 及 0.4 ~180	600

（3）常用速度继电器的基本技术参数如表 2.14 所示。

表 2.14   常用速度继电器的基本技术参数

型号	触点额定电压(V)	触点额定电流(A)	触点数量		额定工作转速(r/min)	允许操作额率(次/h)
			正转时动作	逆转时动作		
JY1	380	2	1 组转换触点	1 组转换触点	100 ~ 3 600	<30
JFZ0					300 ~ 3 600	

（4）过电流继电器的技术参数如表 2.15 所示。

表 2.15　JL14 系列过电流继电器的技术参数

电流种类	型号	线圈额定电流(A)	吸合电流调整范围	触点组合形式
直流	JL14 - □□Z JL14 - □□ZS	1、1.5、2.5、5、10、15、25、40、60、100、150、300、600、1 200、1 500	额定电流的 70% ~300%	3 常开,3 常闭 2 常开,1 常闭
	JL14 - □□ZQ		额定电流的 30% ~65%,释放电流为额定电流的 10% ~20%	1 常开,2 常闭 1 常开,1 常闭
交流	JL14 - □□J JL14 - □□JS JL14 - □□JG		额定电流的 110% ~400%	2 常开,2 常闭 1 常开,1 常闭 1 常开,1 常闭

（5）触电保护器主要技术参数如表 2.16 所示。

表 2.16　三相触电保护器主要技术参数

额定电流 (A)	过流脱扣器 范围(A)	通断能力			额定漏电动作 电流(mA)	额定漏电不动 作电流(mA)	漏电动作 时间(s)
		电压(V)	电流有效值 (kA)	cos φ			
20	1 ~20	380	1.5	0.8	30、50	15、25	<0.1
40	1 ~40		2		30、50	15、25	
60	1 ~60		2.5		50、100	20、50	

　　注意:触电保护器的安装接线应符合产品说明书规定,装置在干燥、通风、清洁的室内配电盘上。对单相家用触电保护器的安装比较简单,只需将电源的 2 根进线连接于触电保护器进线的 2 个桩头上,再将触电保护器 2 个出线桩头与户内原来 2 根负荷出线相连即可。

　　触电保护器垂直安装后,应进行测试(试跳)。其方法是:按一下试跳按钮,如触电保护器开关跳开,则为正常;如拒跳,则表明有故障,需送修。

任务二　常用低压电器安装、检查训练

一、熔断器运行与维修

1. 熔断器使用注意事项

（1）熔断器的保护特性应与被保护对象的过载特性相适应,考虑到可能出现的短路电流,选用相应分断能力的熔断器。

（2）熔断器的额定电压要适应线路电压等级,熔断器的额定电流要大于或等于熔体额定电流。

（3）线路中各级熔断器熔体额定电流要相应配合,保持前一级熔体额定电流必须大于下一级熔体额定电流。

（4）熔断器的熔体要按要求使用相匹配的熔体,不允许随意加大熔体或用其他导体代替熔体。

2. 熔断器巡视检查

步骤 1　检查熔断器和熔体的额定值与被保护设备是否相匹配。

步骤2　检查熔断器外观有无损伤、变形,瓷绝缘部分有无闪烁放电痕迹。

步骤3　检查熔断器各接触点是否完好、接触紧密,有无过热现象。

步骤4　检查熔断器的熔断信号指示器是否正常。

3. 熔断器使用维修

步骤1　熔体熔断时,要认真分析熔断的原因如下。

(1)查是否有短路故障或过载运行不正常熔断。

(2)查熔体使用是否时间过久,熔体可能会因受氧化或运行中温度高,使熔体特性变化而误熔断。

(3)查熔体安装时是否有机械损伤,使其截面积变小而在运行中引起误熔断。

步骤2　拆换熔体,要力求做到以下几方面。

(1)安装新熔体前,要找出熔体熔断原因,未确定熔断原因,不要拆换熔体。

(2)更换新熔体时,要检查熔体的额定值是否与被保护设备相匹配。

(3)更换新熔体时,要检查熔断器内部烧伤情况,如有严重烧伤,应同时更换熔管。瓷熔管损坏时,不允许用其他材质管代替。填料式熔断器更换熔体时,要注意填充填料。

步骤3　熔断器应与配电装置同时进行维修。

(1)清扫灰尘,检查接触点接触情况。

(2)检查熔断器外观(取下熔断器管)有无损伤、变形,瓷件有无放电闪烁痕迹。

(3)检查熔断器熔体与被保护电路或设备是否匹配,如有问题应及时调查。

(4)注意检查在 TN 接地系统中的 N 线,设备的接地保护线上,不允许使用熔断器。

(5)维护检查熔断器时,要按安全规程要求,切断电源,不允许带电摘取熔断器管。

4. 熔断器安装要点

(1)瓷插式熔断器应垂直安装。螺旋式熔断器的电源进线应接在底座中心端的接线端子上,用电设备应接在螺旋壳的接线端子上。

(2)熔断器安装时应做到下一级熔体比上一级熔体小,各级熔体相互配合。

(3)严禁在三相四线制电路的中性线上安装熔断器,而在单相二线制的中性线上要安装熔断器。

二、安装闸刀开关实训

步骤1　导线敷设。

(1)两股以上导线的敷设必须紧接在一起并排布线。

(2)固定导线应选择型号大小合适的钢精铝轧头。

(3)导线的连接点绝不能用在电器木台和闸刀开关以外的任何地方。

步骤2　安装木台。

步骤3　安装闸刀开关。

(1)闸刀开关贴平底板垂直安装,不能横装,不能倒装(静触头位于上方),固定用木螺钉不宜过长。

(2)作为切换电路功能使用的闸刀开关,其下端接线柱不接熔丝。

步骤4　用万用电表检验电路。

(1)检查闸刀开关接线是否正确、牢固,是否倒装;检验灯泡性能是否良好。

(2)将万用电表的两根测试表棒分别接触两根进线。闭合闸刀开关,拉动或拨动开关两次,万用电表指针一次为无穷大,一次为有一定阻值(几百欧姆),证明闸刀开关安装正常。否则,请检查开关的接线是否正确、牢固。

> **注意**:安装进入接线柱的导线,绝缘层剥离的长度要估计正确。裸导线太长,露出在用电器或闸刀开关的接线柱外,会产生极大的危险;裸导线太短,使导线和接线柱无法紧密接触,从而导致断路。

三、交流接触器的安装与检查实训

接触器使用寿命的长短,工作的可靠性,不仅取决于产品本身的技术性能,而且与产品的使用维护是否得当有关。在安装、调整时应注意以下各点。

1. 安装前检查

步骤1 检查产品的铭牌及线圈上的数据(如额定电压、电流、操作频率和负载因数等)是否符合实际使用要求。

步骤2 检查用于分合接触器的活动部分,要求产品动作灵活无卡住现象。

步骤3 当接触器铁芯极面涂有防锈油时,使用前应将铁芯极面上的防锈油擦净,以免油垢黏滞而造成接触器断电不释放。

步骤4 检查和调整触头的工作参数(开距、超程、初压力和终压力等),并使各级触头同时接触。

2. 安装与调整

步骤1 安装接线时,应注意勿使螺钉、垫圈、接线头等零件遗漏,以免落入接触器内造成卡住或短路现象。安装时,应将螺钉拧紧,以防振动松脱。

步骤2 检查接线正确无误后,应在主触头不带电的情况下,先使吸引线圈通电分合数次,检查产品动作是否可靠,然后才能投入使用。

步骤3 用于可逆转换的接触器,为保证连锁可靠,除装有电气连锁外,还应加装订装机械连锁机构。

3. 使用

(1)使用时,应定期检查产品各部件,要求可动部分无卡住、紧固件无松脱现象,各部件如有损坏,应及时更换。

(2)触头表面应经常保护清洁,不允许涂油,当触头表面因电弧作用而形成金属小珠时,应及时清除。当触头严重磨损后,应及时调换触头。但应注意,银及银基合金触头表面在分断电弧时生成的黑色氧化膜接触电阻很低,不会造成接触不良现象,因此不必锉修,否则将会大大缩短触头寿命。

(3)原来带有灭弧室的接触器,决不能不带灭弧室使用,以免发生短路事故。陶土灭弧罩易碎,应避免碰撞,如有碎裂,应及时调换。

课外技能训练

2.1 交流接触器在运行中产生很大的噪声原因是什么? 触头发黑、发毛时,如何处理?

2.2 接触器和继电器的触头为什么要采用银合金?

2.3　热继电器有哪几种形式？常用在什么地方？怎么选用？

2.4　已知电动机型号为 JO2－54－4，额定功率为 7 kW，电流为 14.5 A，电压为 380 V，试确定热继电器、接触器、熔断器的型号及规格。

2.5　某工地有一台额定功率为 3 kW、额定电压为 380 V 的小型三相鼠笼异步电动机，应选用什么型号和规格的刀开关？

2.6　自动空气开关在故障跳闸后应如何检查处理？

2.7　简述万能转换开关结构及工作原理。

2.8　低压熔断器的型号及含义是什么？如何选用？在运行中有哪些维护检查项目？

技能考核　自动空气开关（断路器）的安装

一、施工

1. 施工用的工具、材料和设备

（1）工具：电工钳、圆嘴钳、剥线钳、斜口钳、压线钳、电工刀、螺丝刀、活动扳手、钢卷尺各 1 把，万用表 1 块。

（2）材料：导线 BV－2.5 mm²、BV－4 mm² 各若干米，尼龙扎带、压接端头、异形管（编码套管）、自攻螺丝各若干。

（3）设备：DZ20J－100/330（40A）自动空气开关 1 个，C4 N2P/10A 自动空气开关 3 个，JF5－2.5/3 端子排 4 节，安装板（木制）1 块（面积为 800 mm×600 mm，厚 20 mm）。

2. 环境要求

室内备有通电试验用的三相四线制可靠电源两处以上。

3. 施工的安全要求

（1）安装各元器件时，应注意底板是否平整，若不平整，元器件下方应加垫片，以防损坏各元器件。

（2）安装和接线时，应正确使用工具，以防损坏元器件或造成人身伤害。

（3）通电试验时，要按操作程序进行，防止发生人身或设备不安全现象。

（4）试验电源应有可靠的保护。

4. 施工步骤及工艺要求

1）施工步骤

（1）工作前工具、材料及各元器件的准备。

（2）在安装板上进行元器件布置并固定。

（3）根据所选择导线进行电气配线。

（4）用万用表检查各回路通、断情况。

（5）通电试验。

2）工艺要求

（1）工具、材料及各元器件准备齐全，导线截面应满足负载要求，还应采用不同颜色加以区分，各元件选择均应满足负载要求。

（2）各低压断路器必须垂直配电板安装且位置布置合理，安装牢固，整齐，可靠。

（3）下线时不浪费导线，与电气元件连接紧固、不损伤线心，压接端子压接紧固，编码套管齐全,标号正确。

(4)每隔80~100 mm用尼龙扎带将线束绑扎,绑扎均匀、牢固、方向一致,每隔250 mm左右用扎带将线束与板面固定一次。

(5)线束距板面10 mm,走向一致,配线整齐、美观。

(6)通电试验前后的接线与拆线顺序规范、正确,试验时各开关应在断开状态,通电时应逐级投入合闸,断电顺序则相反,试验动作可靠。

(7)操作结束后,清理工位,工具、材料摆放整齐,无不安全现象发生,做到安全文明生产。

二、考核

1.考核要点

(1)工作前工具、材料及各元器件的准备。

(2)选择导线及元器件。

(3)元器件的安装。

(4)元器件之间的接线及线路敷设工艺。

(5)通电试验前后接线与拆线的操作顺序是否正确,操作是否规范。

(6)安全文明生产。

2.考核时间

参考时间为90 min。

3.评分参考标准

姓名			学号			
操作时间	时 分至 时 分		累计用时		时 分	
评分标准						
序号	项目名称	考核内容		配分	扣分	得分
1	工作前的准备	工具、材料及各元器件的准备不齐,每项扣2~3分		5		
2	选择导线及各元器件	导线颜色选错扣2分;导线截面、元器件选错扣3分		5		
3	低压断路器安装	整体布置不合理扣2分;安装不牢固、不整齐、不垂直每项扣2分		10		
4	接线及工艺	导线与电气元件连接松动、损伤线心、压接端子压接不紧固每项扣5分;编码套管不全或标号错误扣5分;接线错误扣10分		30		
5	线路敷设工艺	尼龙扎带绑扎不均匀、不牢固、方向不一致或绑扎距离不符合要求每项扣2分;线束固定距离不符合要求或没有固定扣2~3分;线束距板面距离不符合要求扣3分;走向不一致,整体不整齐、美观扣15分;乱线敷设扣5分		20		
6	通电试验	通电前后电源的接线、拆线或断路器合、分闸顺序不规范、不正确每项扣3分;动作不可靠或不动作扣5分		20		

7	安全文明生产	浪费导线扣3分;不清理工位或工具、材料摆放不整齐每项扣1分;工具不齐全扣4分;造成人身安全事故总成绩为0	10		
指导教师		总分			

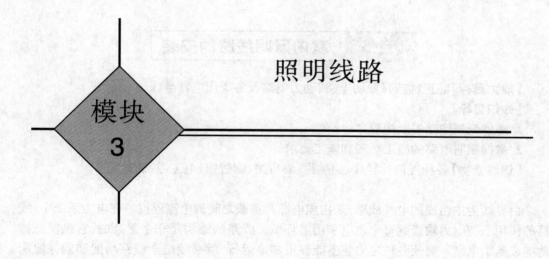

照明线路

模块能力目标
▷ 能对照明电路、动力电路及用电器进行初步的维护维修
▷ 能根据安全用电的原则进行明设照明电路的安装、维护
▷ 能正确选用、安装各类照明装置并能排除其常见故障
▷ 能正确选择、使用、安装各类电度表

模块知识目标
☑ 理解低压线路安装规程
☑ 掌握照明电路的施工规程和施工要求
☑ 掌握各类电能表的选择、安装
☑ 知道照明电路检修与维护的方法和步骤

模块计划学时
18 课时

项目 3.1　室内照明线路的安装

【能力目标】能正确选择照明电路、动力电路及各类用电器导线。

【知识目标】

1. 理解低压线路安装规程。

2. 掌握照明电路的施工规程和施工要求。

【训练素材】各种规格的导线、尖嘴钳、斜口钳、剥线钳、电工刀、螺丝起。

　　由导线为主组成的电气线路，是构成电源和负载之间的电流通道。在电力系统中，线路的作用是把电力输送到每个供电和用电环节。线路的结构是非常复杂的，它纵横交错地构成整个电网。要使各种电力装备能够正常地运行，就必须健全线路功能和确保输配电线路性能的安全可靠。为此，从事安装和维修线路的电工必须正确掌握有关这方面的操作技术。

任务一　电力线路常识

　　电力线路分为高压线路和低压线路两大类。电压在 500 V 以下的，从配电变压器把电力送到用户点的线路称为低压线路，常见的有 220 V 的照明线路，380 V 的三相三线动力线路以及单相负载和三相负载混用的三相四线线路。电压在 500 V 以上，从发电厂或变电所把电力输送到降压变电站的线路称高压线路，一般有三根导线，电压一般有 35～110 kV 配电线路。从降压变电站把电力送到配电变压器的线路称为高压配电线路，电压一般为 6～10 kV。

一、常用电力线路装置的类型和选用要求

　　不同结构类型的线路装置，各有各的适用范围，必须按不同使用环境谨慎选用。线路装置施工质量的优劣，虽然与电工的技术水平高低有关，但更关键的是参加施工的电工是不是运用了正确的操作工艺。

　　1. 常用线路装置的类型和适用范围

　　常用电力线路装置的类型和适用范围如表 3.1 所示。

表 3.1　常用电力线路装置的类型和适用范围

敷设方法	敷设场所					
	干燥	潮湿	户外	有可燃物质	有腐蚀性物质	有易燃易爆炸物质
绝缘子	√	√	√	√		
塑料护套线	√	√	√	√		
明、暗管线	√	√	√	√	√	√
电缆线	√	√	√		√	√

　　注：凡有"√"表示可以适用；原有的木槽板和瓷夹线路，多数作为照明线路或小容量的电热和动力线路使用，由于塑料护套线线路应用日益广泛，这两种线路已较少采用，尤其在城市中已趋淘汰，故未列入。

2. 电力线路装置的选用要求

电力线路装置的使用环境的分类如表 3.1 所列的干燥、潮湿、户外、有可燃物质、有腐蚀性物质和有易燃易爆炸物质 6 类,其所指具体环境如下。

(1)干燥:指相对湿度经常在 85% 以下的环境。

(2)潮湿:指相对湿度经常在 85% 以上的环境。

(3)户外:包括建筑物周围的廊下、亭台、檐下和雨雪可能飘淋到的环境。

(4)有可燃物质:指一般可燃物料的生产、加工或储存的环境,例如锯木车间,纺织厂前纺车间,橡胶压延车间以及棉、毛、人造纤维织物,面粉,竹木制品,可燃油料及固体燃料等仓库。

(5)有腐蚀性物质:指具有酸碱等腐蚀性物料的生产、加工或储存的环境,例如酸洗、碱洗、电镀车间,制酸、制碱企业和酸、碱等腐蚀性物料储存仓库。

(6)有易燃易爆炸物质:指有高度易燃、易爆炸危险性物质的工厂企业,例如汽油提炼车间、乙炔站、电石仓库等;或指一般易燃或可能产生爆炸危险性的工厂企业,例如油漆制造车间、煤气净化工段、氧气站以及赛璐珞、漆布、油纸等仓库。

二、线路装置总的技术要求

1. 线路装置安装的原则和要求

(1)使用不同电价的用电设备,其线路应分开安装。如照明线路、电热线路和动力线路等使用相同电价的用电设备,允许安装在同一线路上,如小型单相电动机和小容量单相电炉允许与照明线路共用。具体安排线路时,还应考虑到检修和事故照明等需要。

(2)不同电压和不同电价的线路应有明显区别,安装在同一块配电板上时,应用文字注明,便于维修。

(3)低压网路中的线路,严禁利用与大地连接的接地线作为中性线,即禁止采用三线一地、二线一地和一线一地制线路。

(4)照明线路的每一分路,装接电灯盏数(一个插座作为一盏电灯计算)一般不可超过 25 个。同时,每一分路的最大负载电流不应超过 15 A。电热线路的每一分路,装接的插座数一般不可超过 6 个。同时,每一分路的最大负载电流不应超过 30 A。

2. 选用电力线路的导线要求

(1)应采用绝缘电线作为敷设用线。线路的绝缘电阻一般规定:相线对大地或对中性线之间不应小于 0.22 MΩ,相线与相线之间不应小于 0.38 MΩ;在潮湿、具有腐蚀性气体或水蒸气的场所,导线的绝缘电阻允许适当降低一些要求。

(2)电灯和电热线路干线部分的导线载流量按计算负载电流选用,分支部分的导线载流量按装接的用电器具的额定电流的总和来选用。动力线路干线部分和分支部分的导线,均与进户线截面的选用方法相同。

3. 电力线路上熔断器保护安装部位

一般规定在电力线路的导线截面减小的地方或电力线路的分支处,均应安装一组熔断器。但符合下列情况之一时,则允许免装:

(1)导线截面减小后或分支后的载流量不小于前一段有保护的导线载流量的一半时;

(2)前一段有保护的线路,其中安装的熔体的额定电流不大于 20 A 时;

（3）当管子线路分支导线长度不超过 30 m，明设线路分支导线长度不超过 1.5 m 时。

三、电力线路施工基本操作工艺技巧

1. 导线穿越孔的錾打技巧

电力线路穿越墙壁或楼板，不管室与室或户内与户外之间，要錾打穿越孔；导线必须穿过保护套管，保护套管通称穿墙套管，分有瓷管、钢管和硬塑料管 3 种。

导线的穿越孔，通常都由电工自行錾打，錾打时应掌握以下几项内容。

（1）穿越孔应与两侧线路保持在同一水平位置上。

（2）穿越孔径要配合穿墙套管的外径，要錾得平直，防止出现前大后小的喇叭状。

（3）户内外之间的穿越孔，其户外侧略倾向地面，当管内进水时便于流出户外。

（4）同一穿越点如需排列多根穿墙套管时，应尽可能做到一管一孔，并使孔均匀地水平排列。

（5）当穿墙套管埋入穿越孔后，应用水泥砂浆浇封，固定位置，不使活动移位，尤其是穿越楼板的套管，更应填封得牢固、严密，要防止套管坠落和孔隙漏水。

2. 木榫孔的錾打技巧

凡在砖墙、混凝土墙和混凝土楼板上安装线路或电气装置时，均需用木榫来做支持点。木榫必须牢固地嵌在木榫孔内，以保证安装质量。

3. 木榫与塑料胀管安装

木榫是各种明设线路装置在建筑面上的支撑点，凡用铁钉固定时，应用木榫；凡用木螺钉固定时，宜用塑料胀管。它们的外形如图 3.1 所示。木榫通常采用干燥的细皮松木制成，榫的规格应按照使用要求和安装场所来选定。塑料胀管的规格以直径标称，常用的有 5 mm、6 mm、8 mm、10 mm 等多种。

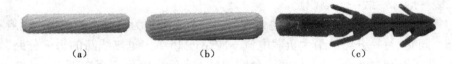

图 3.1　木榫与塑料胀管的形状

（a）小号圆榫；（b）大号圆榫；（c）塑料胀管

1）对木榫的要求

木榫应削得与榫体一样粗细，为了便于塞入木榫孔，头部应倒角，方榫（用于砖结构建筑面上）通常削成矩形。圆榫（用于混凝土建筑面上）为了防止旋动，宜削成八角形，如图 3.1（a）、（b）所示。圆榫规格以八角形对边尺寸为标准。塑料胀管的形状如图 3.1（c）所示。

2）木榫的安装方法

把木榫头部塞入木榫孔，先用锤子轻击几下，待木榫进入孔内约 1/3 后，检查木榫是否与墙面垂直以及进入孔内时松紧是否适当。如不直，应及时纠正。如过紧或过松，应更换为与榫孔相适应的木榫，否则，过紧要打烂榫尾，过松木榫就不牢固。安装时，木榫尾部不得打烂，尾部应打得与墙面齐平，不可突起或陷进多。

4. 线管的弯形

用来保护导线穿越墙壁和楼板的或用于线管线路上的钢管或硬塑料管,随着线路的转弯而需进行弯形,不可采用现成的月弯(即管子的成品弯头)。因为,线管不准因转弯而增多管与管的连接,连接处越多,越易引起故障。同时,线管转弯有曲率半径的规定,成品月弯的曲率半径,一般是不符合电气线路的用管要求的。曲率半径就是线管转弯处的弧度大小,如图3.2所示。图中 R 就是曲率半径。规定明设线管的曲率半径 $R = 4d$(d 是所选用线管的外径);暗设线管为 $R = 6d$。

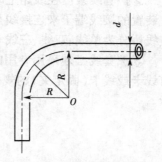

图3.2 线管的曲率半径

任务二 线路的明设和暗设知识

明设线路是指线路装置敷设在建筑面上,线路走向能够一目了然。

暗设线路是指线路装置埋设在建筑面内或埋设在地面下。

在一般用电环境中,以明设线路用得较普遍。明设线路的结构类型较多,较常见的暗设线路是暗设线管线路。其次是暗设电缆线路。虽然线管线路和电缆线路有暗设和明设两种敷设方式,但不是每种线路都允许暗设。应特别指出的是:塑料护套线线路除允许穿入空心楼板的空腔内以外,禁止直埋在墙面内、实心楼板内或地下。即使穿入空心楼板空腔内的塑料护套线,也必须保证护套层不遭破损,并必须在穿入或穿出楼板时安装护圈加以保护。

一、护套线线路的安装工艺

凡采用护套线的线路,称为护套线线路。护套线分有聚氯乙烯护套线、硅橡胶护套线、塑料护套线和铅包线等多种,如图3.3所示。铅包线较贵,一般用电场所已不采用,目前已由塑料护套线代替。用于照明方面的老式木槽板线路和瓷夹线路现已淘汰,均由塑料护套线线路取代。

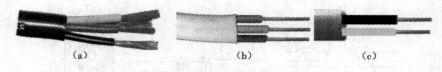

(a)   (b)   (c)

图3.3 护套线的种类
(a)聚氯乙烯护套线;(b)塑料护套线;(c)硅橡胶护套线

1. 护套线线路安装的特点

(1)护套线线路适用于户内外,具有耐潮性能好、抗腐蚀能力强、线路整齐美观和线路造价(指塑料护套线)较低等优点,故在照明电路中已获得广泛应用。但导线的截面面积较小,大容量电路不能采用。

(2)在安装护套线线路时,应遵守以下几项规定。

①护套线芯线的最小截面面积规定为:户内使用时,铜芯的不得小于 1 mm²,铝芯的不得小于1.5 mm²;户外使用时,铜芯的不得小于1.5 mm²,铝芯的不得小于2.5 mm²。

②护套线敷设在线路上时,不可采用线与线的直接连接,应采用接线盒或借用其他电气装置的接线端子来连接线头。接线盒由瓷接线桥(也叫瓷接头)和保护盒等组成。瓷接线桥分为单线、双线、三线和四线等多种,按线路要求选用。

③护套线必须采用专用的圆形钢钉线卡或线卡(固定夹)进行支持,钢钉能防锈。钢钉线卡或线卡(固定夹)的规格有 0#、1#、2#、3#和4#等多种,可按需要选用,如图3.4 所示。

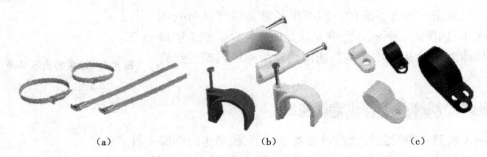

（a）   （b）   （c）

图3.4　支持护套线用的线卡
(a)尼龙扎带;(b)圆形钢钉线卡;(c)线卡(固定夹)

④护套线支持点的定位,有以下一些规定:直线部分,两支持点之间的距离为 0.2 m;转角部分、转角前后各应安装一个支持点;两根护套线十字交叉时,叉口处的四方各应安装一个支持点,共四个支持点;进入木台前应安装一个支持点;在穿入管子前与穿出管子后,均需各安装一个支持点。护套线线路支持点的各种安装位置,如图3.5 所示。

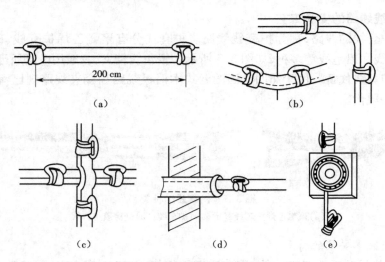

200 cm

（a）   （b）

（c）   （d）   （e）

图3.5　护套线支持点的定位
(a)直线部分;(b)转角部分;(c)十字交叉;(d)进入管子;(e)进入木台

⑤护套线在同一墙面上转弯时,必须保持垂直。转角处并应保持适当的曲率半径 R,其数值一般应是护套线宽度 d 的 3 倍左右。太小会损伤线芯(尤其是铝芯线),太大要影响线路护套线支持点的定位美观。多根护套线并行布线时,第一根的曲率半径应小些,但不宜小于 $2d$。

⑥护套线线路的离地最小距离不得小于 0.15 m;在穿越楼板的一段及在离地 0.15 m 以下部分的导线,应加钢管(或硬塑料管)保护,以防导线遭受损伤。

⑦采用铅包线时,整个线路的铅层要连成一体,并应接地。

2. 管线线路敷设技术要求

1)管内的导线要求

对穿入管内的导线要求其绝缘强度不应低于交流 500 V。导线芯线的最小截面面积规定:铜芯线为 1 mm²(控制及信号回路的导线截面不在此限);铝芯线为 2.5 mm²。

2)明敷或暗敷所用的钢管要求

明敷或暗敷所用的钢管必须经过镀锌或涂漆的防锈处理,管壁厚度不应小于 1mm。设于潮湿和具有腐蚀性场所的钢管,或埋在地下的钢管,其管壁厚度均不应小于 1.5 mm。明敷用的硬塑料管的管壁厚度不应小于 2 mm;暗敷用的不应小于 3 mm。具有化工腐蚀性的场所,或高频车间,应采用硬塑料管。

3)线管的管径要求

线管的管径选择应按穿入的导线总截面面积(包括绝缘层)来决定,但导线在管内所占面积不应超过管子有效面积的 40%,线管的最小直径不得小于 13 mm。各种规格的线管允许穿入导线的规格,如表 3.2 所列。在钢管内不准穿单根导线,以免形成闭合磁路,损耗电能。

表 3.2　明敷线管直线部分管卡间距

(1)钢管			
管壁厚度 (mm)	钢管标称直径(mm)		
	12～20 $\left(\frac{1}{2}～\frac{3}{4} \text{ in}\right)$	25～32 $\left(1～1\frac{1}{4} \text{ in}\right)$	40～50 $\left(1\frac{1}{2}～2 \text{ in}\right)$ / 70～80 $\left(2\frac{1}{2}～3 \text{ in}\right)$
2.5 及以上	1.5	2.0	2.5 / 3.5
2.5 以下	1.0	1.5	2.0 / —

(2)硬塑料管		
敷设方向	硬塑料管标称直径(mm)	
	20 及以下 $\left(\frac{3}{4} \text{ in 及以下}\right)$	25～40 $\left(1～1\frac{1}{2} \text{ in}\right)$ / 50 及以上 $\left(2 \text{ in 及以上}\right)$
垂直	1.0	1.5 / 2.0
水平	0.8	1.2 / 1.5

4)管子与管子连接要求

管子与管子连接应采用外接头,硬塑料管的连接可采用套接,在管子与接线盒连接时,连接处应用薄型螺母内外拧紧。在具有蒸汽,腐蚀气体,多尘以及油、水和其他液体可能渗入管内的场所,线管的连接处均应密封。钢管管口均应加装护圈,如图 3.6 所示;硬塑料管口可不加装护圈,但管口必须光滑。

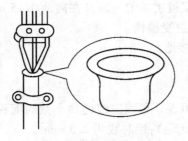

图 3.6　钢管加装护圈

5）明敷的线管要求

明敷的线管要求采用管卡支持。管卡安装位置的规定：直线部分，两管卡之间的距离应按表 3.2 的规定；转角和进入接线盒以及与其他线路衔接或穿越墙壁和楼板时，均应放置一副管卡，如图 3.5 所示。管卡均应安装在木结构或木榫上。

6）导线和接线盒的安装要求

为了便于导线的安装和维修，对接线盒的位置有以下规定：无转角时在线管全长每 45 m 处，有一个转角时在每 30 m 处，有两个转角时在每 20 m 处，有三个转角时在每 12 m 处均应安装一个接线盒。同时，线管转角处的曲率半径规定为：明敷的不应小于线管外径的 4 倍，暗敷的不应小于线管外径的 6 倍。

7）线管转弯安装要求

线管在同一平面转弯安装时应保持直角；转角处的线管，应在现场根据需要形状进行弯制，不宜采用成品月弯来连接。线管在弯曲时，不可因弯曲而减小管径。

8）采用钢管安装的要求

采用钢管安装时，整个线路的所有线管必须连成一体，并应妥善接地。

任务三　电力线路的明设和暗设训练

一、护套线线路的施工

1. 施工步骤

步骤 1　准备施工所需的器材和工具。

步骤 2　标画线路走向，同时标出所有线路装置和用电器具的安装位置以及导线的每个支持点。

步骤 3　錾打整个线路上的所有木榫安装孔和导线穿越孔，安装好所有木榫。

步骤 4　安装好所有金属轧片。

步骤 5　敷设导线。

步骤 6　安装各种木台。

步骤 7　安装各种用电装置和线路装置的电气元件。

步骤 8　检验线路的安装质量。

2. 施工技巧

1）放线技巧

对于整圈护套线，不能搞乱，不可使线的平面产生小半径的扭曲。在冬天放塑料护套线时，尤应注意。放铅包线更不可产生扭曲，否则无法把线敷设得平服。为了防止平面扭曲，放线时需两人合作，一个人把整圈护套线按图3.7 所示方法套入双手中，另一人将线头向前拉出，放出的护套线不可在地上拖拉，以免擦破或弄脏护套层。

图 3.7　护套线的手工放线方法

2) 敷线技巧

敷线整齐美观是护套线线路的特点。因此,导线必须敷得横平、竖直和平服。几条护套线平行敷设时,应敷得紧密,线与线之间不能有明显的空隙。在敷线时,要采取勒直和收紧的方法来校直。

(1) 勒直:在护套线敷设之前,把有弯曲的部分,用纱团裹捏后来回勒平,使之挺直,如图3.8所示。

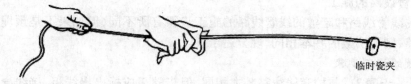

图3.8 护套线的勒直方法

(2) 收紧:在敷设时,把护套线尽可能地收紧。长距离的直线部分,可在直线部分两端的建筑面上,先临时各装一副瓷夹板,把收紧了的导线先夹入瓷夹板中,然后逐一夹上金属轧片,如图3.9(a)所示。短距离的直线部分,或转角部分,可戴上纱手套后用手指顺向按捺,使导线挺直平服后夹上金属轧片,如图3.9(b)所示。

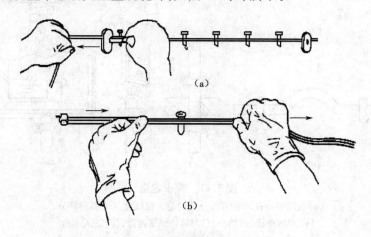

(a)

(b)

图3.9 护套线的收紧方法

3) 金属轧片的夹持技巧

护套线应置于金属轧片的钉孔位(或粘贴部分)中间,然后按图3.10所示的步骤1~4进行夹持操作。每当夹持完毕4~5个支持点后,应进行一次检查,如发现有偏斜,可用小锤轻敲突出的一副轧片予以纠正。

4) 护套线进入木台时的处理技巧

护套层应完整地进入木台,在伸入木台10 mm后可剥去护套层。木台进线的一边,应按护套线所需的横截面开出进线缺口。

5) 金属轧片的粘贴技巧

可用万能胶水或环氧树脂胶水进行粘贴。粘贴前,必须把粘贴处的酸碱腐蚀物质去除。

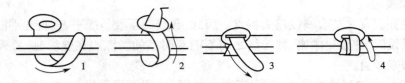

图 3.10　金属轧片夹持的操作步骤

二、线管线路的施工

明敷的线管线路和暗敷的线管线路的施工步骤有所不同,但如果不是预埋线管的暗敷线管线路,则与明敷的基本相同,现分述于下。

1. 明敷的施工步骤

步骤 1～步骤 3　与护套线线路基本相同,但步骤 2 应标出出线板、接线盒和管卡等位置。管卡定位如图 3.11 所示。

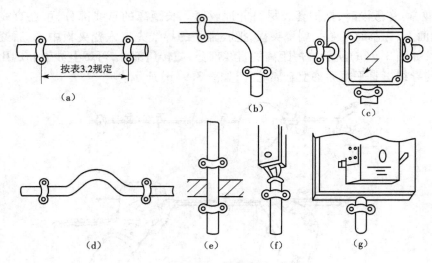

图 3.11　管卡定位

(a)直线部分;(b)转弯部分;(c)进入接线盒;(d)跨越部分;

(e)穿越楼板(或墙);(f)与其他线管连接;(g)进入木台

步骤 4　接线路所需截割和弯形线管,对需要连接的管口进行套螺纹,并清除管内毛刺和杂物。

步骤 5　连接和安装线管及接线盒,采用钢管的,在各连接处做好过渡连接,使整个线路的钢管连成一体。

步骤 6　穿入导线,在各接线盒中的瓷接线桥上连接导线。

步骤 7　安装各处线路装置和用电设备。

步骤 8　检验整个线路的安装质量。

2. 暗敷的(指预埋线管的)施工步骤

步骤 1　根据线路设计的走向确定每段线管长度和接线盒的安装位置。

步骤 2　与明敷的步骤 4 相同。

步骤 3　与明敷的步骤 5 相同。但安装方法是随同建筑物施工把线管和接线盒预先埋入墙壁、楼板或地坪中。

步骤4 待建筑物施工完竣后,以下步骤与明敷的步骤6~8各项相同。

暗敷而不是预埋线管的施工步骤,参照明敷的施工步骤,其中步骤3改为按线路走向錾打线管埋槽和接线盒埋穴,其余均相同。

管与管连接所用的束节应按线管直径选配。连接时如果存在过松现象,应用白麻丝或塑料薄膜嵌垫在螺纹中。裹垫时,应顺螺纹固紧方向缠绕,如图3.12所示。如果需要密封,尚须在麻丝上涂一层白漆。

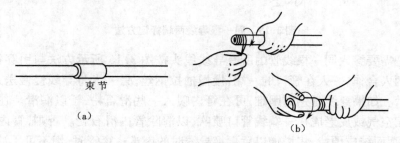

图3.12 线管的连接
(a)用束节连接;(b)过松时用麻丝或塑料薄膜垫包

3.管线线路施工技巧

主要应掌握以下几项操作技巧。

1)线管的连接技巧

线管与接线盒连接时,每个管口必须在内外接口各用一个螺母给予固紧,如图3.13所示。如果存在过松现象或需密封的管线,均必须用裹垫物。

图3.13 线管与接线盒连接

如线管用的是钢管,在每个垫有衬垫物的连接处,要注意连接的质量,以保证接地的通路畅通。

2)放线技巧

对整圈绝缘导线,应抽取处于内圈的一个线头,如图3.14所示。切不可抽取处于外围的一个线头,否则要使整圈导线混乱,且要使导线形成小圈扭结。

3)导线穿入线管技巧

导线穿入线管前,应在管口首先套上护圈;穿入硬塑料管之前,应先检查管口是否留有毛刺或刃口,以免穿线时损坏导线绝缘层。

接着,按每一安装段管长(即两接线盒间长度)加上两端连接所需的线头余量(如铝质导线两端应加放防断余量)截取导线,并削去两端绝缘层,同时在两端头标出是同一根导线的记号,记号可用钢丝钳钳口轻切刀痕标

图3.14 绝缘导线的放线方法

出,如图 3.15 所示。如管内穿有四根同规格、同色导线,可把三根导线分别用一道、两道和三道刀痕标出,另一根不标,这样可避免在接线时接错相序。

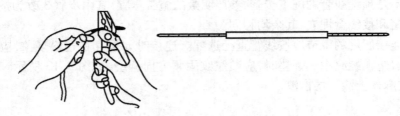

图 3.15　同一根导线两端标记方法

然后,把需要穿入同一根线管的所有导线线头按图 3.16 所示方法与引穿钢丝结牢。穿线时,需两人合作,一人在管口的一端,慢慢抽拉钢丝;另一人将导线慢慢送入管内,如图 3.17 所示。如果穿线时感到困难,可在管内喷入一些滑石粉,予以润滑。在导线穿毕后,应用压缩空气或皮老虎在一端线管口喷吹,以清除管内滑石粉。否则,管内若留有滑石粉会因受潮而结成硬块,将增加以后更换导线时的困难。穿管时,切不可用油或石墨粉等作润滑物质,因油会损坏导线的绝缘层(特别是对橡皮绝缘),石墨粉是导电粉末,易于黏附在导线绝缘层表面,一旦导线绝缘层略有微小缝隙,便会渗入芯线,造成短路事故。

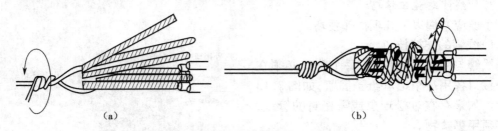

| (a) | (b) |

图 3.16　导线与引穿钢丝的连接方法
(a)钢丝的绞缠板;(b)导线的绞缠

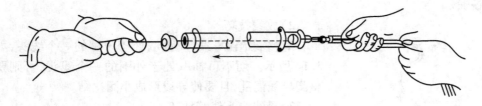

图 3.17　导线穿入管内的方法

在有些管线线路中,特别是穿入较小截面电力导线或二次控制和信号导线的管线线路中,为了今后不致因一根导线损坏而需更换管内全部导线,规定在安装时,应预先多穿入 1~2 根导线,作为备用。但较大截面的电力管线线路,就不必穿入备用线。在每一接线盒内的每个备用线头,必须都用绝缘带包缠,线芯不可外露,并置于盒内妥帖的空处。

4)线管与出线板的衔接技巧

明敷线管应伸入出线板木台至少 25 mm,如图 3.18(a)所示,暗敷线管应穿过木台底板至少 10 mm,如图 3.18(b)所示。

5)连接线头的处理技巧

为防止线管两端所留的线头长度不够,或因连接不慎线端断裂出现欠长而造成维修困难,线头应留出足够作两三次再连接的长度。多留的导线可圈成弹簧状贮于接线盒或木台内。铝芯导线,更应多留些余量。

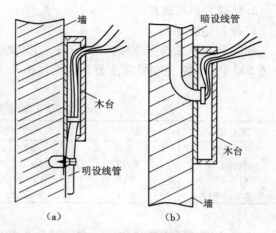

图 3.18　线管与出线的衔接方法
(a)明敷时;(b)暗敷时

任务四　低压配电线路

低压配电线路一般分为放射式和干线式两种,如图 3.19 所示。低压配电线路的干线应采用三相四线制,即三根相(火)线,一根零线。四根线习惯排列次序是 A、O、B、C(O 为零线)。照明线路引一根相线,一根零线。在引单相线时要注意三相负载要平衡。选择线路时,应考虑便于施工,靠近路侧,路途短,转角和跨越少,地质条件好,周围环境简单,没有污染源等。

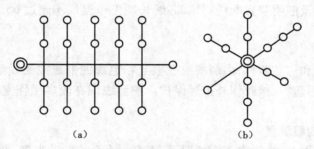

图 3.19　低压配电线路连接方式
(a)干线式线路;(b)放射式线路
◎—配电变压器;○—低压配电箱或用电设备

一、低压配电线路绝缘导线

1. 绝缘导线的种类

具有绝缘包层的电线称为绝缘导线。绝缘导线按其线芯材料分为铜芯和铝芯两种;按绝缘材料分为橡胶绝缘电线和塑料绝缘电线;按线芯绝缘层外面有无保护层分为有护套线和无护套线;按线芯股数分为单股和多股两类。常用的绝缘导线的结构和应用范围见附录 B。一般常用照明绝缘导线有以下几种。

橡胶绝缘导线型号:BLX——铝芯橡皮绝缘线;BX——铜芯橡皮绝缘线。

聚氯乙烯绝缘导线(塑料线)型号:BLV——铝芯塑料线;BV——铜芯塑料线。

橡胶电缆型号:YHC——重型橡套电缆;NYHF——农用氯丁橡套拖拽电缆。

2. 绝缘导线的选择

1）橡胶绝缘导线

橡胶绝缘导线有铜芯和铝芯,分有单芯、双芯及多芯,用于室内布线,工作电压一般不超过 500 V。其常用型号和主要用途见表 3.3。

表 3.3　常用导线简表

名　称	型　号	规　格	标称截面(mm^2)	用　途
单芯硬线	BV	$1 \times 1/1.13$	1	暗线布线
塑料护套线	BVVB	$3 \times 1/1.78$	2.5	明线布线
灯头线	RVS	$2 \times 16/0.15$	0.3	不移动电器的连接
三芯软护套线	RVV	$3 \times 24/0.2$	0.75	移动式电器的连接

橡胶绝缘导线简称橡皮线。它的结构为芯线外先包一层橡胶作绝缘层,再包一层棉纱或玻璃丝编织层作保护层,供交流 500 V 以下的电气设备和照明装置配线用。芯线长期允许工作温度不超过 65 ℃。BXF 型氯丁橡胶线具有良好的耐老化性能和不易燃性,并有一定的耐油、耐腐蚀性能,适用于户外及潮湿环境中敷设。

2）塑料绝缘导线

这种导线用聚氯乙烯作绝缘包层,又称塑料线,主要供各种交、直流电气装置,电工仪表,电信设备,电力及照明装置配线用,其芯线长期工作温度不超过 65 ℃,敷设环境温度不低于 15 ℃。

3）护套线

护套线分双芯和三芯两种,由两根或三根互相绝缘的铜线或铝线组成。绝缘层用塑料或橡胶,外面再用塑料、橡胶作外护层保护。护套线现在较多用作室内、外照明装置配线用。

二、绝缘导线的载流量

为了保证安全供电,导线在正常情况下,都有一个允许的载流量,即安全电流,超过安全电流,导线就会严重过热,引起烧坏绝缘层或芯线等故障,甚至引起火灾事故。

导线的载流量与导线的截面有关,也与导线的材料(铜或铝)、型号(绝缘线或裸线等)、敷设方式(明敷或穿管等)以及环境温度等有关,影响的因素较多,常用绝缘导线的安全载流量见附录 C。

在实际工作中,如现场无资料可查,只知道导线截面,可利用如下口诀再配合一些简单的心算,便可粗略估算导线的安全载流量。

铝芯绝缘线载流量与截面的倍数关系口诀:

10 下五,100 上二;25、35,四三界;

70、95,两倍半;穿管、温度,八、九折;

裸线加一半,铜线升级算。

说明:以上口诀中对各种截面的载流量(A)不是直接给出的,而是用“截面乘上一定的倍数”来表示。为此,应先熟悉导线截面(mm^2)的排列:

1、1.5、2.5、4、6、10、16、25、35、50、70、95、120、150、185……

生产制造铝芯绝缘线的截面通常从 2.5 mm^2 开始,铜芯绝缘线从 1 mm^2 开始。

（1）口诀的前三句指出铝芯绝缘线载流量（A），可按截面的倍数来计算。口诀中的阿拉伯数字表示导线截面（mm²），汉字数字表示倍数。把口诀的截面与倍数关系排列起来如表3.4所示。

表3.4　截面与倍数关系列表

1～10 mm²	16、25 mm²	35、50 mm²	70、95 mm²	120 mm² 以上
5 倍	4 倍	3 倍	2.5 倍	2 倍

现在再和口诀对照就更清楚了，原来口诀"10下五"是指截面在 10 mm² 以下，载流量都是截面数值的 5 倍。"100上二"（读百上二）是指截面 100 mm² 以上，载流量都是截面数值的 2 倍。截面 25 mm² 与 35 mm² 是 4 倍和 3 倍的分界处，这就是口诀"25、35，四、三界"。而截面 70 mm²、95 mm² 则为 2.5 倍。从上面的排列可以看出，除 10 mm² 以下及 100 mm² 以上之外，中间的导线截面是每两种规格属同一种倍数。

下面以明敷铝芯绝缘线，环境温度为 25 ℃，举例说明：

6 mm² 的按"10 下五"算得载流量为 30 A；

150 mm² 的，按"100 上二"算得载流量为 300 A；

70 mm² 的，按"70、95 两倍半"算得载流量为 175 A。

从上面的排列还可以看出，倍数随截面的增大而减小。在倍数转变的交界处，误差稍大些，比如截面 25 mm² 与 35 mm² 是 4 倍与 3 倍的分界处，25 mm² 属 4 倍的范围，但靠近向 3 倍变化的一侧，它按口诀是 4 倍，即 100 A，但实际不到 4 倍（按手册为 97 A）；而 35 mm² 则相反，按口诀是 3 倍，即 105 A，实际则是 117 A。不过这对使用的影响并不大。当然，若能"胸中有数"，在选择导线截面时，25 mm² 的不让它满到 100 A，35 mm² 的则可以略为超过 105 A 就更准确了。同样，2.5 mm² 的导线位置在 5 倍的最始端，实际上便不止 5 倍（最大可达 20 A 以上），不过为了减小导线内的电能损耗，通常都用不到这么大，手册中一般也只标 12 A。

（2）后面三句口诀便是对条件改变的处理。"穿管、温度，八、九折"是指穿管敷设（包括槽板等敷设，即导线加有保护套层，不明露的），计算后再打八折；若环境温度超过 25 ℃，计算后再打九折，若既穿管敷设，温度又超过 25 ℃，则打八折后再打九折，或简单的一次打七折计算。

关于环境温度，按规定是指夏天最热月份的平均最高温度。实际上，温度是变动的，一般情况下，它对导线载流量影响并不大。因此，只对某些高温车间或较热地区超过 25 ℃较多时，才考虑打折扣。

例如对铝芯绝缘线在不同条件下载流量的计算：

当截面为 10 mm² 穿管时，则载流量为 $10 \times 5 \times 0.8 = 40$ A；若是穿管又高温，则载流量为 $10 \times 5 \times 0.7 = 35$ A。

（3）对于裸铝线的载流量，口诀指出"裸线加一半"，即计算后再加一半（乘 1.5）。这是指同样截面的裸铝线与铝芯绝缘线比较，载流量可加大一半。

例如对裸铝线载流量的计算：

16 mm² 裸铝线，则载流量为 $16 \times 4 \times 1.5 = 96$ A。

（4）对于铜导线的载流量，口诀指出"铜线升级算"，即将铜导线的截面按截面排列顺序提升一级，再按相应的铝线条件计算。

例如截面为 16 mm² 的铜绝缘线，按 25 mm² 的铝绝缘线的相同条件计算为 100 A（25×4）。

三、电路导线连接压封端工艺基础

导线连接的方式很多，常用的有绞接、缠绕连接、焊接、管压接等。出线端与电器设备的连接有直接连接和经接线端子的连接等。

1. 对导线连接工艺的基本要求

（1）应接触紧密，接头电阻尽可能小，稳定性好，与同长度、同截面导线的电阻比值不应大于 1.2 倍。

（2）接头的机械强度不应小于导线机械强度的 80%。

（3）接头处应耐腐蚀，避免受外界气体的侵蚀。

（4）连接处的绝缘强度必须良好，其性能应与原导线的绝缘强度一样。

2. 对导线出线端工艺的要求

（1）与设备的接触电阻应尽可能小，机械强度尽可能高。

（2）截面为 10 mm² 及以下的单股铜线、截面为 2.5 mm² 及以下的多股铜线和单股铝线，可直接与电器连接。

（3）截面为 4 mm² 及以下的多股导线，应先将接头拧紧搪锡后，再直接与电器连接，以防止连接时导线松散。

（4）截面为 10 mm² 及以上的多股导线，由于线粗、载流量大，为防止接触面太小而发热，应在接头装设铝（或铜）接线端子，再与设备连接。这种方法一般称为封端。

四、照明绝缘铜导线的连接基础

1. 单股铜导线的连接

单股铜导线基本连接方法有绞接和缠绕。截面较小的导线，一般采用绞接法；截面较大的导线，因绞接困难，多采用缠绕法。

2. 多股导线的连接

多股导线的连接分直接连接和分支连接两种。各种导线连接方法在模块 1 中已经叙述。

项目 3.2 室内照明装置安装

【能力目标】能正确安装室内照明装置。

【知识目标】

1. 理解低压线路安装规程。

2. 掌握照明电路的施工规程和施工要求。

【训练素材】验电笔、钢丝钳（尖嘴钳、斜口钳、剥线钳）、电工刀、螺丝旋具（一字起、十字起）、手电钻（冲击电钻）、电锤、压接钳、万用电表、导线。

照明用电是最广泛的生产、生活用电，本节介绍一些常用照明灯具的安装、维修以及照明电路配电和布线的知识。

照明线路的组成:供电线路、电能表、闸刀开关(总开关)、保险盒、插座、灯座、开关。照明电路的供电线路有两根,一根叫零线,另一根叫火线,火线与零线之间有 220 V 的电压。在正常情况下,零线和地之间没有电压,火线和地之间有 220 V 的电压。常用照明的设备有白炽灯、日光灯、高压水银灯、碘钨灯、高压钠灯等。

任务一　吊挂式灯头的安装训练

一、准备训练素材

灯头、木枕、尖嘴钳、起子(十字起和一字起)、导线、自攻螺丝、手电钻等。

熟悉常用工具的使用,对各用电工具进行安全检查。

灯头有吊挂式和矮脚式两类。每一类又分卡口式灯头和螺口式灯头两种。

二、吊挂式白炽灯的安装

1. 安装步骤

步骤 1　在准备安装吊线盘的地方居中钻 1 个孔,塞上木枕,如图 3.20 所示。

步骤 2　用三角钻在木台上钻 3 个小孔(中间是木螺丝孔,两旁的是穿线孔),侧开 1 条进线槽。把零线线头和灯头与开关的连接线头分别穿入木台的穿线孔后把木台连同底座一起紧固在木枕上,如图 3.21 所示。

步骤 3　将 2 根线头分别穿入吊线盒底座,并用木螺丝固定在木台上。然后,再把 2 根线头分别接到底座穿线孔的接线柱上,如图 3.21 所示。

步骤 4　取一段适当长度的胶合软线,在离顶约 50 mm 的地方打上电工结。然后再把 2 根软线头穿入底座正中凸起部分的 2 个侧孔里,分别接到小孔旁的接线柱上,罩上吊线盒盖,如图 3.22 所示。

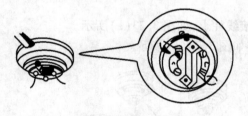

图 3.20　吊线盒底座的安装

图 3.21　吊线盒的接线

步骤 5　卸下卡口式或螺口式灯头的灯头盖,穿入软线,并在离线头末端约 30 mm 的地方打个电工结。然后,把软线的线头分别接到灯头的接线柱上,罩上灯头,如图 3.22 所示。

2. 安装吊挂式灯头基本要求

(1)灯头线不能装得太低,应离地 2 m。

(2)对螺口式灯头接线时,零线要接到与螺旋圈相连的接线柱口,通过开关的相线要接到与中心铜片相连的接线柱上,不能接反,否则在装卸灯泡时容易发生触电事故。

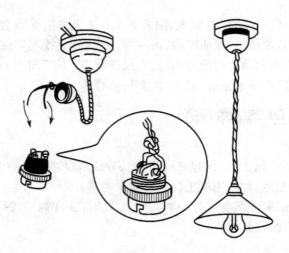

图 3.22　吊挂式灯头的接线

任务二　矮脚式灯头的安装训练

一、训练素材

灯头、木枕、尖嘴钳、起子(十字起和一字起)、导线、自攻螺丝、手电钻等。

二、矮脚式灯头的安装

步骤 1　在准备安装矮脚式灯头的地方居中钻 1 个孔,再塞上木枕。

步骤 2　对准灯头穿线孔的位置,在木台上钻 2 个穿线孔和 1 个木螺丝孔,再在木台一边开好进线槽。然后,将已剖削的线头从木台的 2 个穿线孔中穿出,再把木台固定在木枕上。

步骤 3　把 2 根线头分别接到灯头的 2 个接线柱上,如图 3.23(a)所示。

步骤 4　装上卡口式或螺口式灯头的底座,如图 3.23(b)所示。

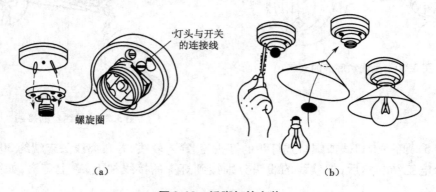

（a）　　　　　　　　　　　　　　　　　　　　（b）

图 3.23　矮脚灯的安装

（a）矮脚灯的接线；（b）矮脚式灯头的底座安装

任务三　开关与插座的安装

开关是用来控制灯具等电器电源通断的器件。根据它的使用和安装,大致可分为明装式、暗装式和组合式几大类。明装式开关有倒板式、揿板式、撇钮式和双联或多联式;暗装式(即嵌入式)开关有揿钮式和翘板式;组合式,即根据不同要求组装而成的多功能开关,有节能钥匙开关、请勿打扰的门铃按钮、调光开关、带指示灯的开关和集控开关(板)等等。图 3.24 所示是一些常见的开关。

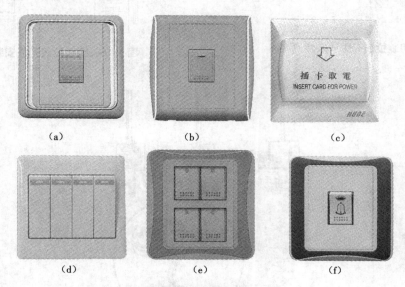

图 3.24　几种常见的开关
(a)一位单控;(b)一位双控;(c)插卡开关;(d)四位单控;(e)四位双控;(f)门铃开关

一、明装式开关安装

1. 训练素材

拉线开关、木枕、尖嘴钳、起子(十字起和一字起)、导线、自攻螺丝、手电钻等。

2. 安装明装式拉线开关

安装步骤如下。

步骤 1　在墙上准备安装开关的地方居中钻 1 个小孔,塞上木枕,如图 3.25 所示。

步骤 2　对准开关上穿线孔的位置,在木台上钻 2 个穿线孔和 1 个木螺丝孔,再把穿入线头的木台固定在木枕上,如图 3.26 所示。

步骤 3　卸下开关盖,把 2 根线头分别穿入底座上的 2 个穿线孔,再用木螺丝把开关底座固定在木台上(对于拉线开关,要使拉线出口与拉线方向一致,对于扳动开关,要按常规装法,使开关向下时电路接通,向上时电路断开)。然后,把 2 根线头分别接到开关的接线柱上,拧上开关盖,如图 3.27 所示。

二、暗装式开关安装

安装步骤如下。

步骤 1　在墙上准备安装开关的地方,凿制出一只略大于开关接线暗盒的墙孔,如图 3.28 所示。

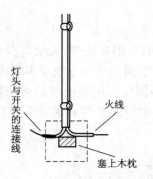

图 3.25　明装拉线开关安装步骤 1

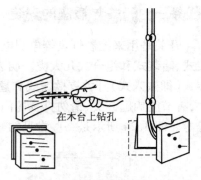

图 3.26　明装拉线开关安装步骤 2

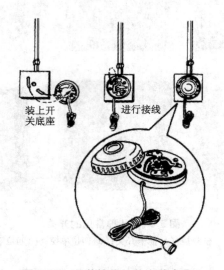

图 3.27　明装拉线开关安装步骤 3

　　步骤 2　埋设(嵌入)接线暗盒,并用砂灰或水泥将接线暗盒固定在孔内。注意:选用接线暗盒应与所用暗盒开关尺寸相符;埋入的接线暗盒应事先敲去相应的敲落孔,以便穿导线。几种接线暗盒如图 3.29 所示。

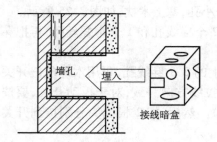

图 3.28　凿制接线暗盒孔

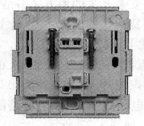

图 3.29　开关接线暗盒

　　步骤 3　卸下开关面板;把 2 根导线头分别插入开关底板的 2 个接线孔,并用木螺丝将开关底板固定在开关接线暗盒上,再盖上开关面板即可,如图 3.30 所示。

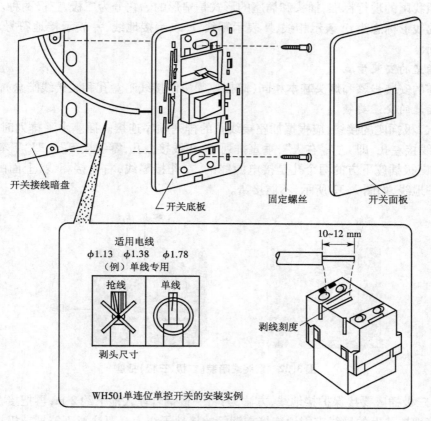

开关接线暗盘　　　开关底板　　　固定螺丝　　　开关面板

适用电线
φ1.13　φ1.38　φ1.78
（例）单线专用

抢线　　单线

剥头尺寸

10~12 mm

剥线刻度

WH501单连位单控开关的安装实例

图 3.30　安装开关接线暗盒

三、插座的安装

1. 插座的安装要求

插座是供移动电设备如台灯、电风扇、电视机、洗衣机及电动机等连接电源用的。常见的插座,如图 3.31 所示。插座分固定式和移动式两类。固定式插座又分明装和暗装两种。

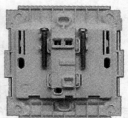

图 3.31　几种常见的固定式暗插座

明装插座的底座上有两个孔,用以安装木螺钉,导线从底座另两个孔穿入与接线柱连接。暗装插座又叫嵌入式插座,用于墙内敷设的照明电路作为电源连接器件,它安装完毕之后与墙壁平齐,色调也相近,所以比明装式插座美观,目前的新建筑已多采用这种方式。

按照我国的现行标准,插头和插座的形式是扁形的。它分为二极、三极两种。插头和插座上的线形标志为:L 表示相线,N 表示零线,E 表示接地线, – 表示接地符号(也可以用⊥ 表示)。

2. 插座的安装步骤

插座的安装步骤和灯头基本相同(暗插座须凿制接线暗盒孔和装接线暗盒)。

3. 插座的安装要领

(1)二极插座的接线,应根据插座接线孔的排列顺序连接。插座水平排列时,相线接右孔,零线接左孔,即"左零右火";垂直排列时,相线接上孔,零线接下孔,即"下零上火"。

(2)三极插座下方的两个孔是接电源线的,左孔接零线,右孔接相线,上面的一个大孔接保护地线,如图 3.32 所示,不能接错。

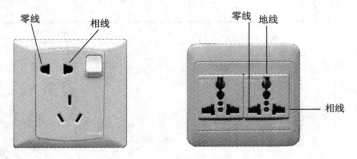

图 3.32　明装或暗装(二极、三极)插座

(3)三极插座要接保护接地线,方法为:将一根钢管埋入地下约 2 m,再把接在三极插座保护接地插孔上的导线牢固地连接在钢管的接地干线上。要注意不能把三极插座中的大孔与其中任一个小孔用导线相连,或者不接保护接地线,这样容易发生触电事故。

三、插座和灯泡开关的并联安装

在实际应用中,还经常会遇到在同一线路中既安装了 1 只控制开关,又带有电源插座,线路如图 3.33 所示。1、2 为插座电源进线接线柱,3 为接地接线柱,4、5 为开关接进、出接线柱。在接线时,1 接 L,2 接 N,3 接地,4 接进线 L,5 接出线至灯泡。其余的步骤,可参照开关和插座的安装。

任务四　白炽灯具控制电路的安装训练

一、吸顶灯的安装训练

1. 训练素材

吸顶灯一套件、剥线钳、绝缘胶布、三用电表、梯子、木枕、尖嘴钳、起子(十字起和一字起)、导线、自攻螺丝、手电钻等。

2. 安装吸顶灯

吸顶灯主要由基座、外罩和光源组成(如图 3.34 所示)。其安装步骤如下。

步骤 1　关闭电源,取出三用电表测量电线出口端的电压,确定是否为 220 V 的电压。

步骤 2　安装基座。吸顶灯固定座用螺丝将基座固定在天棚(天花板)上。确实锁

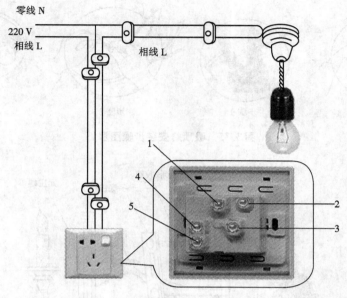

图3.33　插座和灯泡开关的接线图

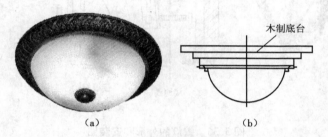

（a）　　　　　　　　　　　　　（b）

图3.34　吸顶灯外形和安装图
（a）吸顶灯外形；（b）安装图

紧。在锁螺丝时,别一次就锁得太紧,要左右两边来回锁。用剥线钳拨开电源线的绝缘胶皮。

　　步骤3　连接线头。关闭总电源,然后把灯饰的电源线穿过固定座的中心孔,用接线柱与相(火)线连接在一起,接好线后认真检查线头,以用力拉接线柱不掉落为准。

　　步骤4　将灯座的中央孔对准吊板的螺丝,固定灯座在天花板上,并轻轻锁上灯泡。

　　步骤5　扣外罩。将灯装入灯座后,把外罩(灯罩)扣入基座,用螺丝刀轻轻将基座四边螺丝拧入,固定住灯外罩即可,如图3.35 所示。

二、壁灯的安装训练

1.训练素材

壁灯一套件、木枕、尖嘴钳、起子(十字起和一字起)、导线、自攻螺丝、手电钻等。

2.壁灯的安装训练

壁灯由底座、支架、光源和灯罩等组成,其安装步骤如图3.36 所示。

　　步骤1　安装一字底铁。用木螺丝通过一字底铁上长条形孔,将一字底铁固定在墙

步骤1　　　　　　步骤2　　　　　　步骤3　　　　　　步骤4

图3.35　吸顶灯安装步骤图解

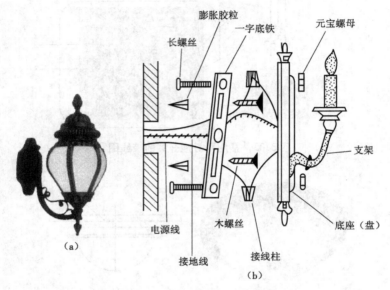

图3.36　壁灯的外形和安装图

(a)壁灯的外形；(b)安装图

壁或立柱上。

　　步骤2　连接线头。将灯体电源线中一根印有字的用接线柱与相线连接在一起，另一根与零线连在一起，接好线后认真检查线头，用力拉动接线柱，以不脱落为准。

　　步骤3　固定壁灯主体。将一字底铁上两颗长螺丝穿过灯底座(盘)，用元宝螺母拧紧灯底座(盘)，装上灯泡、灯罩即可。

　　三、吊灯的安装训练

　　1.训练素材

　　吊灯一套件、木枕、尖嘴钳、起子(十字起和一字起)、导线、自攻螺丝、手电钻等。

　　2.吊灯的安装训练

　　吊灯主要由吊灯或吊链、灯罩和光源等组成，其安装步骤如图3.37所示。

　　步骤1　安装一字底铁。用木螺丝通过一字底铁上长条形孔，将一字底铁固定在天棚(天花板)上。注意检查是否牢固、安全。

　　步骤2　连接线头。将灯体电源线中一根印有字的，用接线柱与相线连在一起，另一

根与零线连在一起,接好线后认真检查线
头,以用力拉动、接线柱不掉落为准。

步骤 3　安装牙管。将牙管、弹簧垫、
三分螺母紧固于一字底铁上,切牙管露出
一字底铁 2 mm(需保证承受重量后的安
全)。

步骤 4　挂(拧)吊链(吊杆)。将铁吊
链两端撬开,挂进吊环;或将吊杆拧入牙
管,插入开口销。

步骤 5　穿接电源线和接地线。电源
线、接地线穿过铁链(吊杆)、水晶吊头、吊
环、天房盖、牙管等。

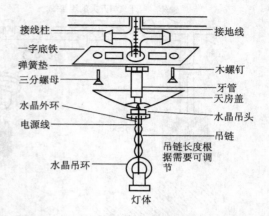

图 3.37　吊灯的安装图

步骤 6　连接电源、锁天房盖。接好电源线后,将天房盖穿过铁链、水晶吊头,往上贴
住天棚(天花板),再将水晶外环拧上吊头,锁紧天房盖。

步骤 7　安装灯体。

四、楼梯灯双向控制电路(2 只双联开关控制 1 盏灯)的安装

2 只双联开关控制 1 盏灯,可以在 2 个地方控制同一盏灯,常用于楼梯照明电路。

1.准备训练素材

双联开关 1 个、白炽灯 1 个、木枕、尖嘴钳、起子(十字起和一字起)、导线、自攻螺丝、
手电钻等。

2.楼梯灯双向控制电路的安装训练

其安装步骤与明装式开关(以拉线开关为例)安装相同。

安装这种控制线路需要用一种特殊的开关——双联开关,如图 3.38 所示。这种开关
比普通开关多 2 个接线柱,共有 4 个接线柱,其中 2 个接线柱是用铜片连接的。楼梯灯控
制电路,如图 3.39 所示。安装时要注意以下几点。

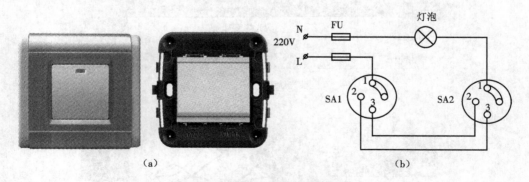

(a)　　　　　　　　　　　　　　(b)

图 3.38　双联开关外形及接线图

(a)双联开关外形;(b)双联开关控制接线图

(1)相线接开关 SA1 的连铜片接线柱 1,如图 3.38。

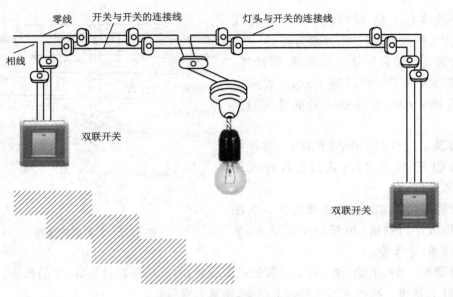

零线
开关与开关的连接线
灯头与开关的连接线
相线
双联开关
双联开关

图 3.39　楼梯灯控制线路

（2）开关 SA2 的连铜片接线柱 1 接灯头,灯头的另一端接零线 N。

（3）两只开关的独立接线柱 2、3 再分别连接另一只开关的 3、2 端接线柱。

任务五　荧光灯具控制电路的安装训练

一、训练素材

荧光灯一套件、木枕、尖嘴钳、起子（十字起和一字起）、导线、自攻螺丝、手电钻等。

荧光灯是继白炽灯之后出现的一种光源,它具有发光效率高、光线柔和、使用寿命长等特点,常用作大范围照明。由于荧光灯发光机制与白炽灯不一样,所以安装时还需要一些其他附件,如图 3.40 所示。

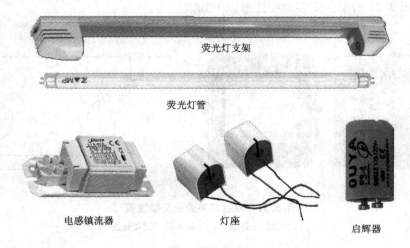

荧光灯支架

荧光灯管

电感镇流器　　　　　　　灯座　　　　　　　启辉器

图 3.40　荧光灯及配件

二、荧光灯的安装和接线训练

安装步骤如下。

步骤1 把两只灯座固定在灯架左右两侧的适当位置(以灯管长度为标准),再把启辉器座安装在灯架上,如图3.41所示。

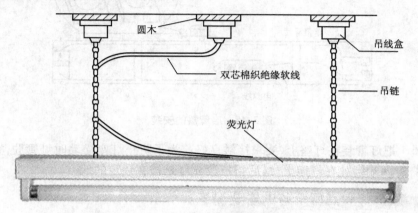

图3.41 灯座和启辉器座的安装

步骤2 如图3.42所示,用单导线(花线或塑料软线)连接灯座大脚上的接线柱3与启辉器的接线柱6,启辉器座的另一个接线柱5与灯座的接线柱1也用单导线连接。

图3.42 灯座和启辉器座的接线

步骤3 如图3.43所示,将镇流器的任一根引出线与灯座的接线柱4连接。

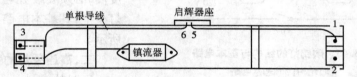

图3.43 镇流器的安装

步骤4 将电源线的零线与灯座的接线柱2连接,通过开关的相线与镇流器的另一根引出线连接,如图3.44所示。

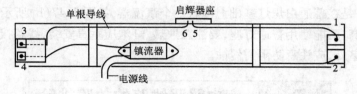

图3.44 电源线的连接

步骤5 把启辉器装入启辉器座中,如图3.45所示。

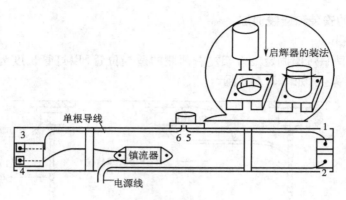

图 3.45　启辉器的安装

步骤6　把灯管装在灯座上,要求接触良好。为了防止灯座松动时灯管脱落,可用白线把荧光灯管两端绑扎在灯架上,最后再把荧光灯悬挂在预定的地方。

任务六　碘钨灯和高压汞灯的安装训练

除白炽灯和荧光灯以外,在需要照度更大的场合或特殊场合,还需要用到如高压汞灯、高压钠灯和碘钨灯等大功率、大照度的电光源。

一、碘钨灯的安装训练

1.训练素材

碘钨灯一套件、木枕、尖嘴钳、起子(十字起和一字起)、导线、自攻螺丝、手电钻等。

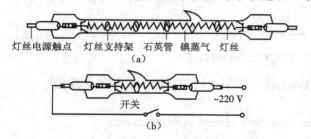

灯丝电源触点　灯丝支持架　石英管　碘蒸气　灯丝

（a）

开关　　　　　　　　　　~220 V

（b）

图 3.46　碘钨灯的结构与基本电路
（a）结构；（b）基本电路

2.碘钨灯的安装训练

碘钨灯的结构如图 3.46(a)所示。碘钨灯与白炽灯的安装步骤完全相同。由于碘钨灯工作时温度高,必须安装在与之配套的专用灯架上,其基本电路如图 3.46(b)所示。

二、高压汞灯的安装训练

1.训练素材

高压汞灯一套件、木枕、尖嘴钳、起子(十字起和一字起)、导线、自攻螺丝、手电钻等。

2.高压汞灯的安装

高压汞灯与白炽灯的安装步骤完全相同。高压汞灯的结构如图 3.47(a)所示。其安装接线很简单,是在普通白炽灯基础上串联一个镇流器,如图 3.47(b)所示。由于高压汞灯工作时温度高,不能使用普通灯座,要注意散热,灯泡应垂直安装,线路接头应有良好绝缘。如安装在室外,应注意防雨雪侵蚀。

项目3.3　室内照明线路的故障排除

【能力目标】能正确排除各类照明装置常见故障。

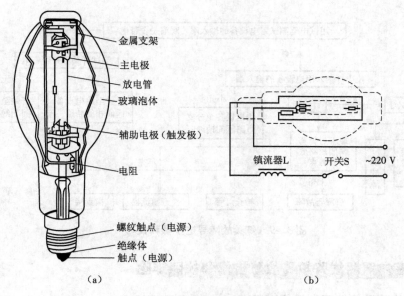

图 3.47　高压汞灯的结构与接线
(a)结构图；(b)接线图

【知识目标】掌握照明电路检修与维护的方法和步骤。

【训练素材】试电笔、钢丝钳(尖嘴钳、斜口钳、剥线钳)、电工刀、螺丝旋具(一字起、十字起)、万用电表、钳形电流表、各种导线等。

任务一　室内照明线路故障寻迹技巧

灯具在使用过程中,难免会发生故障,这时,应仔细观察、认真分析,及时排除故障。

一、灯具线路总故障寻迹技巧

照明灯具线路总故障寻迹步骤和技巧,如图 3.48 所示。

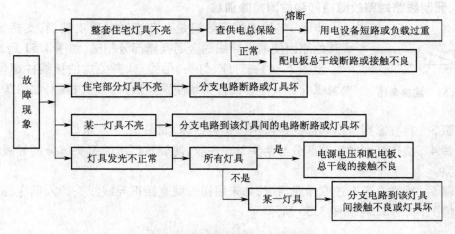

图 3.48　灯具总故障寻迹步骤和技巧

二、灯具故障寻迹技巧

照明灯具故障寻迹步骤和技巧,如图 3.49 所示。

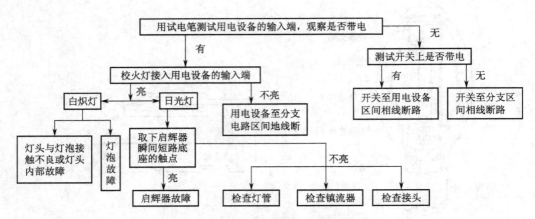

图 3.49 灯具故障寻迹步骤和技巧

任务二 室内照明线路短路故障检修和故障排除

一、短路故障寻迹技巧和检修流程

短路是指电流不经过用电设备而直接构成回路,也叫碰线。短路故障寻迹技巧和检修流程如图 3.50 所示。

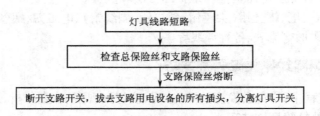

图 3.50 灯具线路短路故障检修流程

二、照明线路短路故障检修和故障排除训练

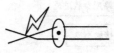

图 3.51 线路短路

步骤 1 检查陈旧导线是否有绝缘层包皮破损,支持物松脱或其他原因使两根导线的金属裸露部分相碰,如图 3.51 所示。

步骤 2 检查灯座、灯头、吊线盒、开关内的接线柱螺丝有无松脱或绞合线是否没拧紧致使铜丝散开,线头相碰,如图 3.52 所示。

步骤 3 检查家用电器内部的绕组绝缘是否损坏,如图 3.53 所示。

步骤 4 检查灯泡的玻璃部分与铜头是否脱胶,使旋转灯泡时铜头部分的导线相碰,造成短路。

步骤 5 检查是否有违章作业情况,如未用插头就直接把导线线头插入插座,造成线路短路情况,如图 3.54 和图 3.55 所示。

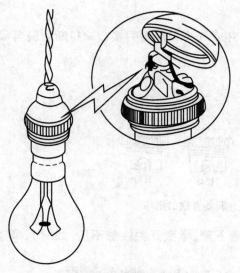

图3.52 灯具线头短路

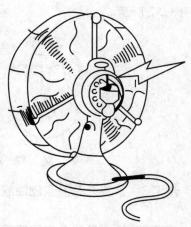

图3.53 家用电器内部短路

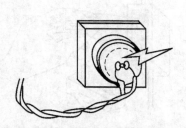

图3.54 未用插头造成线路短路

图3.55 灯头线脱出

任务三 照明线路断路故障检修和故障排除

一、照明线路断路故障寻迹技巧和检修流程

断路是指线路中断开或接触不良,使电流不能形成回路。断路故障寻迹技巧和检修流程如图3.56所示。

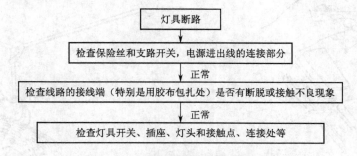

图3.56 照明线路断路故障检修流程

二、室内照明线路漏电故障检修和故障排除训练

步骤1 检查照明导线线头(连接点)有无松散脱落现象,例如灯头线未拧紧,脱离接

线柱。

步骤2 检查灯泡钨丝是否烧断、接合销损坏或灯头和灯座的接合缺口断裂脱落等，如图 3.57 所示。

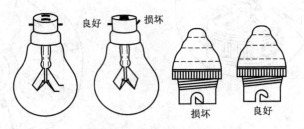

图 3.57 灯泡断丝或接合销、接合缺口损坏

步骤3 检查开关触点烧蚀或弹簧弹性是否下降，导致开关接触不良，如图 3.58 所示。

步骤4 检查导线是否因严重过载而损坏，或保险丝熔断，如图 3.59 所示。

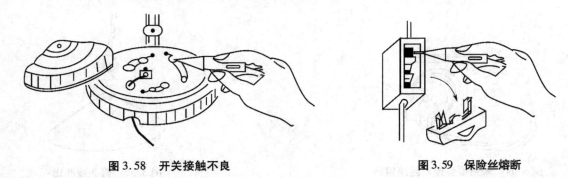

图 3.58 开关接触不良   图 3.59 保险丝熔断

步骤5 检查保险丝盒或闸刀开关的螺丝是否未拧紧致使电源线线头脱开，如图 3.60 所示。

步骤6 检查导线是否被老鼠咬断或受外物撞失、勾拉而损伤等，如图 3.61 所示。

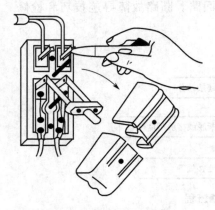

图 3.60 导线线头脱落

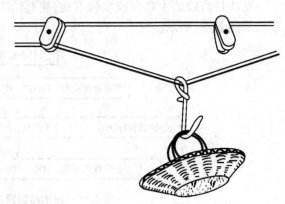

图 3.61 导线损伤

任务四　照明线路漏电故障检修和故障排除

一、照明线路漏电故障寻迹技巧和检修流程

漏电是指部分电流没有经过用电设备而白白漏掉,往往还会经常出现保险丝熔断、漏电保护器频繁动作及导线、用电设备过热等现象。漏电故障寻迹技巧和检修流程如图3.62 所示。

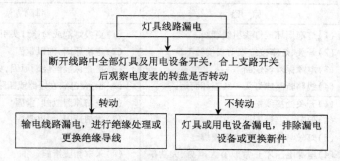

图 3.62　照明线路漏电故障寻迹技巧和检修流程

二、室内照明线路漏电故障检修和故障排除训练

步骤 1　检查线路及设备的绝缘层是否老化或破损,引起接地或搭壳漏电。

步骤 2　检查线路电气安装是否符合电气安全技术要求,如导线接头绝缘处理不当或不合理等。

步骤 3　检查线路或设备是否受潮、受热或遭受化学腐蚀,致使绝缘性能严重下降等,如图 3.63 所示。

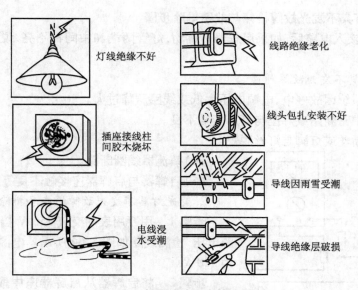

图 3.63　灯具线路漏电故障原因

任务五 白炽灯具、荧光灯具故障检修和排除

一、白炽灯具的常见故障检修和故障排除速查表

白炽灯具的常见故障检修和故障排除速查表如表3.4所示。

表3.4 白炽灯具的故障分析与排除速查表

故障现象	原 因	排除方法
灯不亮	(1)灯泡损坏或灯头引线断线 (2)开关、灯座接线松动或接触不良 (3)电源保险丝烧断 (4)线路断路或灯头导线损坏而短路	(1)更换灯泡或检修灯头引线 (2)查清原因,加以紧固 (3)检查保险丝烧断原因,更换保险丝 (4)检查线路,在短路或断路处重接或更换新线
灯泡忽亮忽暗或忽亮忽灭	(1)开关处接线松动 (2)保险丝接触不良 (3)灯丝与灯泡内的电极虚焊 (4)电源电压不正常或有大电流、大功率的设备接入电源电路	(1)查清原因,加以紧固 (2)查清原因,加以紧固 (3)更换灯泡 (4)采取相应措施
灯光强白	(1)灯泡断丝后灯丝搭接,电阻减小引起电流增大 (2)灯泡额定电压与电源线路电压不相符	(1)更换灯泡 (2)更换灯泡
灯光暗淡	(1)灯泡使用寿命终止 (2)灯泡陈旧,灯丝蒸发后变细,电流减小 (3)电源电压过低	(1)更换灯泡 (2)更换灯泡 (3)采取相应措施,如加装稳压电源或待电源电压正常后再使用

二、荧光灯具不发光故障检修与故障排除步骤

荧光灯具接入电路后,如果启辉器不跳动,灯管两端和中间都不亮,说明荧光灯管没有工作。

1. 荧光灯具不发光故障原因

(1)供电系统因故停电,电源电压太低或线路压降过大。

(2)线路中有断路或灯座与灯脚接触不良。

(3)灯管断丝或灯脚与灯丝脱焊。

(4)镇流器线圈断路。

(5)启辉器与启辉器座接触不良等。

2. 荧光灯具不发光故障检查和排除步骤

步骤1 用万用表的交流250 V挡位检查供电电源电压,检测线路如图3.64所示。电源电压正常值约为220 V。

步骤2 将启辉器从启辉器座中取出(逆时针转动为取出,顺时针转动为装入),用万用表的交流250 V挡位检查启辉器两端的电压,此时万用表的读数即为电源电压。若在启辉器两端用串灯检查时,灯

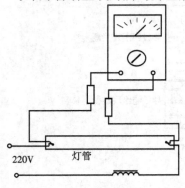

图3.64 灯管压降的测试

泡能发光说明电路没有断路,而是启辉器故障,应更换启辉器。如果用万用表测不出电压,或串灯检查时灯泡不发光,故障可能是荧光灯座与灯脚接触不良。

步骤3 转动荧光灯管,若不能使荧光灯发光,将灯管取下用万用表电阻挡测量荧光灯两端的灯丝电阻值,检查线路如图3.65所示。常用规格荧光灯管灯丝的冷态直流电阻值如表3.5所示。

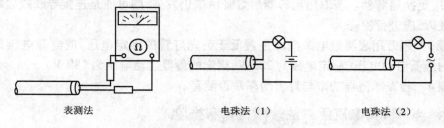

表测法   电珠法(1)   电珠法(2)

图3.65 灯丝通断的检查

表3.5 常用规格荧光灯管灯丝的冷态直流电阻值

灯管功率(W)	3~8	15~40
冷态直流电阻(Ω)	15~18	3.5~5

注:由于各生产厂的设计、用料不完全相同,表中所列灯管灯丝的阻值范围仅供参考,不作为质量标准。

步骤4 用导线搭接启辉器座上的两个触点,如果能使荧光灯管点亮,说明启辉器有故障或启辉器与启辉器座接触不良。可打开启辉器外罩进行检查,观察启辉器氖管的外接线是否脱焊(如发现脱焊,要重新焊牢),或氖管是否烧毁(如发现烧毁,要更换)。如果更换启辉器后仍不能使荧光灯发光,说明启辉器与启辉器座接触不良,加以紧固即可。

步骤5 用导线搭接启辉器座上的两个触点后灯管仍不能点亮,用万用表电阻挡测量镇流器的电阻值。镇流器正常的冷态直流电阻值如表3.6所示。

表3.6 镇流器正常的冷态直流电阻值

灯管功率(W)	3~8	15~20	30~40
冷态直流电阻(Ω)	80~100	28~32	24~28

注:由于各生产厂的设计、用料不完全相同,表中所列镇流器阻值范围仅供参考,不作为质量标准。

三、荧光灯具两头发亮中间不亮故障检修与故障排除步骤

1.荧光灯两头发亮中间不亮故障原因

荧光灯两头发亮中间不亮故障通常有两种现象。一是合上开关后,灯管两端发出像白炽灯似的红光,中间不亮,灯丝部分也没有闪烁现象,启辉器不起作用,灯管不能正常点亮。这种现象说明灯管已慢性漏气,应更换灯管。另一种现象是灯管两端发亮,而中间不亮,在灯丝部位可以看到闪烁现象,其故障原因可能是:①启辉器座或连接导线出现故障;②启辉器故障。

2.荧光灯两头发亮中间不亮故障检查步骤

步骤1 检查灯管是否老化,或环境温度是否太低,使管内气体难以电离。

步骤2 取出启辉器观察灯管两端是否发亮,若取出启辉器后,用导线搭接启辉器座的两个触点时灯管能正常点亮,说明是启辉器故障。此时,可把启辉器的外罩打开,用万用表的电阻挡测量小电容器是否短路。测量时,先焊开一个焊点,若表针指到零位,说明小电容器已击穿,需换上一只 0.005 μF 的纸介质电容器。如果一时没有替换的电容器,可除去小电容器,启辉器还能暂时使用。若小电容器是完好的,而氖管内双金属片与静触片搭接,应更换启辉器。若取出启辉器后灯管两端仍发亮,则可能是连接导线或启辉器座有短路故障,应进行检修。

步骤3 用万用表测量电源电压是否低于荧光灯管的额定电压,或电源电压低于荧光灯管的最低启动电压(额定电压为 220 V,规定的最低启动电压为 180 V)。

步骤4 检查镇流器功率与灯管功率是否配套。

任务六 碘钨灯、高压汞灯的故障检修和排除

一、碘钨灯的故障检修和排除训练

(1)碘钨灯的故障现象:除出现如同白炽灯类似的常见故障外,还有灯管过热现象。

(2)碘钨灯的故障检修和排除步骤如下。

步骤1 检查灯管安装倾斜角度,安装倾斜度不得超过 4°,否则会缩短灯丝使用寿命。排除方法是重新安装,使灯管保持水平。

步骤2 检查灯脚密封处是否松动、接触不良。工作时灯管过热,一般应更换灯管。

二、高压汞灯的故障检修和排除训练

(1)高压汞灯的故障现象:灯泡玻璃破碎或漏气、灯泡忽亮忽灭。

(2)高压汞灯的故障检修和排除步骤如下。

步骤1 高压汞灯不亮,检修线路熔体是否烧断,开关是否失灵,连接导线是否脱落,镇流器或灯泡是否损坏等,采取不同措施予以排除。灯泡内部构件损坏,应及时更换损坏器件。

步骤2 检查是否为高压汞灯灯泡玻璃破碎或漏气等原因所引起的故障,如是则需要换新件。

步骤3 高压汞灯灯泡忽亮忽灭,检查电源电压是否波动在启辉电压临界值上,检查灯座是否接触不良,灯泡螺口是否松动,连接头是否松动等,分别采取如下措施:调整电压,拧紧连接头,使电源电压符合启辉电压值,使连接头接触良好。

课外技能训练

3.1 为什么相线一定要接进开关?螺口式灯座的接线要注意什么?

3.2 荧光灯两端闪烁而无法正常发光,是由哪些原因引起的?怎样排除?

3.3 荧光灯接电容器起什么作用?

3.4 什么叫用电危险环境?哪些场所属于危险环境?易燃易爆环境应采用什么类型线路装置?

3.5 为什么要采用低压安全电源?安全电压怎么确定?

3.6 低压安全线路和照明装置有哪些常见故障?怎样维修?

3.7　白炽灯既然发光率低、寿命短,为什么还普遍使用?

3.8　大面积场地照明应采用哪种电光源?

3.9　高压汞灯和高压钠灯有什么区别,试从结构、性能和用途等方面加以区别。

3.10　目前常用的照明有哪几类?它们各应用在什么场所?

3.11　绘出荧光灯的接线图,并说明其工作原理。

3.12　镇流器有哪些作用?

3.13　照明装置一般有哪些要求?

3.14　碘钨灯和高压汞灯在使用时应注意哪些事项?

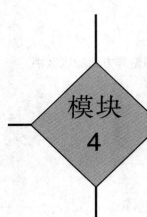

电路基本理论

模块
4

模块能力目标

▷ 会画电路模型图

▷ 会计算交、直流电路的电流、电压、电功及功率

▷ 会绘制正弦交流电的电压、电流波形图

▷ 能用相量分析正弦交流电路

模块知识目标

☑ 知道交、直流电路模型及常用电器元件符号

☑ 掌握欧姆定律及其应用

☑ 掌握直流电路的特点和电路等效变换的条件、公式及电路计算方法

☑ 知道正弦交流电路的基本概念和基本分析方法

模块计划学时

28 课时

项目4.1　绘制电路模型图

【能力目标】能绘制简单的电路模型图。

【知识目标】知道电路模型及常用电器元件符号。

【训练素材】直流电源、交流电源、电阻元件、导线、电感元件、电容元件以及灯具等家用电器。

任务一　电路的基本概念

一、实际电路

为了实现一定的目的,将有关的电气设备或部件按照一定方式连接起来所构成的电流的通路,叫电路(circuit)或网络(network)。实际应用中的电路,虽然种类繁多、结构形式各不相同,但其主要功能有两种:一是传输、分配和使用电能,由发电厂、输电线路、变电站和用户等所构成的电力系统,就是这方面的典型例子;二是传递、变换、贮存和处理电信号,使之成为所需要的输出量,例如,自动控制、广播通信和电子计算机技术等都体现了电路的这种功能。不管其功能如何,随着电流的流通,电路中总是进行着电能与其他形式能量的相互转换。

从各种电气设备或部件在电路中的功用来说,一个电路一般包括以下三部分。

1. 电源设备

产生电能或电信号的设备称为电源设备,又称激励源。常用的电源设备有两种类型:一种是把各种形式的能量(如化学能、热能、太阳能、原子能等)通过一定方式转换为电能,如电池、发电机等;另一种是把一种波形的信号转换为另一种波形的信号,如各种信号发生器。通常把前一种电源设备叫电源(source),后一种电源设备叫信号源。

2. 负载设备

负载设备是用电设备的总称,简称负载(load),它将接受的电能转换为其他形式的能。例如,电灯将电能转换为光能和热能,电动机将电能转换为机械能等。

3. 中间设备

中间设备包括:传输电能或信号用的连接导线;控制电路通、断用的开关设备;对电路进行测量、保护用的设备等。

二、电路模型

实际上电路都是由一些按需要起不同作用的实际电路元件或器件组成,如发电机、变压器、电动机、电池、晶体管以及各种电阻器、电感器和电容器等,通常它们的电性质较为复杂。例如一盏白炽灯,它除具有消耗电能的性质(电阻性)外,当通有电流时还会产生磁场,也就是说它还具有电感性。如果在分析电路时,把电路元件的全部性质都考虑进去,势必会带来极大的困难,而且在工程设计上也没有这种必要。因此,在分析实际电路时,只需考虑其主要性质,在一定的条件下将它近似化和理想化。

1. 理想元件

在一定条件下对实际元件加以理想化,仅仅表征实际元件的主要电磁性质,可以用数学表达式来表示其性能。例如电灯、电炉、电阻器这些实际元件,消耗电能是它们的主要性质,可以用电阻元件来表征。常用的几种理想电路元件有:只表示消耗电能的理想电阻元件;只表示存储磁场能量的理想电感元件;只表示存储电场能量的理想电容元件;表示具有恒定电压的理想电压源;表示具有恒定电流的理想电流源和受控源等。

理想元件可以用一定的图形和文字符号表示。

本课程涉及 8 种理想元件:电阻元件、电感元件、电容元件、电压源元件、电流源元件、受控源元件、耦合电感元件和理想变压器元件。

2. 理想导线

理想导线是指既无电阻性,又无电感性、电容性的导线。

3. 电路模型

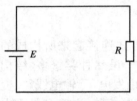

图4.1　手电筒电路模型

由理想元件和理想导线组成的电路就成为实际电路的电路模型。图 4.1 所示电路为手电筒的电路模型图,电路理论就是建立在电路模型的基础之上的。

由于电路模型中每个理想元件都可用数学式来精确定义,因而可以方便地建立起描述电路模型的数学关系式,并用数学方法分析、计算电路,从而掌握电路的特性。今后我们所研究的电路都是从实际电路中抽象出来的、理想化了的电路模型。

任务二　电路中的主要物理量

在电路理论中,基本的物理量主要是电流、电压、电动势和电功率,这些物理量是分析和计算电路的基础。

一、电流

1. 电流的定义

电路在工作或运行的时候,基本的物理现象之一是电路中存在着电流。电流就是电荷的定向移动。习惯上把正电荷移动的方向规定为电流的实际方向。电流的大小用电流强度表示,电流强度是指单位时间内通过横截面积的电荷量。电流强度常简称为电流。

大小和方向均不随时间改变的电流叫恒定电流,简称直流,如图 4.2(a)所示,用大写字母 I 表示。如果电流的大小和方向随时间变化,则称为交流电流,用小写符号 i 表示。最常见的时变电流就是正弦电流,如图 4.2(b)所示。

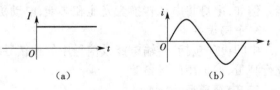

图4.2　直流电和交流电
(a)直流电;(b)交流电

对于直流电来讲,假设在时间 t 内通过导体的横截面的电荷量为 q,则其电流为

$$I = \frac{q}{t} \qquad\qquad (4.1)$$

对于交流电来讲,设在极短的时间 $\mathrm{d}t$ 内通过导体的横截面的电荷量为 $\mathrm{d}q$,则其电流为

$$i = \frac{\mathrm{d}q}{\mathrm{d}t}$$

2. 电流单位的换算

在国际单位制中,电流的单位是安培(A)。当 1 秒(s)内通过导体横截面的电荷量为

1 库仑(C)时,则电流为 1 安培(A)。常用的电流单位还有千安(kA)、毫安(mA)、微安(μA),它们的关系是

$$1 \text{ kA} = 10^3 \text{ A}$$
$$1 \text{ A} = 10^3 \text{ mA} = 10^6 \text{ μA}$$

3. 电流方向

我们习惯上总是把正电荷的移动方向作为电流的方向。但在分析较为复杂的直流电路时,往往难于事先判断某支路中电流的实际方向;对交流电来讲,其方向随时间而变,在电路图上也无法用一个箭头来表示它的实际方向。为此,在分析和计算电路时,常引入电流的参考方向的概念。参考方向又叫假定正方向,简称正方向。电流的正方向可以任意选定,所选定的方向可能与电流的实际方向一致,也可能相反。当电流真实方向与参考方向一致时,电流数值为正,反之为负,如图 4.3 所示。

图 4.3　电流的正方向和实际方向

我们规定:若电流的实际方向与选定的电流正方向一致,则电流为正值,即 $I > 0$;若电流的实际方向与选定的正方向相反,则电流为负值,即 $I < 0$。这样就可以在选定的电流正方向下,根据电流的正、负值确定某一电流的实际方向。

> **注意**:参考方向不一定是实际方向,在选定参考方向之后,电流数值的含义才是完整、正确的。

二、电压

1. 电压的定义

在一段电路中,正电荷由于受到电场力的作用而移动形成电流,电场力推动电荷做功,从而把电能转变成其他形式的能。为了衡量电场力对电荷做功的能力,引入电压这一物理量。直流电压用 U 表示,交流电压用符号 u 表示。若电场力将电荷 dq 从 A 点移到 B 点,所做的功为 dW_{AB},则 A、B 两点间的电压

$$u_{AB} = \frac{dW_{AB}}{dq} \tag{4.2}$$

在国际单位制中,电压的单位是伏特(V)。当电场力把 1 库仑(C)的电荷量从一点移到另一点所做的功为 1 焦耳(J)时,则该两点间的电压为 1 伏特(V)。常用电压单位千伏(kV)、毫伏(mV)和微伏(μV),它们的关系是

$$1 \text{ kV} = 10^3 \text{ V}$$
$$1 \text{ V} = 10^3 \text{ mV} = 10^3 \text{ μV}$$

2. 电压的方向及其参考极性

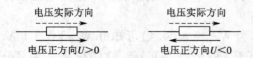

图 4.4　电压的正方向和实际方向

与电流方向一样,在分析电路时往往一下子很难判断电压的真实极性。可以假定一个电压正方向(参考方向),并在电路中的两点间标上正(+)、负(−)号或用一个箭头表示,如图 4.4 所示。在指定的电压参考极性

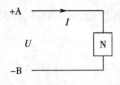

图4.5 关联参考方向

下,电压值的正、负值就可以反映电压的真实极性。电压的正方向可以任意选定,当电压的实际方向与它的正方向一致时,电压为正值,即 $U > 0$;反之,当电压的实际方向与正方向相反时,电压为负值,即 $U < 0$。这样,在分析电路时,借助电压的正方向及电压的正、负值,就很容易确定电压的实际方向,即为电压降方向。如图4.5所示,如果单位正电荷由 A 点运动到 B 点确实失去了能量,称 A、B 两点间存在电压降。A 点的位能比 B 点的高,将 A 点标上(+)号表示正极性端,B 点标上(−)号表示负极性端。如果单位正电荷由 A 点运动到 B 点确实获得了能量,称 A、B 两点间存在电压升。电路中任意两点间可能是电压降,也可能是电压升。

注意:在电路分析中,没有标明参考极性的电压数值的含义是不完整的,今后应养成在分析电路时先标出参考极性的习惯。

电压、电流的关联参考方向:将元件电压参考极性和电流的参考方向取为一致,即电流参考方向与电压参考极性方向一致,如图4.5所示。采用关联参考方向时,两个参考方向中只需标出任一个即可。

注意:电压、电流的参考方向可任意假定互不相关,但为了分析电路时方便,常常采用关联参考方向。

三、电功率与电能

电场力推动正电荷在电路中运动时,电场力做功,同时电路吸收能量,电路在单位时间内吸收的电能称为电路吸收的电功率,简称功率。

图4.6所示 ab 电路段,电流和电压的参考方向一致,在 dt 时间内通过电路段的电荷量 $dq = idt$,dq 的电荷量由 a 端移到 b 端,电场力做功为 $dW = udq$,即在此过程中,电路段吸收的能量为

$$dW = uidt \qquad (4.3)$$

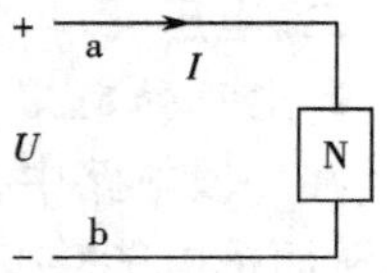

图4.6 关联参考方向

则吸收的功率 P 为

$$P = \frac{dW}{dt} = ui \qquad (4.4)$$

若二端网络 N 的端口 u 与 i 为关联参考方向,则

$$P = ui$$

若二端网络 N 的端口 u 与 i 为非关联参考方向,则

$$P = -ui$$

这说明,当电流、电压取相关联的参考方向时,电路段吸收的功率等于 u 与 i 两者的乘积。由此可见,当 u、i 参考方向一致时,若求得 $P > 0$,则电路实际吸收功率,若 $P < 0$,则电路吸收负功率,即实际发出功率;当 u、i 参考方向不一致时,若求得 $P > 0$,则电路实际发出功率,若 $P < 0$,则电路实际吸收功率。

在国际单位中,功率的单位是瓦[特],符号为 W。由式(4.4)可知,1 W = 1 V · 1 A,工程上常用的功率单位还有 MW(兆瓦)、kW(千瓦)和 mW(毫瓦)等,它们与 W 的关系分别是

$$1 \text{ MW} = 10^6 \text{ W}$$

$$1 \text{ kW} = 10^3 \text{ W}$$
$$1 \text{ mV} = 10^{-3} \text{ W}$$

能量是功率对时间的积分,由 t_0 至 t 时间内电路吸收的能量为

$$W = \int_{t_0}^{t} P \mathrm{d}t = \int_{t_0}^{t} ui \mathrm{d}t \qquad (4.5)$$

当式(4.5)中 P 的单位为瓦时,能量 W 的单位为焦[耳],符号为 J,它等于功率为 1 W 的用电设备在 1 s 内消耗的电能。工程和生活中还常用千瓦时(kW·h)作为电能的单位,1 kW·h 俗称 1 度(电)。

$$1 \text{ kW} \cdot \text{h} = 10^3 \text{ W} \times 3\ 600 \text{ s} = 3.6 \times 10^6 \text{ J} = 3.6 \text{ MJ}$$

各种电气设备常在铭牌上给出电压、功率或电流的额定值,电气设备在额定电压下能正常、安全地工作,超过额定电压有可能引发绝缘损坏,电压过低时功率不足(如电灯变暗),超过额定功率或额定电流时,会引起设备过热而损坏。

任务三 欧姆定律

一、电阻元件的欧姆定律(部分电路欧姆定律)

设电路的电阻元件为 R,流过该电阻的电流 I 与电阻两端的电压 U 成正比,这是电阻元件的欧姆定律的基本内容。欧姆定律是电路分析中最基本、最重要的定律之一。在图 4.7 电路中,欧姆定律可表示为

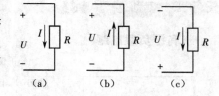

图 4.7 欧姆定律
(a)$U = RI$;(b)$U = -RI$;(c)$U = -RI$

$$R = \frac{U}{I} \qquad (4.6)$$

由上式可见,如果电阻 R 固定,则电流的大小 I 与电压成 U 正比;如果电压 U 固定,电流的大小 I 与电阻 R 成反比,它反映电阻对电流起阻碍作用。在电路图中,由于所选电流、电压的参考方向的不同,欧姆定律的表达式中可带有正、负号,当电压和电流的参考方向一致时,如图 4.7(a)所示,则有

$$U = RI \qquad (4.7)$$

当电压和电流的参考方向不一致时,如图 4.7(b)和图 4.7(c)所示,则有

$$U = -RI \qquad (4.8)$$

式(4.7)和式(4.8)中的正、负号是由于选取的电压和电流的参考方向不同而得出的,此外还应注意电压、电流其值本身也有正值和负值之分。电阻的国际单位是欧[姆](Ω)。当电路两端的电压为 1 V 时,流过的电流是 1 A,则该段电路的电阻阻值为 1 Ω。电阻的单位除欧[姆](Ω)外,还有千欧($\text{k}\Omega$)、兆欧($\text{M}\Omega$),它们的换算关系为

$$1 \text{ k}\Omega = 10^3 \text{ } \Omega$$

$$1 \text{ M}\Omega = 1\ 000 \text{ k}\Omega = 10^6 \text{ } \Omega$$

电阻的倒数($1/R$),称为电导,用 G 表示,它的国际单位为西门子(S)。在电流、电压参考向一致时,欧姆定律也可表示为

$$I = GU \qquad (4.9)$$

二、电阻元件的伏安特性

欧姆定律是德国物理学家欧姆于 1826 年采用实验的方法得到的。式(4.7)中表示了电流与电压的正比关系。欧姆定律中电阻的伏安特性同样也采用实验的方法测得,它表示两端的电压与流过电流的关系,以电压为横坐标,电流为纵坐标,电阻的特性是一条经过原点的直线,如图 4.8 所示,具有该特性的电阻称为线性电阻;U 与 I 之间不具有图 4.8 所示关系的,称为非线性电阻,如在本书后面所要介绍的半导体二极管,其正向电阻的伏安特性为一曲线(图 4.9),表明半导体二极管的正向电阻为非线性电阻。(在本书中未加以说明的电阻均为线性电阻。)

应该指出的是,欧姆定律只适用于线性电阻。

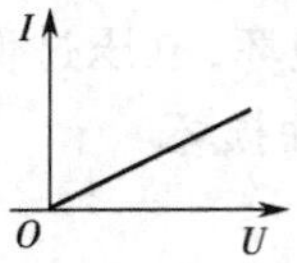

图 4.8　电阻伏安特性 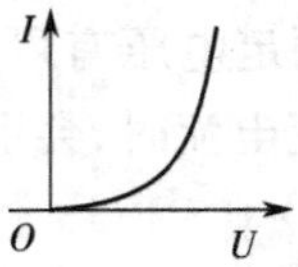　　　图 4.9　二极管伏安特性

任务四　有源负载电路

一、有源负载电路

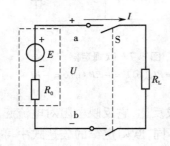

图 4.10　简单的有源闭合电路

前面主要介绍了不含电源的一段电阻电路(如图 4.7 所示),而实际分析、应用的电路往往是含有电源负载的闭合电路。如图 4.10 所示的电路是一个简单的电源有载工作电路,下面将从这个简单的有源闭合电路出发,得出电源有载工作电路的常规分析方法。图 4.10 电路中,R_L 为负载电阻,R_0 为电源内阻,E 为电源电动势。

1. 有源负载电路中电压与电流(全电路欧姆定律)

图 4.10 电路中,当开关闭合时,应用欧姆定律得到电路中的电流

$$I = \frac{E}{R_0 + R_L} \tag{4.10}$$

或
$$E = IR_0 + IR_L$$

负载电阻两端的电压 $U = IR_L$,由此得出

$$U = E - IR_0 \tag{4.11}$$

式(4.11)称为全电路欧姆定律,电路端电压(U)小于电源电动势(E),两者之差等于电流在电流内阻上产生的压降(IR_0)。电流越大,内电阻降压越大,电路端电压下降的就越多。

2. 伏安特性曲线

图 4.11 所示电源两端电压 U 和输出电流 I 之间的关系曲线,称为电源的外特性曲线。曲线的斜率与电源的内阻 R_0 有关。电源的内阻一般很小,当 $R_0 \ll R_L$ 时,$U \approx E$。式

(4.11)表明当电流(负载)变动时,电源的端电压波动不大,同时也说明了它带负载能力强。反之,当 R_0 不能忽略时,电源的端电压随电流(负载)变化波动明显,说明它带负载能力弱。

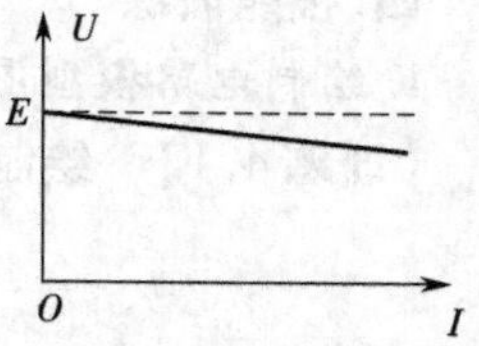

3. 有源负载电路中的功率

对式(4.11)的各项均乘以电流 I,则得到功率平衡式

$$\left.\begin{array}{l} UI = EI - R_0 I^2 \\ P = P_E - \Delta P \end{array}\right\} \qquad (4.12)$$

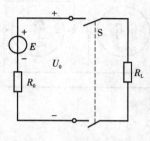

图 4.11 电源外特性曲线

其中:①电源总功率 $P_E = EI$;②电源内阻损耗的功率 $\Delta P = R_0 I^2$;③电源输出的功率 $P = UI$。

二、电源开路状态

图 4.12 所示的电路中,当开关 S 断开时,就称电路处于开路状态。开路时,电源没有带负载,所以又称电源空载状态。电路开路,相当于电源负载为无穷大,因此电路中电流为零。无电流,则电源内阻没有压降 ΔU 损耗,电源的端电压 U 等于电源电动势,电源也不输出电能。电路开路时外电阻视为无穷大,电路开路时的特征可表示为

图 4.12 电源开路状态

$$\left.\begin{array}{l} I = 0 \\ U = U_0 = E \\ P = 0 \end{array}\right\}$$

三、电源短路状态

图 4.13 所示电路,当电源的两端由于某种原因被电阻值接近为零的导体连接在一起,电源处于短路状态。

电源短路状态,外电阻可视为零,电源端电压也为零,电流不经过负载,电流回路中仅有很小的电源内阻 R_0,因此回路中的电流很大,这个电流称为短路电流,用 I_S 表示。电源短路时的特征可表示为

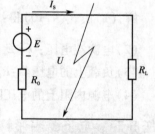

图 4.13 电源短路状态

$$\left.\begin{array}{l} U = 0 \\ I = I_S = \dfrac{E}{R_0} \\ P_E = \Delta P = R_0 I_S^2 \\ P = 0 \end{array}\right\}$$

电源处于短路状态,其危害性是很大的,它会使电源或其他电气设备因严重发热而烧毁,因此应该积极预防和在电路中增加安全保护措施。

造成电源短路的原因主要是绝缘损坏或接线不当,因此在实际工作中要经常检查电气设备和线路的绝缘情况。此外,在电源侧接入熔断器和自动断路器,当发生短路时,能迅速切断故障电路和防止电气设备的进一步损坏。

四、技能训练

1. 绘制电路模型图

【训练4.1】　绘制如图4.14所示配电板中荧光灯电路模型图。

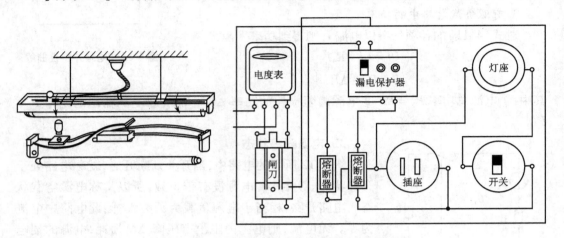

图4.14　配电板中荧光灯电路模型图

2. 有源负载电路计算训练

【训练4.2】　如图4.10所示的电路,已知电源电动势$E = 220$ V,内阻$R_0 = 10$ Ω,负载$R_L = 100$ Ω,求:(1)电路的电流I;(2)电源端电压U;(3)负载上的电压降;(4)电源内阻R_0上的电压降。

解:(1)由式(4.10)得:$I = \dfrac{E}{R_0 + R_L} = \dfrac{220}{10 + 100}$A $= 2$ A。

(2)电源端电压:$U = E - R_0 I = (220 - 10 \times 2)$V $= 200$ V。

(3)负载上的电压降:$R_L I = 100 \times 2$ V $= 200$ V。

(4)电源内阻上的电压降:$R_0 I = 10 \times 2$ V $= 20$ V。

任务五　电阻器图形符号和技术参数

一、电阻(位)器基础知识

电阻器(resistor)又称电阻,是在电子电路中用得最多的元件之一,也是最便宜的电子元件之一。电阻器从结构上可以分为固定电阻器和可变电阻器两大类。

1. 常用电阻(位)器的图形符号

常用电阻(位)器的图形符号如表4.1所示。

表4.1　常用电阻(位)器的图形符号

图形符号	名　称	图形符号	名　称
▭	固定电阻	▭	可调电位器

续表

图形符号	名称	图形符号	名称
	带抽头的固定电阻		微调电位器
	可调电阻(变阻器)	t	热敏电阻
	微调电阻		光敏电阻

2. 常用电阻(位)器的型号命名方法

根据国家标准 GB 2470—1995 的规定,电阻(位)器的型号由四个部分组成,如表 4.2 所示。

表 4.2　电阻(位)器型号命名方法

第一部分:主称		第二部分:材料		第三部分:特征分类			第四部分:序号
符号	意义	符号	意义	符号	意义		
					电阻器	电位器	
R	电阻器	T	碳膜	1	普通	普通	
W	电位器	H	合成膜	2	普通	普通	
		S	有机实芯	3	超高频	—	
		N	无机实芯	4	高阻	—	
		J	金属膜	5	高温	—	
		Y	氧化膜	6	—	—	
		C	沉积膜	7	精密	精密	对主称、材料相同,仅性能指标、尺寸大小有差别,但基本不影响互换使用的产品,给予同一序号;若性能指标、尺寸大小明显影响互换时,则在序号后面用大写字母作为区别代号
		I	玻璃釉膜	8	高压	特殊函数	
		P	硼碳膜	9	特殊	特殊	
		U	硅碳膜	G	高功率		
		X	线绕	T	可调		
		M	压敏	W	—	微调	
		G	光敏	D	—	多圈	
		R	热敏	B	温度补偿用	—	
				C	温度测量用	—	
				P	旁热式	—	
				W	稳压式	—	
				Z	正温度系数	—	

示例:

（1）精密金属膜电阻器：

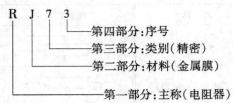

（2）多圈线绕电位器：

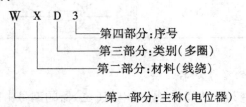

二、固定电阻器的基础知识

1. 固定电阻器的主要技术参数

1）额定功率

电阻器在电路中长时间连续工作而不损坏或不显著改变其性能所允许消耗的最大功率称为电阻器的额定功率。电阻器的额定功率并不是电阻器在电路中工作时一定要消耗的功率，而是电阻器在电路工作中所允许消耗的最大功率。不同类型的电阻器具有不同的额定功率，电阻器的功率等级如表4.3所示。

表 4.3　电阻器的功率等级

名称	额定功率（W）
实芯电阻器	0.25　0.5　1　2　5
线绕电阻器	0.5　1　2　6　10　15　25　35　50　75　100　150
薄膜电阻器	0.025　0.05　0.125　0.25　0.5　1　2　5　10　25　50　100

2）标称阻值

阻值是电阻器的主要参数之一，不同类型和不同精度的电阻器其阻值系列亦不同。根据国家标准，常用的标称阻值系列如表4.4所示。E24、E12和E6系列也适用于电位器和电容器。

表 4.4　标称阻值系列

标称阻值系列	精度	电阻器（Ω）、电位器（Ω）、电容器标称阻值（pF）							
E24	±5%	1.0	1.1	1.2	1.3	1.5	1.6	1.8	2.0
		2.2	2.4	2.7	3.0	3.3	3.6	3.9	4.3
		4.7	5.1	5.6	6.2	6.8	7.5	8.2	9.1

续表

标称阻值系列	精度	电阻器(Ω)、电位器(Ω)、电容器标称阻值(pF)							
E12	±10%	1.0	1.2	1.5	1.8	2.2	2.7	3.3	3.9
		4.7	5.6	6.8	8.2	—	—	—	—
E6	±20%	1.0	1.5	2.2	3.3	4.7	6.8		

注：标称阻值为表中数值再乘以 10^n，其中 n 为正整数或负整数。

3)允许误差等级

电阻允许的误差等级如表 4.5 所示。

表 4.5　电阻的误差等级

允许误差(%)	±0.001	±0.002	±0.005	±0.01	±0.02	±0.05	±0.1
等级符号	E	X	Y	H	U	W	B
允许误差(%)	±0.2	±0.5	±1	±2	±5	±10	±20
等级符号	C	D	F	G	J(Ⅰ)	K(Ⅱ)	M(Ⅲ)

2.固定电阻器的标志内容及方法

1)文字符号直标法

文字符号直标法是指用阿拉伯数字和文字符号两者有规律的组合来表示标称阻值、额定功率、允许误差等级等。符号前面的数字表示整数阻值，后面的数字依次表示第一位小数阻值和第二位小数阻值，其文字符号所表示的单位如表 4.6 所示。如 1R5 表示 1.5 Ω，2K7 表示 2.7 kΩ。

例如：

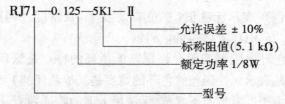

由标号可知，它是精密金属膜电阻器，额定功率为 1/8 W，标称阻值为 5.1 kΩ，允许误差为 ±10%。

表 4.6　电阻的文字符号表示

文字符号	R	K	M	G	T
表示单位	欧姆(Ω)	千欧姆(10^3Ω)	兆欧姆(10^6Ω)	吉欧姆(10^9Ω)	太欧姆(10^{12}Ω)

2)色标法

色标法是将电阻器的类别及主要技术参数的数值用颜色(色环或色点)标注在电阻

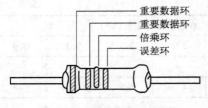

重要数据环
重要数据环
倍乘环
误差环

图4.15 色环的表示方法

器的外表面上。色标电阻(色环电阻)器可分为三环、四环、五环3种标法。色环的表示方法及其含义分别如图4.15和表4.7所示。第一道色环印在电阻的金属帽上,表示电阻有效数字的最高位,也表示电阻值色标法读数的方向,第二道色环表示有效数字的次高位,第三道色环表示相乘的倍率,第四道色环表示误差。

表4.7 色标法中电阻各色环的意义

颜 色	第一位有效值	第二位有效值	倍率	允许偏差
黑	0	0	10^0	—
棕	1	1	10^1	—
红	2	2	10^2	—
橙	3	3	10^3	—
黄	4	4	10^4	—
绿	5	5	10^5	—
蓝	6	6	10^6	—
紫	7	7	10^7	—
灰	8	8	10^8	—
白	9	9	10^9	$-20\% \sim +50\%$
金	—	—	10^{-1}	$\pm 5\%$
银	—	—	10^{-2}	$\pm 10\%$
无色	—	—	—	$\pm 20\%$

三色环电阻器的色环表示标称电阻值(允许误差均为20%)。例如,色环为棕黑红,表示 $10 \times 10^2 = 1.0$ kΩ(×20%)的电阻器。

四色环电阻器的色环表示标称值(二位有效数字)及精度。例如,色环为棕绿橙金,表示 $15 \times 10^3 = 15$ kΩ(×5%)的电阻器。

五色环电阻器的色环表示标称值(三位有效数字)及精度。例如,色环为红紫绿黄棕,表示 $275 \times 10^4 = 2.75$ MΩ(±1%)的电阻器。

一般四色环和五色环电阻器表示允许误差的色环的特点是该环离其他环的距离较远。较标准的表示应是表示允许误差的色环的宽度是其他色环的1.5~2倍。

有些色环电阻器由于厂家生产不规范,无法用上面的特征判断,这时只能借助万用表判断。

三、电位器的基础知识

1. 电位器的主要技术指标

1)额定功率

电位器的两个固定端上允许耗散的最大功率为电位器的额定功率。使用中应注意额定功率不等于中心抽头与固定端的功率。

2)标称阻值

标称阻值是标在产品上的名义阻值,其系列与固定电阻的系列类似。

3)允许误差等级

实测阻值与标称阻值误差范围根据不同精度等级可允许 ±20%、±10%、±5%、±2%、±1%的误差。精密电位器的精度可达 ±0.1%。

4)阻值变化规律

阻值变化规律指阻值随滑动片触点旋转角度(或滑动行程)之间的变化关系,这种变化关系可以是任何函数形式,常用的有直线式、对数式和反转对数式(指数式)。

在使用中,直线式电位器适合于作分压器;反转对数式(指数式)电位器适合于作收音机、录音机、电唱机、电视机中的音量控制器。维修时若找不到同类品,可用直线式代替,但不宜用对数式代替。对数式电位器只适合于作音调控制等。

2. 电位器的一般标示方法

电位器的一般标示方法如下。

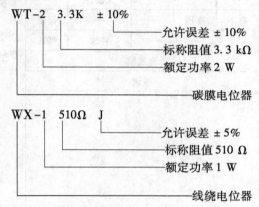

任务六　电容器图形符号和技术参数

一、电容器的基础知识

电容器(capacitor)是由两个中间隔以绝缘材料(介质)的电极组成的,具有存储电荷功能的电子元件。

1. 常用电容器的图形符号

常用电容器的图形符号如表4.8所示。

表4.8　常用电容器的图形符号

图形符号	—‖—	—⁺‖—	⊬	⊭	⊭⊭
名　称	电容器	电解电容器	可变电容器	微调电容器	同轴双可变电容

2. 电容器型号命名法

电容器型号命名法如表4.9所示。

表 4.9 电容器型号命名法

第一部分 主称 符号	第一部分 主称 意义	第二部分 材料 符号	第二部分 材料 意义	第三部分 特征、分类 符号	瓷介	云母	玻璃	电解	其他	第四部分 序号
		C	瓷介	1	圆片	非密封	—	箔式	非密封	
		Y	云母	2	管形	非密封	—	箔式	非密封	
		I	玻璃釉	3	叠片	密封	—	烧结粉固体	密封	
		O	玻璃膜	4	独石	密封	—	烧结粉固体	密封	
		Z	纸介	5	穿心	—	—	—	穿心	对主称、材料相同,仅尺寸、性能指标略有不同,但基本不影响互换使用的产品,给予同一序号;若尺寸大小、性能指标的差别明显,影响互换使用时,则在序号后面用大写字母作为区别代号
	电容器	J	金属化纸	6	支柱	—	—	—	—	
		B	聚苯乙烯	7	—	—	—	无极性	—	
		L	涤纶	8	高压	高压	—	—	高压	
		Q	漆膜	9	—	—	—	特殊	特殊	
		S	聚碳酸酯	J	金属膜					
		H	复合介质	W	微调					
		D	铝							
		A	钽							
		N	铌							
		G	合金							
		T	钛							
		E	其他							

示例:

(1)铝电解电容器:

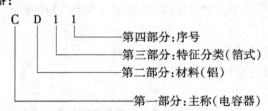

```
C D 1 1
        └── 第四部分:序号
      └──── 第三部分:特征分类(箔式)
    └────── 第二部分:材料(铝)
  └──────── 第一部分:主称(电容器)
```

(2)圆片形瓷介电容器:

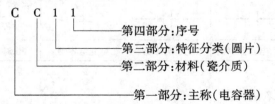

```
C C 1 1
        └── 第四部分:序号
      └──── 第三部分:特征分类(圆片)
    └────── 第二部分:材料(瓷介质)
  └──────── 第一部分:主称(电容器)
```

(3)纸介金属膜电容器:

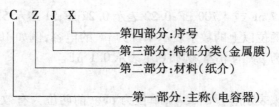

第一部分:主称(电容器)

第二部分:材料(纸介)

第三部分:特征分类(金属膜)

第四部分:序号

3.电容器的主要技术指标

1)电容器的耐压

常用固定式电容的直流工作电压系列为:6.3 V、10 V、16 V、25 V、40 V、63 V、100 V、160 V、250 V、400 V。

2)电容器允许误差等级

电容器允许误差等级常见的有 7 个等级,如表 4.10 所示。

表 4.10 电容器允许误差等级

允许误差	±2%	±5%	±10%	±20%	+20% −30%	+50% −20%	+100% −10%
级别	0.2	I	II	III	IV	V	VI

电容常用字母代表误差,其中 B 表示 ±0.1%,C 表示 ±0.25%,D 表示 ±0.5%,F 表示 ±1%,G 表示 ±2%,J 表示 ±5%,K 表示 ±10%,M 表示 ±20%,N 表示 ±30%,Z 表示 +80% 和 −20%。

3)标称电容量

标称电容量及其误差见表 4.11 所示。

表 4.11 固定式电容器标称容量系列和允许误差

系列代号	E24	E12	E6
允许误差	±5%(I)或(J)	±10%(II)或(K)	±20%(III)或(M)
标称容量 对应值	10,11,12,13,15,16,18,20,22,24,27,30, 33,36,39,43,47,51,56,62,68,75,82,90	10,12,15,18,22,27,33, 39,47,56,68,82	10,15,22,23,47,68

注:标称电容量为表中数值或表中数值再乘以 10^n,其中 n 为正整数或负整数,单位为 pF。

4.电容器的标志方法

1)直标法

直标法是在产品的表面上直接标示出产品主要参数和技术指标方法,如电容器上标示 33 μF ±5% 32 V。

容量单位:F(法拉)、μF(微法)、nF(纳法)、pF(皮法)。

$$1 \ F = 10^6 \ \mu F = 10^{12} \ pF$$

$$1 \ \mu F = 10^3 \ nF = 10^6 \ pF$$

$$1 \ nF = 10^3 \ pF$$

2)文字标法

文字标法是将需要标记的主要参数、技术指标用字、数字有规律组合标记在产品表面上。例如:4n7 表示 4.7 nF 或 4 700 pF;0.22 表示 0.22μF;51 表示 51 pF。

有时用大于 1 的两位以上的数字表示单位为 pF 的电容,例如 101 表示 100 pF;用小于 1 的数字表示单位为 μF 的电容,例如 0.1 表示 0.1 μF。

3)数码表示法

一般用三位数字来表示容量的大小,单位为 pF。前两位为有效数字,后一位表示位率,即乘以 10^i,i 为第三位数字,若第三位数字 9,则乘 10^9。如 223J 代表 22×10^3 pF = 22 000 pF = 0.22μF,允许误差为 ±5%;又如 479K 代表 47×10^9 pF,允许误差为 ±10% 的电容。这种表示方法最为常见。

4)色码表示法

这种表示法与电阻器的色环表示法类似,颜色涂于电容器的一端或从顶端向引线排列。色码一般只有三种颜色,前两环为有效数字,第三环为位率,单位为 pF。有时色环较宽,如红红橙,两个红色环涂成一个宽的,表示 22 000 pF。

二、可变电容器基础知识

可变电容器有如下几种类型。

1.空气可变电容器

这种电容器以空气为介质,用一组固定的定片和一组可旋转的动片(两组金属片)为电极,两组金属片互相绝缘。动片和定片的组数分为单连、双连、多连等。其特点是稳定性高、损耗小、精确度高,但体积大。

2.薄膜介质可变电容器

这种电容器的动片和定片之间用云母或塑料薄膜作为介质,外面加以封装。由于动片和定片之间距离极近,因此在相同的容量下,薄膜介质可变电容器比空气电容器的体积小,重量也轻。

3 微调电容器

微调电容器有云母、瓷介和瓷介拉线等几种类型,其容量的调节范围极小,一般仅为几皮法至几十皮法,常用在电路中作补偿和校正等。

任务七 电感器图形符号和技术参数

一、电感器基础知识

1.电感器图形符号

图 4.16 所示是小型电感的外形和符号。

2.电感器的分类

常用的电感器有固定电感器、微调电感器、色码电感器等。变压器、阻流圈、振荡线圈、偏转线圈、天线线圈、中周、继电器以及延迟线和磁头等,都属于电感器。

二、电感器的主要技术指标

(1)电感量。在没有非线性导磁物质存在的条件下,一个载流线圈的磁通量与线圈中的电流成正比,其比例常数称为自感系数,用 L 表示,简称为电感,即

$$L = \frac{\Phi}{I}$$

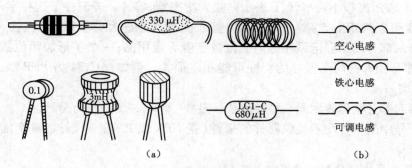

图4.16 小型电感的外形和符号

(a)实物外形；(b)符号

式中，Φ 为磁通量；I 为电流强度。

(2)固有电容。线圈各层、各匝之间、绕组与底板之间都存在着分布电容，统称为电感器的固有电容。

(3)品质因数。电感线圈的品质因数定义为

$$Q = \frac{\omega L}{R}$$

式中，ω 为工作角频率；L 为线圈电感量；R 为线圈的总损耗电阻。

(4)额定电流：线圈中允许通过的最大电流。

(5)线圈的损耗电阻：线圈的直流损耗电阻。

三、电感器电感量的标志方法

(1)直标法。单位有 H(亨利)、mH(毫亨)、μH(微亨)。

(2)数码表示法。与电容器的表示方法相同。

(3)色码表示法。这种表示法也与电阻器的色标法相似，色码一般有四种颜色，前两种颜色为有效数字，第三种颜色为倍率，单位为 μH，第四种颜色是误差位。

任务八 二极管图形符号和技术参数

一、半导体分立器件基础知识

1.半导体分立器件的命名方法

(1)我国半导体分立器件的命名法见附录 E.1。

(2)国际电子联合会半导体器件命名法见附录 E.2。

2.国际电子联合会晶体管型号命名法的特点

(1)这种命名法被欧洲许多国家采用。因此，凡型号以两个字母开头，并且第一个字母是 A、B、C、D 或 R 的晶体管，大都是欧洲制造的产品，或是按欧洲某一厂家专利生产的产品。

(2)第一个字母表示材料(A 表示锗管，B 表示硅管)，但不表示极性(NPN 型或 PNP 型)。

(3)第二个字母表示器件的类别和主要特点。如 C 表示低频小功率管，D 表示低频

大功率管,F 表示高频小功率管,L 表示高频大功率管,等等。若记住了这些字母的意义,不查手册也可以判断出类别。例如 BL49 型,一见便知是硅大功率专用三极管。

（4）第三部分表示登记顺序号。三位数字者为通用品;一个字母加两位数字者为专用品。顺序号相邻的两个型号的特性可能相差很大。例如,AC184 为 PNP 型,而 AC185 则为 NPN 型。

（5）第四部分字母表示同一型号的某一参数(如 h_{FE} 或 N_F)进行分档。

（6）型号中的符号均不反映器件的极性(指 NPN 或 PNP)。极性的确定需查阅手册或进行测量。

3. 美国半导体器件型号命名法

美国晶体管或其他半导体器件的型号命名法较混乱。这里介绍的是美国晶体管标准型号命名法,即美国电子工业协会(EIA)规定的晶体管分立器件型号的命名法。具体见附录 E.3。

（1）该型号命名法规定较早,又未作过改进,型号内容很不完备。例如,对于材料、极性、主要特性和类型,在型号中不能反映出来。例如,2N 开头的既可能是一般晶体管,也可能是场效应管。因此,仍有一些厂家按自己规定的型号命名法命名。

（2）组成型号的第一部分是前缀,第五部分是后缀,中间的三部分为型号的基本部分。除去前缀以外,凡型号以 1N、2N、3N……开头的晶体管分立器件,大都是美国制造的,或按美国专利在其他国家制造的产品。

（3）第四部分数字只表示登记序号,而不含其他意义。因此,序号相邻的两器件可能特性相差很大。例如,2N3464 为硅 NPN 高频大功率管,而 2N3465 为 N 沟道场效应管。

（4）不同厂家生产的性能基本一致的器件,都使用同一个登记号。同一型号中某些参数的差异常用后缀字母表示。因此,型号相同的器件可以通用。

（5）登记序号数大的通常是近期产品。

4. 日本半导体器件型号命名法

日本半导体分立器件(包括晶体管)或其他国家按日本专利生产的这类器件,都是按日本工业标准(JIS)规定的命名法(JIS – C – 702)命名的。

日本半导体分立器件的型号,由五至七部分组成。通常只用到前五部分。前五部分符号及意义见附录 E.4。第六、七部分的符号及意义通常是各公司自行规定的。第六部分的符号表示特殊的用途及特性,其常用的符号有以下几种。

M——松下公司用来表示该器件符合日本防卫厅海上自卫队参谋部有关标准登记的产品。

N——松下公司用来表示该器件符合日本广播协会(NHK)有关标准的登记产品。

Z——松下公司用来表示专为通信用的可靠性高的器件。

H——日立公司用来表示专为通信用的可靠性高的器件。

K——日立公司用来表示专为通信用的塑料外壳的可靠性高的器件。

T——日立公司用来表示收发报机用的推荐产品。

G——东芝公司用来表示专为通信用的设备制造的器件。

S——三洋公司用来表示专为通信设备制造的器件。

第七部分的符号,常被用来作为器件某个参数的分档标志。例如,三菱公司常用 R、

G、Y 等字母,日立公司常用 A、B、C、D 等字母,作为直流放大系数 h_{FE} 的分档标志。

日本半导体器件型号命名法有如下特点。

(1)型号中的第一部分是数字,表示器件的类型和有效电极数。例如,用"1"表示二极管,用"2"表示三极管。而屏蔽用的接地电极不是有效电极。

(2)第二部分均为字母 S,表示日本电子工业协会注册产品,而不表示材料和极性。

(3)第三部分表示极性和类型。例如用 A 表示 PNP 型高频管,用 J 表示 P 沟道场效应三极管。但是,第三部分既不表示材料,也不表示功率的大小。

(4)第四部分只表示在日本工业协会(EIAJ)注册登记的顺序号,并不反映器件的性能。顺序号相邻的两个器件的某一性能可能相差很远。例如,2SC2680 型的最大额定耗散功率为 200 mW,而 2SC2681 的最大额定耗散功率为 100 W。但是,登记顺序号能反映产品时间的先后。登记顺序号的数字越大,越是近期产品。

(5)第六、七两部分的符号和意义各公司不完全相同。

(6)日本有些半导体分立器件的外壳上标记的型号,常采用简化标记的方法,即把 2S 省略。例如 2SD764 简化为 D764,2SC502A 简化为 C502A。

(7)在低频管(2SB 和 2SD 型)中,也有工作频率很高的管子。例如,2SD355 的特征频率 f_T 为 100 MHz,所以,它们也可当高频管用。

(8)日本通常把 $P_{CM} \geqslant 1$ W 的管子,称作大功率管。

二、常用半导体二极管的基础知识

1. 常用半导体二极管外形和图形符号

图4.17 所示是常用半导体二极管外形和图形符号。

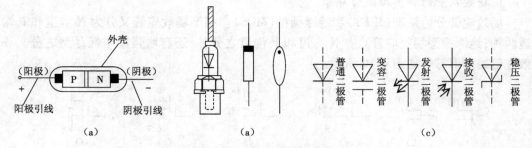

图 4.17 常用二极管结构、外形的符号

(a)结构图;(b)实物外形;(c)常用二极管符号

2. 常用半导体二极管主要参数

常用半导体二极管主要参数是最大整流电流 I_M、最高反向工作电压 U_{RM},见附录 F。

3. 常用稳压二极管的主要参数

常用稳压二极管的主要参数见附录 G。

任务九　三极管、场效应管图形符号和技术参数

半导体三极管又称双极型晶体管,简称三极管,是一种电流控制型器件,最基本的作用是放大。它具有体积小、结构牢固、寿命长、耗电小等优点,被广泛应用于各种电子设备中。

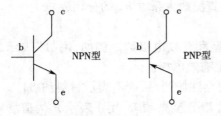

图 4.18　三极管的符号

一、半导体三极管基础知识

1. 三极管的种类和图形符号

三极管的种类按材料与工艺可分为硅平面管和锗合金管；按结构可分为 NPN 型与 PNP 型；按工作频率可分为低频管和高频管；按用途可分为电压放大管、功率管和开关管等。三极管图形符号如图 4.18 所示。

2. 半导体三极管的主要参数

（1）共射交流电流放大系数 β（在手册中，用 h_{FE} 表示）。

$$\beta = \frac{\Delta I_C}{\Delta I_B}$$

β 是表征三极管放大能力的重要指标。直流放大系数 $\bar\beta = I_C/I_B$，尽管 $\bar\beta$ 与 β 不同，但在小信号下，$\bar\beta \approx \beta$。

（2）极限参数，有集电极最大允许电流 I_{CM}、集 – 发射极击穿电压 $U_{(BR)CEO}$ 和集电极最大允许耗散功率 P_{CM}，在使用时不允许超过其极限值。

（3）反向电流，有集 – 基极反向电流 I_{CBO} 和集 – 发射极反向电流（又称穿透电流）I_{CEO}。反向电流影响管子的热稳定性，其值愈小愈好。一般小功率硅管的 I_{CBO} 在 1 μA 以下，而小功率锗管的反向电流则较大，一般在几毫安以下。

常用半导体三极管的主要参数见附录 H. 1 ~ H. 6。

二、场效应管基础知识

1. 场效应管的种类和图形符号

场效应管分为结型（JEET）和绝缘栅型（MOS）。结型场效应管又分为 N 沟道和 P 沟道两种；绝缘栅型场效应管除有 N 沟道和 P 沟道之分外，还有增强型与耗尽型之分。场效应管的图形符号如图 4.19 所示。

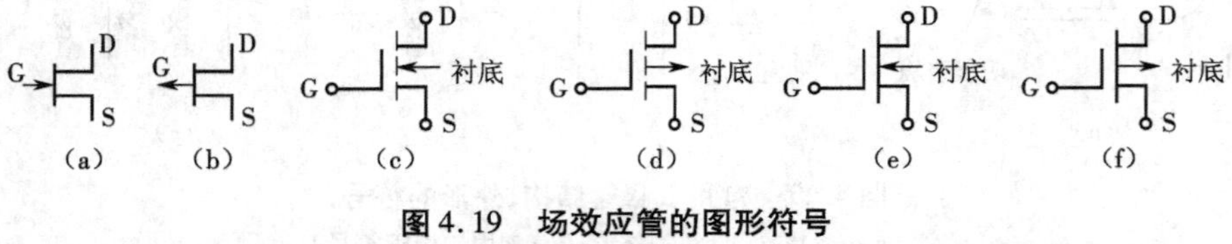

图 4.19　场效应管的图形符号

(a)N 沟道结型场效应管；(b)P 沟道结型场效应管；(c)N 沟道增强型场效应管符号；
(d)P 沟道增强型场效应管符号；(e)N 沟道耗尽型场效应管符号；(f)P 沟道耗尽型场效应符号

2. 场效应管的主要参数

场效应管的直流参数主要有夹断电压 $U_{GS(Off)}$、开启电压 $U_{GS(th)}$ 和饱和漏极电流 I_{DSS}；交流参数主要有低频跨导 g_m 和极间电容等；极限参数包括最大耗散功率 P_{DM}、漏源击穿电压 $U_{(BR)DS}$ 和栅源击穿电压 $U_{(BR)GS}$ 等。具体内容可查阅表 4.12 或有关晶体管手册。

表4.12　常用场效应三极管主要参数

参数名称	N 沟道结型				MOS 型 N 沟道耗尽型		
	3DJ2	3DJ4	3DJ6	3DJ7	3D01	3D02	3D04
	D～H	D～H	D～H	D～H	D～H	D～H	D～H
饱和漏极电流 I_{DSS}（mA）	0.3～10	0.3～10	0.3～10	0.35～1.8	0.35～10	0.35～25	0.35～10.5
夹断电压 U_{GS}（V）	<│1～9│	<│1～9│	<│1～9│	<│1～9│	≤│1～9│	≤│1～9│	≤│1～9│
低频跨导 g_m（V）	>2 000	>2 000	>1 000	>3 000	≥1 000	≥4 000	≥2 000
最大漏源击穿电压 V_{DS}（V）	>20	>20	>20	>20	>20	>12～20	>20
最大耗散功率 P_{DM}（mW）	100	100	100	100	100	25～100	100
栅源绝缘电阻 r_{GS}（Ω）	≥10^8	≥10^8	≥10^8	≥10^8	≥10^8	≥10^8～10^9	≥100
管　脚							

任务十　集成电路基础

一、国产模拟集成电路基础知识

表4.13 所示是国产模拟集成电路命名及意义。

表4.13　模拟集成电路命名及意义

第一部分		第二部分		第三部分	第四部分		第五部分	
用字母表示器件符合国家标准		用字母表示器件的类型		用阿拉伯数字表示器件的系列和品种代号	用字母表示器件的工作温度范围		用字母表示器件的封装	
符号	意义	符号	意义		符号	意义	符号	意义
C	中国制造	T	TTL	用阿拉伯数字表示	C	0～70 ℃	W	陶瓷扁平
		H	HTL		E	−40～85 ℃	B	塑料扁平
		E	ECL		R	−55～85 ℃	F	全封闭扁平
		C	CMOS		M	−55～125 ℃	D	陶瓷直插
		F	线性放大器				P	塑料直插
		D	音响、电视电路				J	黑陶瓷直插
		W	稳压器		……	……	K	金属菱形
		J	接口电路				T	金属圆形

示例：

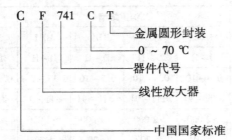

C　F　741　C　T
　　　　　　　　　└─ 金属圆形封装
　　　　　　　└─ 0 ~ 70 ℃
　　　　　└─ 器件代号
　　　└─ 线性放大器
└─ 中国国家标准

二、国外集成电路基础知识

1. 国外部分公司及集成电路产品代号

国外部分公司及集成电路产品代号如表4.14所示。

表4.14　国外部分公司及集成电路产品代号

公司名称	代号	公司名称	代号
美国无线电公司（BCA）	CA	美国悉克尼特公司（SIC）	NE
美国国家半导体公司（NSC）	LM	日本电气工业公司（NEC）	μPC
美国摩托罗拉公司（MOTA）	MC	日本日立公司（HIT）	RA
美国仙童公司（PSC）	μA	日本东芝公司（TOS）	TA
美国得克萨斯公司（TII）	TL	日本三洋公司（SANYO）	LA,LB
美国模拟器件公司（ANA）	AD	日本松下公司	AN
美国英特西尔公司（INL）	IC	日本三菱公司	M

2. 部分模拟集成电路引脚排列

（1）运算放大器，如图4.20所示。

（2）音频功率放大器，如图4.21所示。

（3）集成稳压器，如图4.22所示。

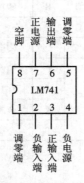

图4.20　集成双运算放大器　　　图4.21　音频功率放大器　　　图4.22　集成稳压器

3. 部分模拟集成电路主要参数

（1）μA741运算放大器的主要参数如表4.15所示。

表 4.15　μA741 的性能参数

电源电压 $+U_{CC}$ $-U_{EE}$	3~18 V,典型值 15 V $-3 \sim -18$ V,-15 V	工 作 频 率	10 kHz
输入失调电压 U_{IO}	2 mV	单位增益带宽积 $A_u \cdot BW$	1 MHz
输入失调电流 I_{IO}	20 nA	转换速率 S_R	0.5 V/μs
开环电压增益 A_{uo}	106 dB	共模抑制比 CMRR	90 dB
输入电阻 R_i	2 MΩ	功率消耗	50 mW
输出电阻 R_o	75 Ω	输入电压范围	±13 V

（2）LA4100、LA4102 音频功率放大器的主要参数如表 4.16 所示。

表 4.16　LA4100、LA4102 的主要参数

参数名称	条　件	典 型 值	
		LA4100	LA4102
耗散电流(mA)	静　态	30.0	26.1
电压增益(dB)	$R_{NF} = 220$ Ω,$f = 1$ kHz	45.4	44.4
输出功率(W)	THD = 10%,$f = 1$ kHz	1.9	4.0
总谐波失真(×100)	$P_0 = 0.5$ W,$f = 1$ kHz	0.28	0.19
输出噪声电压(mV)	$R_g = 0$,$U_G = 45$ dB	0.24	0.21

注：$+U_{CC} = +6$ V(LA4100)；$+U_{CC} = +9$ V(LA4102)；$R_L = 8$ Ω。

（3）CW7805、CW7812、CW7912、CW317 集成稳压器的主要参数如表 4.17 所示。

表 4.17　CW78××、CW79××、CW317 的主要参数

参数名称	CW7805	CW7812	CW7912	CW317
输入电压(V)	+10	+19	+19	≤40
输出电压范围(V)	+4.75 ~ +5.25	+11.4 ~ +12.6	-11.4 ~ -12.6	+1.2 ~ +37
最小输入电压(V)	+7	+14	+14	$+3 \leqslant V_i - V_0 \leqslant +40$
电压调整率	+3 mV	+3 mV	+3 mV	0.02%/V
最大输出电流(A)	（加散热片可达 1A）			1.5

项目 4.2　直流电路计算

【能力目标】

1. 能应用欧姆定律计算实际电路的电流、电压及功率。

2. 能用焦耳定律解答电热问题。

3. 能用实际电源的等效变换解答实际电路问题。

4. 能用支路电流法、戴维南定理计算电路中的物理量。

【知识目标】

1. 掌握欧姆定律的基本概念。

2. 掌握实际电源的等效变换的条件及方法。

3. 了解电路和受控源的基本概念。

4. 掌握直流电路等效变换的条件和方法。

5. 掌握支路电流法、叠加原理、戴维南定理。

【训练素材】直流电源、电阻、电感、电容。

任务一 电阻元件电路计算训练

一、电阻元件电路计算准备知识

1. 电阻元件与欧姆定律

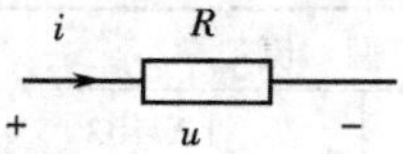

图 4.23 电阻元件

如图 4.23 所示，当 U、I 关联时，有

$$I = U/R$$

当 U、I 非关联时，有

$$I = -U/R$$

2. 电导

电阻元件除了用电阻 R 来表示其性质，还可以用电导 G 来表示其性质。电导即电阻的倒数，即

$$G = \frac{1}{R}$$

电导单位为西门子(S)，图形符号同电阻。

3. 电阻元件的功率

(1) 当 U、I 关联时：$P = UI = RI^2 = U^2/R = U^2G > 0$（吸收功率）。

(2) 当 U、I 非关联时：$P = -UI = -(-IR)I = RI^2 = U^2/R = U^2G > 0$（吸收功率）。

二、电阻电路的等效变换法

1. 串联电路等效变换法

图 4.24 为 n 个二端线性电阻串联形成的单口网络。可见串联电路的基本特征是各元件流过同一电流，因此，两元件是否流过同一电流成为判断是否串联的依据。

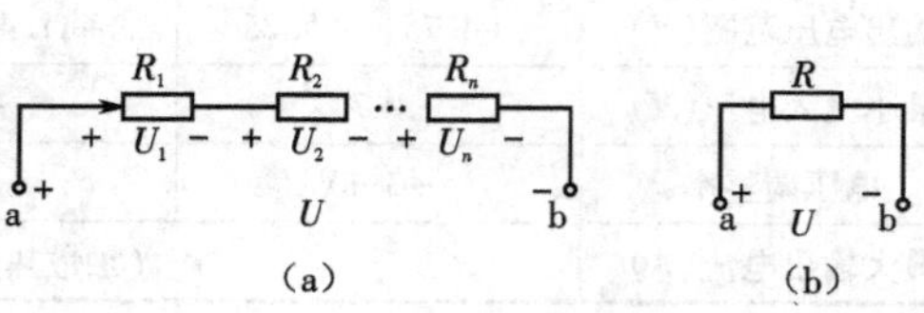

图 4.24 电阻的串联

(a)电路；(b)等效电路

图 4.24(a)所示的电路中，用 KVL 方程可得到该二端网络端口上的电压电流关系为

$$\begin{aligned} U &= U_1 + U_2 + \cdots + U_n \\ &= R_1 I + R_2 I + \cdots R_n I \\ &= (R_1 + R_2 + \cdots R_n) I = RI \end{aligned}$$

其中，$R = \sum_{k=1}^{n} R_k$，称为 n 个电阻串联电路的等效电阻。 (4.13)

图 4.24(b)所示的电路图与 4.24(a)的电路就端口特性即端口的电流电压关系而言

是等效的。这表明,n 个电阻串联,可对外等效为一个由式(4.13)确定的电阻。

在串联电路中,各电阻电压与端口电压之间满足

$$U_k = R_k I = \frac{R_k}{R} U \qquad (k = 1, 2, \cdots, n) \tag{4.14}$$

可见在串联电路中,电阻、电压与电阻值成正比,式(4.14)称为串联电路分压公式。

第 k 个电阻吸收的功率

$$P_k = U_k I = \frac{R_k}{R} UI = R_k I^2$$

n 个电阻吸收的总功率

$$P = \sum_{k=1}^{n} P_k = \sum_{k=1}^{n} P_k I^2 = RI^2$$

2. 并联电路等效变换法

图 4.25(a)为 n 个电阻元件并联构成的单口网络,可见并联电路的基本特征是各并联元件的电压相同,即互相并联的各元件接在同一对节点之间,这也是判断并联电路的基本依据。

图 4.25(a)的电路中,用 KCL 方程可得该二端网络端口上的电压电流关系

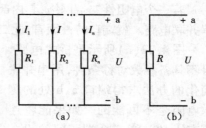

图 4.25　电阻并联
(a)电路;(b)等效电路

$$I = I_1 + I_2 + \cdots + I_n = G_1 U + G_2 U + \cdots + G_n U$$
$$= (G_1 + G_2 + \cdots + G_n) U = GU$$

其中

$$G = G_1 + G_2 + \cdots + G_n = \sum_{k=1}^{n} G_k \tag{4.15}$$

或写成

$$\frac{1}{R} = \sum_{k=1}^{n} \frac{1}{R_k}$$

在式(4.15)中的 G 称为 n 个电阻元件并联的等效电导,其倒数为等效电阻。即图 4.25(b)所示的电路是由式(4.15)得出的等效电路取代图。图 4.25(a)中 n 个电阻并联,就端口电压、电流关系而言,两者是等效的,也就是说,当 a、b 两个端钮与外电路连接时,对外电路的影响是等效的。因此等效指的是对外电路等效。

当两个电阻并联时,通常还是用电阻进行计算,其等效电阻的倒数为

$$\frac{1}{R} = \frac{1}{R_1} + \frac{1}{R_2}$$

故等效电阻

$$R = \frac{R_1 R_2}{R_1 + R_2} \tag{4.16}$$

并联电路中,各电阻流过的电流与端口电流之间满足

$$I_k = G_k U = \frac{G_k}{G} I \qquad (k = 1, 2, \cdots, n) \tag{4.17}$$

式(4.17)称为并联电路的分流公式。如图 4.26 所示,常用的两电阻并联的分流公式为

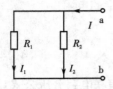

图 4.26　两个并联电阻

$$I_1 = \frac{R_2}{R_1 + R_2} I \atop I_2 = \frac{R_1}{R_1 + R_2} I \Bigg\}\qquad(4.18)$$

图 4.25(a)所示电路,第 k 个电导吸收的功率

$$P_k = I_k U = \frac{G_k}{G} IU = G_k U^2$$

n 个电导吸收的总功率

$$P = \sum_{k=1}^{n} P_k = \sum_{k=1}^{n} G_k U^2 = GU^2$$

3. 电阻星形联结与三角形联结的等效变换

若一个电阻性二端网络,其内部若干个电阻的连接方式既有串联又有并联,称为电阻串并联电路。就端口特性而言,此二端网络可等效为一个电阻。

图 4.27(a)所示是桥式电路,且不具备参数对称条件,用串并联简化的办法求得端口 a、b 处的等效电阻是不可能的。如果能将连接在①、②、③三个端子间的 R_{12}、R_{23}、R_{31} 构成的三角形联结(也称△联结)电路等效变换为图 4.27(b)所示的由 R_1、R_2、R_3 构成的星形联结(也称 Y 联结)电路,则可方便地应用串并联简化的办法求得 a、b 端口的等效电阻,这就提出了 Y – △等效变换的问题。

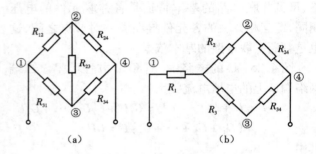

图 4.27　桥式电路
(a)桥式电路;(b)等效电路

如图 4.28(a)、(b)所示,两电路要求对外等效,R_1、R_2、R_3 三个 Y 联结电阻与 R_{12}、R_{23}、R_{31} 三个△联结电阻应满足什么关系?

一种简单的推导等效变换的办法是两电路在一个对应端子悬空的同等条件下,分别测图 4.28(a)、(b)两电路剩余两端子间的电阻,要求测得的电阻相等。

悬空端子③,可得

$$R_1 + R_2 = \frac{R_{12}(R_{23} + R_{31})}{R_{12} + R_{23} + R_{31}}$$

悬空端子②,可得

$$R_3 + R_1 = \frac{R_{31}(R_{12} + R_{23})}{R_{12} + R_{23} + R_{31}}$$

悬空端子①,可得

$$R_2 + R_3 = \frac{R_{23}(R_{12} + R_{31})}{R_{12} + R_{23} + R_{31}}$$

以上三式联立可得

$$R_1 = \frac{R_{12}R_{31}}{R_{12} + R_{23} + R_{31}}$$

$$R_2 = \frac{R_{12}R_{23}}{R_{12} + R_{23} + R_{31}} \Bigg\} \qquad (4.19)$$

$$R_3 = \frac{R_{23}R_{31}}{R_{12} + R_{23} + R_{31}}$$

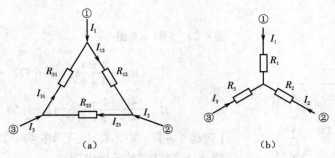

图4.28 △连接与Y连接的等效变换

(a)电路图;(b)等效电路

式(4.19)可方便地求得△联结电阻等效的Y联结电阻。反过来,由Y联结求等效△联结的公式可由式(4.19)两两相乘后相加,再分别除以式(4.19)三式中的每一个,得到

$$R_{12} = \frac{R_1R_2 + R_2R_3 + R_3R_1}{R_3}$$

$$R_{23} = \frac{R_1R_2 + R_2R_3 + R_3R_1}{R_1} \Bigg\} \qquad (4.20)$$

$$R_{31} = \frac{R_1R_2 + R_2R_3 + R_3R_1}{R_2}$$

式(4.19)和式(4.20)两组等效变换公式的规律十分明显,读者可自行归纳。

特例情况是若△联结的三个电阻相等,即

$$R_{12} = R_{23} = R_{31} = R_\triangle$$

等效变换后,Y联结的 R_1、R_2、R_3 必然相等,满足

$$R_1 = R_2 = R_3 = R_Y = \frac{1}{3}R_\triangle \qquad (4.21)$$

反过来,若 $R_1 = R_2 = R_3 = R_Y$,则等效的△联结电阻满足

$$R_{12} = R_{23} = R_{31} = R_\triangle = 3R_Y \qquad (4.22)$$

三、电阻元件电路的计算训练

【训练4.3】 图4.29(a)所示电路,求 a、b 两端口的等效电阻。

解:要判断串并联关系,先将电路中的节点标出,本例中对各电阻的连接来说,可标出 4 个节点 a、c、d、b,先求得 a、c 节点间的 R_1 与 R_2 并联为 1 Ω 的等效电阻,c、d 节点间的 R_3 与 R_4 并联的等效电阻为 2 Ω,其余保留,重画电路为图4.29(b),进一步的简化由末端向端口推算,得

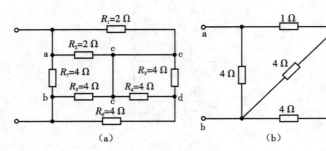

图 4.29　训练 4.3 图

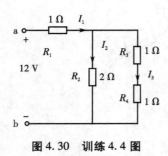

图 4.30　训练 4.4 图

$$R_{cb} = \frac{4 \times 4}{4 + 6} \Omega = 1.6\ \Omega$$

$$R_{ab} = \frac{4 \times (1 + 1.6)}{4 + (1 + 1.6)} \Omega = 1.58\ \Omega$$

【训练 4.4】　求图 4.30 所示电路中 R_4 上的功率 P_4。

解:a、b 端口间的等效电阻

$$R_{ab} = R_1 + \frac{R_2(R_3 + R_4)}{R_2 + R_3 + R_4} = 2\ \Omega$$

$$I_1 = \frac{U_{ab}}{R_{ab}} = \frac{12}{2} A = 6\ A$$

由分流关系可知

$$I_3 = \frac{R_2}{R_2 + R_3 + R_4} \times I_1 = 3\ A$$

R_4 上的功率

$$P_4 = R_4 I_3^2 = 9\ W$$

【训练 4.5】　如图 4.31(a)、(b)所示电路,求电路中 a、b 的端口的等效电阻。

在某些电路中,某两个或两个以上节点相对于任一电位参考点具有相同的电位情况,称为等电位点。等电位点是指在不改变电路连接关系的情况下,某两个或两个以上节点相对于任一电位参考点具有相同的电位情况。为了简化电路的计算,常在计算之前,直观判断电路的等电位点,这可以依据电路元件参数和连接方式上具有某种对称性来判断,如图 4.31(a)所示电路可在计算之前可判断 c、d 两点为等电位点。等电位点一经判断,则将等电位点之间断开或短接,均不会影响整个电路的计算。

图 4.31(b)与图 4.31(a)等效。从图 4.31(b)可求得

$$R_{ab} = \frac{(2 + 2)(8 + 8)}{(2 + 2) + (8 + 8)} \Omega = 3.2\ \Omega$$

由此可知图 4.31(a)的 $R_{ab} = 3.2\ \Omega$,而由串并联简化直接计算图 4.31(a)的 R_{ab} 是不可能的,因为它不是电阻串并联电路。

【训练 4.6】　求图 4.32(a)所示电路 a、b 两端间的电阻。

解:将 3 个 1 Ω 电阻组成的星形联结等效变换为三角形联结,可得图 4.32(b),由此得

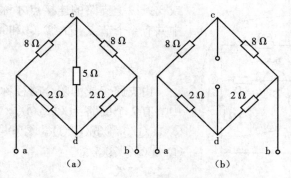

图 4.31 训练 4.5 图

$$R_{ab} = \frac{3 \times 1.5}{3 + 1.5} = 1 \ \Omega$$

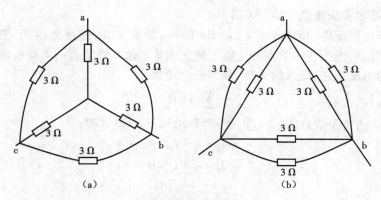

图 4.32 训练 4.6 图

任务二 电路基尔霍夫定律知识

电路元件的伏安特性反映元件本身的电压、电流关系,称为电路的元件约束。对电路分析而言,还必须掌握若干电路元件按各种方式连接之后,由连接关系支配的各支路电压之间和各支路电流之间应遵循的规律——电路的拓扑约束。表示电路拓扑约束关系的是基尔霍夫定律。

基尔霍夫定律是任何集总参数电路都适用的基本定律,它包括基尔霍夫电流定律和基尔霍夫电压定律。基尔霍夫电流定律描述电路中各电流之间的关系,基尔霍夫电压定律描述电路中各电压之间的关系。

一、电路中的几个专用名词

1. 支路

一般来说,电路中的每一个二端元件可视为一条支路。但是为了分析和计算上的方便,常常又把电路中流过同一电流的几个元件互相连接起来的分支称为一条支路,如图4.33中共有 6 条支路。

2. 节点

一般说来,元件之间的连接点称为节点,但若以电路中的每个分支作为支路,则 3 条

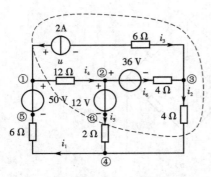

图 4.33　支路、节点、回路和网孔

或 3 条以上支路的连接点才称为节点。如图 4.33 中共有 4 个节点：①、②、③和④,而⑤、⑥不称为节点。

3. 回路

由支路组成的闭合路径称为回路。如图 4.33 中共有 7 个回路：①②⑥④⑤①,②③④⑥②,①②③①,①③④⑤①,①③②⑥④⑤①,①③④⑥②①,①②③④⑤①。

4. 网孔

将电路画在平面上,内部不含支路的回路称为网孔。如图 4.33 中的①②⑥④⑤①,②③④⑥②,①②③①是网孔,而①③④⑤①称为外网孔。

二、电路基尔霍夫电流定律(KCL)

基尔霍夫电流定律(Kirchhoff's Current Law),简称 KCL,陈述为：对于任何集总参数电路,在任一时刻,流出任一节点的支路电流之和等于流入该节点的支路电流之和。若规定流出节点的电流为正,流入的为负,数学表达式为

$$\sum i = 0 \tag{4.23}$$

对图 4.33 的 4 个节点①、②、③、④,可列出如下 KCL 方程：

$$-i_1 + i_3 + i_4 = 0$$
$$-i_4 + i_5 + i_6 = 0$$
$$i_2 - i_3 - i_6 = 0$$
$$i_1 - i_2 - i_5 = 0$$

KCL 的基本原理来自电流的连续性,即电路中任一节点在任一时刻均不能堆积电荷。因而,节点处流入的电流必然等于流出的电流。列写 KCL 方程时,可按电流的参考方向列,不必考虑电流的实际方向。

每一个节点的 KCL 方程,为连接到该节点的各支路电流施加了一条线性约束关系,比如对图 4.33 连到节点①的 3 条支路电流来说,i_1、i_3、i_4 只有两个是线性独立的,任意两个电流一经确定,剩余的一个就由之而确定了。

KCL 方程不仅适用于节点,也适用于任意假想的封闭面,即流出任一封闭面的电流之和必然等于流入该封闭面的电流之和,如对于图 4.33 虚线表示的封闭面,可写出 KCL 方程

$$i_2 - i_3 - i_4 + i_5 = 0$$

此方程可由封闭面内②、③两节点的 KCL 方程相加而得到。若某一电路的两个分离部分之间只有一条连接导线(图 4.34),据 KCL 方程可知,此连接导线中的电流 i 必然为零。

三、基尔霍夫电压定律(KVL)

基尔霍夫电压定律(Kirchhoff's Voltage Law),简称 KVL,陈述为：对于任何集总参数电路的任一回路,在任一时刻,沿该回路全部支路电压的代数和等于零。数学表达式为

$$\sum U = 0 \qquad\qquad (4.24)$$

在列写回路的 KVL 方程时,先选定回路的绕行方向,规定凡支路电压参考方向与回路绕行方向一致时为正,相反时为负。如对于图 4.33 的①②③④⑤①回路,选顺时针为回路绕行方向,设支路电流序号就是支路序号,支路电压电流参考方向相关联,则其 KVL 方程表示为

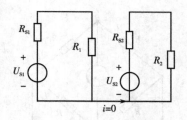

图 4.34　KCL 的应用

$$u_4 + u_6 + u_2 + u_1 = 0$$

同 KCL 方程一样,列写 KVL 方程时,不必考虑各支路电压的实际方向。

KVL 方程来源于电路中任一节点的电位具有单值性,即单位正电荷沿任一闭合路径移动一周,其能量不改变,这表明 KVL 方程是能量守恒定律的体现。

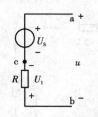

图 4.35　KCL 的推广应用

KVL 方程可以推广应用于电路中的假想回路,如图 4.35 中的假想回路 abca,其中 ab 段未画出支路,设其电压为 u,则顺时针绕行一周,按图中各电压的参考方向可列出

$$u + u_1 - u_S = 0$$

或

$$u = u_S - u_1$$

即电路中任意两点间的电压等于这两点间沿任意路径各段电压的代数和。

KVL 方程给回路内各段电压施加了线性约束,假定某回路由 k 个元件(或支路)组成,则只有 $k-1$ 个元件(或支路)电压是独立的。

综上所述,可以看到:

(1)KCL 对电路中任一节点(或封闭面)的各支路电流施加了线性约束;

(2)KVL 对电路中任一回路(或闭合节点序列)的各支路电压施加了线性约束;

(3)KCL 和 KVL 适用于任何集总参数电路,与电路元件的性质无关;

(4)只要给出电路支路与节点的连接关系(拓扑关系),即可列出相应的 KCL 和 KVL 方程。

五、电路基尔霍夫定律计算训练

【训练 4.7】　在图 4.36 所示电路中,$i_1 = 0.01$ μA,$i_2 = 0.3\ \mu A$,$i_5 = 9.61\ \mu A$,求电流 i_3、i_4 和 i_6。

解:在 a 点由 KCL 知,$i_3 = i_1 + i_2 = 0.31\ \mu A$;

在 b 点,$i_4 = i_5 - i_3 = 9.30\ \mu A$;

在 c 点,$i_6 = i_2 + i_4 = 9.60\ \mu A$。

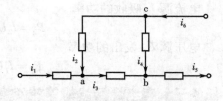

图 4.36　训练 4.7 图

【训练 4.8】　图 4.37 是单臂电桥电路,G 是检流计,U_S 是电源,如果检流计指示为零,问 R_1、R_2、R_3、R_4 的关系如何?

解:检流计指示为零,则该支路电流为零,可将该支路断开,即开路。由 KCL,对于 b、d 两节点分别得

$$I_1 = I_2$$

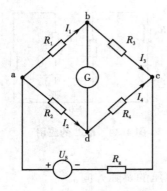

图 4.37　训练 4.8 图

$$I_3 = I_4$$

由题意可知 b、d 两点等电位，可以把两点短路，对回路 abda、bcdb 分别应用 KVL，有

$$R_1 I_1 - R_3 I_3 = 0$$
$$R_2 I_2 - R_4 I_4 = 0$$

把上述二式相比，再将电流关系代入，得

$$\frac{R_1}{R_2} = \frac{R_3}{R_4}$$

上述结果即为单臂电桥平衡条件。

【训练 4.9】　图 4.38 所示直流电路，试求各支路电流 I_1、I_2、I_3，并以 d 点为电位参考点，求 a、b、c 三点的电位 V_a、V_b、V_c，再求三电源各自的功率。

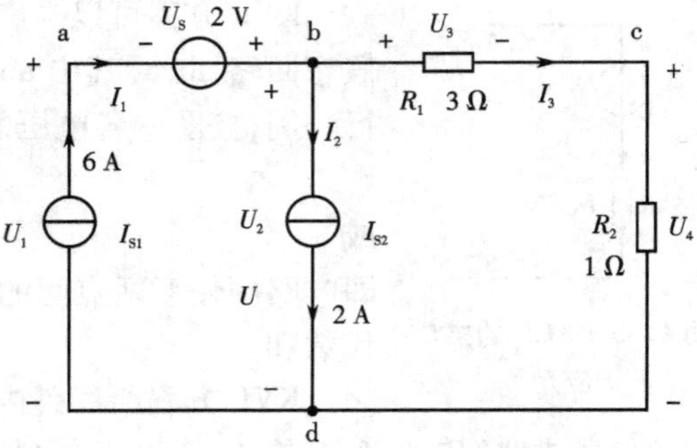

解：由 KCL 知

$$I_1 = I_{S1} = 6 \text{ A}$$
$$I_2 = I_{S2} = 2 \text{ A}$$
$$I_3 = I_1 - I_2 = 4$$

由电阻元件的 VCR 知

$$U_3 = R_1 I_3 = 3 \times 4 \text{ V} = 12 \text{ V}$$
$$U_4 = R_2 I_3 = 1 \times 4 \text{ V} = 4 \text{ V}$$

以 d 点为参考点，有

$$V_c = U_4 = 4 \text{ V}$$
$$V_b = V_c + U_3 = 16 \text{ V}$$

图 4.38　训练 4.9 图

$$V_a = V_b - U_S = 14 \text{ V}$$

由 KVL 知

$$U_2 = V_b = 16 \text{ V}$$
$$U_1 = V_a = 14 \text{ V}$$

电流源 I_{S1} 发出的功率

$$P_1 = I_1 U_1 = 6 \times 14 \text{ W} = 84 \text{ W}$$

电流源 I_{S2} 吸收的功率

$$P_2 = I_2 U_2 = 2 \times 16 \text{ W} = 32 \text{ W}$$

电压源 U_S 发出的功率

$$P_3 = I_1 U_S = 6 \times 2 \text{ W} = 12 \text{ W}$$

任务三　有电源网络的等效变换和计算训练

一、实际电源模型的等效变换

1. 电源等效变换

用等效变换方法来分析电路，不仅需要对负载进行等效变换，还常常需要对电源进行等效变换。前面已讨论了实际电源的两种电路模型，图 4.39(a) 和 (b) 分别是这两类实际电源的电路模型。当所关心的问题是电源对外电路的影响，而不是电源内部情况时，我们来讨论图 4.39(a)、(b) 所示两电源模型满足何种条件时对外电路等效。

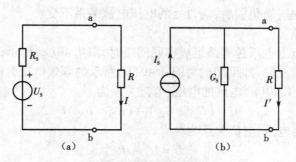

图4.39 电源等效变换
(a)电压源电路;(b)电流源电路

将同一负载电阻 R,分别接在图4.39(a)、(b)两电源模型上,若两电源对外等效,则 R 上应得到相同的电压、电流。

接入图4.39(a)时,有

$$I = \frac{U_S}{R_S + R} = \left(\frac{R_S}{R_S + R}\right)\frac{U_S}{R_S}$$

接入图4.39(b)时,有

$$I' = \frac{\frac{1}{G_S}}{\frac{1}{G_S} + R}I_S$$

2.电源的两种模型等效变换的条件

图4.39(a)和(b)中,令 $I = I'$,可得到实际电源的两种模型等效变换的条件

$$\left.\begin{array}{l} G_S = \dfrac{1}{R_S} \\ I_S = \dfrac{U_S}{R_S} \end{array}\right\} \tag{4.25}$$

或

$$\left.\begin{array}{l} G_S = \dfrac{1}{R_S} \\ U_S = \dfrac{I_S}{G_S} \end{array}\right\} \tag{4.26}$$

这里需要指出的是,两电源模型进行等效变换时,其参考方向应满足图4.39的关系,即 I_S 的参考方向应由 U_S 的负极指向正极。

如两电源均以电阻表示内阻,则等效变换时内阻不变。理想电源不能进行电压源、电流源等效变换。等效变换只是对外等效,电源内部并不等效,如内阻上的功率损耗并不相等。以负载开路为例,电压源模型的内阻消耗的功率等于零而电流源模型的内阻消耗的功率为 $\frac{1}{G_S}I_S^2$。

二、有源网络的简化

在电路分析时,常常遇到几个电压源支路串联,几个电流源支路并联或是若干个电压源、电流源支路既有串联又有并联构成的单口网络,对外电路而言,面临如何进行等效简化的问题。在没有介绍戴维南定理之前,下面应用电源的等效变换和 KCL、KVL 解决这

一问题,简化的原则是:简化前后,端口处的电压电流关系不变。

1. 等效的电压源

当两个或两个以上电压源支路组成串联网络时,图4.40(a)所示,有源网络可以简化为一个等效的电压源支路,即可简化为图4.40(b)所示的等效电压源电路。

对端口而言,图4.40(a)电路的电压、电流关系为

$$U = (U_{S1} + U_{S2}) - (R_{S1} + R_{S2})I$$

图4.40(b)电路电压、电流关系为

$$U = U_S - IR$$

要两电路完全等效,须满足

$$U_S = U_{S1} + U_{S2}$$
$$R_S = R_{S1} + R_{S2}$$

2. 等效的电流源

当两电流源组成并联电路时,如图4.41(a)所示。有源网络可以简化为一个等效的电流源支路,即可简化为图4.41(b)所示的等效电流源电路。

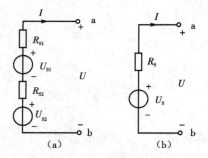

图4.40 电压源串联电路简化
(a)电压源串联电路;(b)等效电路

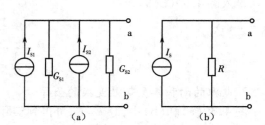

图4.41 电流源并联电路简化
(a)电流源并联电路;(b)等效电路

同样,由端口电压电流关系不变的原则可简化为图4.41(b)的单电流源电路。图4.41(b)电流源的参数,应满足

$$I_S = I_{S1} + I_{S2}$$
$$G_S = G_{S1} + G_{S2}$$

3. 两电压源并联或两实际电流源串联网络的等效

当两实际电压源并联或两实际电流源串联时,可先利用电源变换将问题变为两实际电流源并联或两实际电压源串联的问题,而后再利用上述办法简化为一个单电源支路。

由 KVL 可知,两理想电压源并联的条件是 $U_{S1} = U_{S2}$,对分析外电路而言,任何与理想电压源并联的支路对端口电压将不起作用。同理,由 KCL 可知,两理想电流源串联的条件是 $I_{S1} = I_{S2}$,对分析外电路而言,任何与理想电流源串联的支路将对端口电流不产生影响。

利用电源变换和有源支路简化的办法,可以方便地对电路进行计算,下面举例说明。

三、电源的等效变换和计算训练

【训练4.10】 求图4.42(a)电路的电流 I 和 I_x。

解:将两电流源变换为电压源,如图4.42(b)所示。再将12 V电压源先变换为电流源,此时两个4 Ω电阻并联等效为2 Ω,接着将此电流源变换为6 V与2 Ω串联的实际电

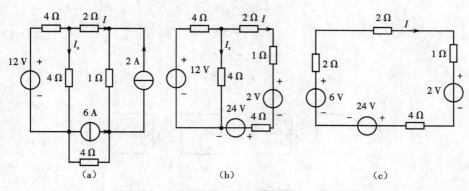

图 4.42　训练 4.10 图

压源模型,如图 4.42(c)所示。

这样得到一个单回路,由 KVL 可知

$$2I + 2I + I + 4I + 2 + 24 - 6 = 0$$

所以

$$I = \frac{6 - 24 - 2}{2 + 2 + 1 + 4} \text{ A} = -2.22 \text{ A}$$

由图 4.42(b)及 KVL 得

$$I_x = \frac{2I + I + 2 + 4I + 24}{4} \text{ A} = 2.61 \text{ A}$$

任务四　受控源等效变换

受控源作为电路元件是随着电子技术的发展而引入电路理论的。在电子线路中,各种晶体管、运算放大器等多端器件被广泛应用。这些多端器件的某些端钮的电压或电流受到另外一些端钮电压或电流的控制,如晶体管的集电极电流受到基极电流的控制,运算放大器的输出电压受到输入电压的控制等。为区别起见,把前面介绍的参数为定值或一定的时间函数的电源称为独立电源,而受控源的电压或电流却是电路中其他部分电压或电流的函数。此处只介绍线性受控源,其电压或电流是电路中其他部分电压或电流的一次函数。

一、受控源等效变换

1. 受控源图形符号

受控源一般由两条支路对外引出两个端口构成,一对为输出端钮或称为受控端,是对外提供电压域电流的;另一对为输入端钮或称为控制端,是施加控制量的端钮,所施加的控制量可以是电流也可以是电压。输出端是电压的称为受控电压源,受控电压源又按其输入端的控制量是电压还是电流分为电压控制电压源(VCVS)和电流控制电压源(CCVS)。输出端是电流的称为受控电流源,同样,受控电流源也按其输入端控制量是电压还是电流分为电压控制电流源(VCCS)和电流控制电流源(CCCS)。

图 4.43(a)、(b)、(c)、(d)分别给出这四种受控电源的电路符号。上述四个受控源的特性分别为

$$
\left.\begin{array}{l}
u_2 = \mu u_1 \\
u_2 = \gamma i_1 \\
i_2 = -g u_1 \\
i_2 = -\beta i_1
\end{array}\right\} \tag{4.27}
$$

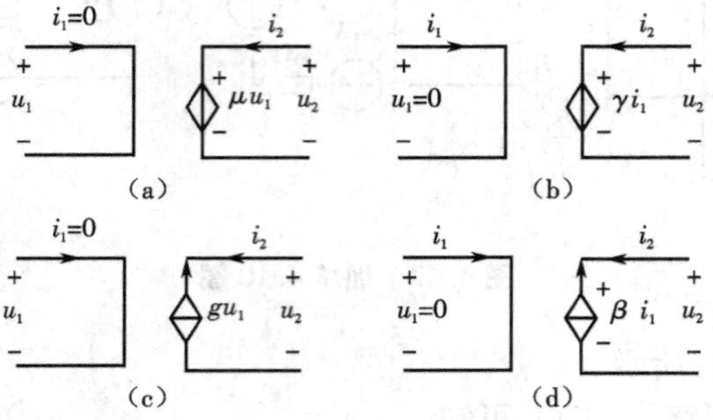

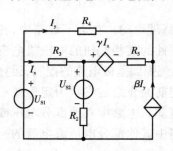

图 4.43 受控源

(a) VCVS；(b) CCVS；(c) VCCS；(d) CCCS

式(4.27)中的 μ 和 β 是无量纲的常数；γ 具有电阻的量纲；g 具有电导的量纲。μ、γ、g、β 分别称为转移电压比、转移电阻、转移电导和转移电流比。由上述四种受控源的特性可见，输出端的电压或电流不是独立存在的，而是受输入端的电压或电流控制的。当输入端的控制量为零时，输出端的电源电压或电流亦为零。

在绘制含受控源的电路图时，有时不是很明显地表示出受控源定义中所说的两个端口，但控制量（电压或电流）和受控量必须明确标出。

图 4.44 是一含受控源的电路。分析计算时，首先要弄清受控源是受控电压源还是受控电流源，每个受控电源的控制量在哪里，控制量是电压还是电流。其次要观察受控电压源是否有串联电阻，受控电流源是否有并联电阻。同独立电源一样，凡是有串联电阻的受控电压源和有并联电阻的受控电流源称为实际受控源，而无串联电阻的受控电压源和无并联电阻的受控电流源，称为理想受控源。因此，图 4.44 中 γI_x 与 R_5 串联为实际电流控制电压源，而 βI_y 是理想电流控制电流源。

图 4.44 含受控源电路

2. 受控源的等效变换

上一节介绍的实际电源的两种模型之间的等效变换可以用来解决电压源和电阻串联单口与电流源和电阻并联单口之间的等效变换。与此类似，一个受控电压源（仅指受控支路，以下同）和电阻串联的单口，也可以与一个受控电流源和电阻并联单口进行等效变换。变换的办法是将受控源当作独立源一样进行变换。但在变换过程中一定要把握受控源的控制量在变换前后不变。

3. 含受控源单口网络的简化

此处的含受控源单口网络是指单口网络内部只含有受控源和电阻，不含独立电源的情况，就端口特性而言，所有这样的单口总可以对外等效为电阻，其等效电阻值等于端口处加一个电压源的电压和由此而引起的端口电流的比值,下面由训练4.11举例说明。

二、受控源等效变换

【**训练**4.11】 将图4.45(a)的受控电压源变换为受控电流源。

解:因受控电压源有串联电阻,故可采用等效变换的办法,求得等效电流源参数为 $\dfrac{Au_x}{R}$,内电阻仍为R。等效的受控电流源模型如图4.45(b)所示。

【**训练**4.12】 将图4.46(a)所示的CCCS电路等效变换为CCVS电路。

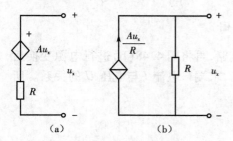

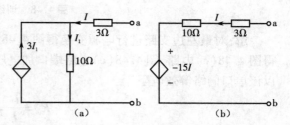

图4.45 训练4.11图 　　　　　图4.46 训练4.12图

解:将受控电流源与并联的10 Ω电阻变换为受控电压源时,控制量I_1将被消去,因此,需先将I_1转化为不会消去的电流I,即找到I_1与I的关系,用I来作受控源的控制量。由KCL得

$$I = I_1 - 3I_1 = -2I_1 \quad 或 \quad I_1 = -\frac{1}{2}I$$

故受控电流源可以表示为

$$3I_1 = 3 \times \left(-\frac{1}{2}I \right) = -1.5\,I$$

而其等效的受控电压源为

$$-1.5I \times 10 = -15\,I$$

串联电阻仍为10 Ω,因此可得到图4.46(b)所示的受控电压源电路。

注意:本题受控源的控制量恰好是并联内阻上的电流,电源变换前后内阻上的电流是不相等的,因此,要作上述受控源的控制量转化的工作。

【**训练**4.13】 求图4.47(a)所示单口网络的等效电阻。

解:设想在端口处加电压源U,求U与I_1的关系

$$U = RI_2, \quad I_2 = I_1 - \beta I_1$$

则

$$U = R(I_1 - \beta I_1) = (1 - \beta)RI_1$$

从而求得单口网络的等效电阻

$$R_0 = \frac{U}{I_1} = (1 - \beta)R$$

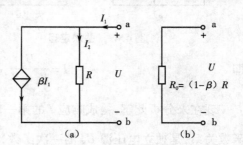

图4.47 训练4.13图

即图4.47(b)所示电路的端口特性等效于图4.47(a)所示的电路。

【训练4.14】 求图4.48(a)所示电路的等效电阻。

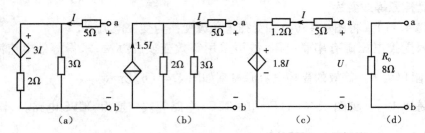

图4.48　训练4.14图

解：对最左边支路进行电源变换得图4.48(b)电路,再将图4.48(b)进行电源变换后得图4.48(c)电路,图4.48(c)电路端口加电压U后,求端口电流I与电压U的关系。所以该单口网络等效电阻

$$R_0 = \frac{U}{I} = 8 \ \Omega$$

对于含受控源(无独立源)单口网络求等效电阻的方法可归纳为：首先在端口处外加理想电压源,电压为U,从而引起端口输入电流I；然后根据 KVL、KCL 及欧姆定律列写电路方程,整理后找出U与I的比值,从而求得等效电阻。对于较复杂的电路,可对电路进行等效简化后再求等效电阻。注意简化电路时应保留控制支路,以免造成解题的困难。

任务五　用叠加定理、替代定理计算电路

一、叠加定理内容

叠加定理是线性电路中一条十分重要的定理,它不仅可以用来计算电路,更重要的是可以建立响应与激励之间的内在关系,还可以证明下一节将介绍的戴维南定理和诺顿定理。

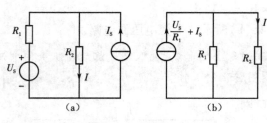

图4.49　叠加定理

如图4.49(a)所示电路,以电源变换的办法来求电路中的I,将U_S与R_1变换为电流源,再将两并联理想电流源合并,得到图4.49(b)所示电路,由分流关系求得

$$I = \left(\frac{U_S}{R_1} + I_S \right) \frac{R_1}{R_1 + R_2}$$

即

$$I = \frac{U_S}{R_1 + R_2} + \frac{R_1}{R_1 + R_2} I_S = I' + I''$$

现在来分析此解,构成响应I的第一部分分量为$I' = \dfrac{U_S}{R_1 + R_2}$,此分量与独立电流源无函数关系,是独立电压源$U_S$的一次函数,其实质是将一个独立电源$I_S$置零后(即$I_S$不作用,只有$U_S$单独作用时),在$R_2$电阻支路产生的响应；构成响应$I$的第二部分分量为$I'' = \dfrac{R_1}{R_1 + R_2} I_S$,是将独立电压源$U_S$置零(即$U_S$不作用,只有$I_S$单独作用时),在$R_2$电阻支路

产生的响应。可见,电阻 R_2 上的电流是两个独立电源分别单独作用在 R_2 上产生的电流响应的叠加。

叠加定理可陈述为:对于线性电路,任一瞬间、任一处的电流或电压响应恒等于各个独立电源单独作用时在该处产生的响应的叠加。

使用叠加定理时,应注意以下几个问题:

(1)该定理只适用于线性电路;

(2)叠加定理实质上包含"加性"和"齐性"两重含义,所谓"齐性"是指某一独立电源扩大 K 倍或缩小 $\frac{1}{K}$ 时,该独立电源单独作用所产生的响应分量亦扩大 K 倍或缩小 $\frac{1}{K}$;

(3)作为激励源即独立电源一次函数的响应电压、电流可叠加,但功率是电压或电流的平方,是激励源的二次函数,不可叠加;

(4)求某一独立电源单独作用在某处产生的响应分量时,其余独立电源应去除,将电压源去除,是将其短接,将电流源去除,是将其开路,也就是说,去除电源意味着将该电源的参数置零;

(5)应用叠加定理时,要注意各电源单独作用时所得电路各处电流、电压的参考方向应与原电路各电源共同作用时各处所对应的电流、电压的参考方向一致;

(6)叠加时只对独立电源产生的响应叠加,受控源在每个独立电源单独作用时都应在相应的电路中保留,即应用叠加定理时,受控源要与电阻一样看待。

二、替代定理内容

在一个电路中,能否将某一电路元件用其他形式的电路元件来替换,而整个电路其余各部分的工作状态不改变?若能替换,那么所用的替换元件与被替换元件之间应遵循什么规则?这就是替代定理要阐述的内容。

替代定理可陈述为:在任一电路中,第 K 条支路的电压和电流为已知的 U_K 和 I_K,则不管该支路原为什么元件,总可以用以下三元件中任一元件替代,替代前后,电路各处电流电压不变:

(1)电压值为 U_K 且方向与原支路电压方向一致的理想电压源;

(2)电流值为 I_K 且方向与原支路电流方向一致的理想电流源;

(3)电阻值为 $R = \dfrac{U_K}{I_K}$ 的电阻元件。

由于替代前后,电路各处的 KCL、KVL 方程保持不变,故替代前后,电路各处的电流、电压不变,替代定理的实质来源于解的唯一性定理。即以各支路电压或电流为未知量所列出的方程是一个代数方程组,这个代数方程组只要存在唯一解,则将其中一个未知量用其解去替代,不会影响其余未知量的值。还需要特别指出的是,使用替代定理时,并不要求电路一定是线性电路

三、叠加定理、替代定理计算电路训练

【训练4.15】 图4.50所示电路,已知 $U_{S1} = U_{S2} = 5$ V 时,$U = 0$;$U_{S1} = 8$ V,$U_{S2} = 6$ V 时,$U = 4$ V。求 $U_{S1} = 3$ V,$U_{S2} = 4$ V 时 U 的值。

解:设 U_{S1} 和 U_{S2} 单独作用时,在 R 上产生的电压响应分别为 U' 和 U'',则有 $U' = K_1 U_{S1}$,$U'' = K_2 U_{S2}$,K_1 和 K_2 为比例常数。由叠加定理可得

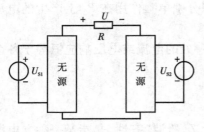

图 4.50　训练 4.15 图

$$U = K_1 U_{S1} + K_2 U_{S2}$$

根据已知条件,则有

$$0 = K_1 \times 5 + K_2 \times 5$$
$$4 = K_1 \times 8 + K_2 \times 6$$

联立求解以上两式,得 $K_1 = 2$, $K_2 = -2$。由此,当 $U_{S1} = 3\ \text{V}$, $U_{S2} = 4\ \text{V}$ 时,可得

$$U = 2 \times 3 - 2 \times 4 = -2\ \text{V}$$

【训练 4.16】　图 4.51(a) 所示电路,试用叠加定理求 4 V 电压源发出的功率。

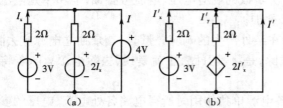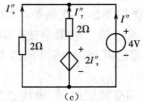

图 4.51　训练 4.16 图

解:功率不可叠加,但可用叠加定理求 4 V 电压源支路的电流 I,再由 I 求电压源的功率。

3 V 电压源单独作用的电路如图 4.51(b),由此电路可得

$$I_x' = \frac{3}{2}\ \text{A}$$

$$I_y' = \frac{2I_x'}{2} = \frac{3}{2}\ \text{A}$$

$$I' = -(I_x' + I_y') = -3\ \text{A}$$

4 V 电压源单独作用的电路如图 4.51(c) 所示,由此电路得

$$I_x'' = -\frac{4}{2} = -2\ \text{A}$$

$$I_y'' = \frac{2I_x'' - 4}{2} = -4\ \text{A}$$

$$I'' = -(I_x'' + I_y'') = 6\ \text{A}$$

由叠加定理可得两电源共同作用时

$$I = I' + I'' = -3 + 6 = 3\ \text{A}$$

4 V 电压源发出的功率

$$P = UI = 4 \times 3 = 12\ \text{W}$$

【训练 4.17】　图 4.52 所示电路,求各支路电流。

分析:由线性电路的齐性性质可知,一独立电源扩大 K 倍或缩小 $\frac{1}{K}$ 时,它所产生的响应分量也扩大 K 倍或缩小 $\frac{1}{K}$。本题只有一个独立电源作用,因此,可设 $I_5' = 1\ \text{A}$,倒推到激励源处求得相应的 U_S',由 $\frac{U_S}{U_S'} = K$,再反推计算每一支路电流。

解：设 $I'_5 = 1$ A，则 $I'_4 = 2$ A，$I'_3 = I'_4 + I'_5 = 3$ A，

$I'_2 = \dfrac{3I'_3 + 2I'_4}{1} = 13$ A，$I'_1 = I'_2 + I'_3 = 16$ A，从而

$$U'_S = 3I'_1 + I'_2 = 48 + 13 = 61 \text{ V}$$

则

$$K = \frac{U_S}{U'_S} = \frac{100}{61} = 1.64$$

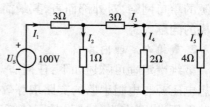

图4.52 训练4.17图

由齐性性质得

$$I_1 = K \times I'_1 = 26.24 \text{ A}$$
$$I_2 = K \times I'_2 = 21.32 \text{ A}$$
$$I_3 = K \times I'_3 = 4.92 \text{ A}$$
$$I_4 = K \times I'_4 = 3.28 \text{ A}$$
$$I_5 = K \times I'_5 = 1.64 \text{ A}$$

此题的求解办法亦称为单元电流法或倒推法。

【训练4.18】 求图4.53所示电路中的 R 值。

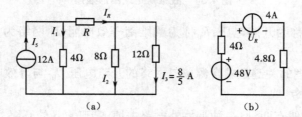

图4.53 训练4.18图

解：由分流关系得

$$I_2 = \frac{12}{8}I_3 = \frac{12}{8} \times \frac{8}{5} = \frac{12}{5} \text{ A}$$

$$I_R = I_2 + I_3 = \frac{12}{5} + \frac{8}{5} = 4 \text{ A}$$

用 4 A 的理想电流源替代 R 可得图4.53(b)所示电路，由此电路求得

$$U_R = 48 - (4 + 4.8) \times 4 = 12.8 \text{ V}$$

$$R = \frac{U_R}{4} = 12.8/4 = 3.2 \text{ } \Omega$$

任务六 用戴维南定理、诺顿定理计算电路

一、戴维南定理

1.电路单口网络

所谓单口电路网络是指一个电路网络对外引出两个端钮，构成一个端口，此网络及其对外引出的一个端口共同称作单口网络。由 KCL 可知，构成端口的两个端钮电流必然相等。一个内部不含独立电源的单口网络，对外可以等效为一个电阻 R_0，其电阻值满足 $R_0 = U/I$，其中 U 和 I 分别是端口的电压和电流。本节要讨论的是，一个电路内部含有独立

电源的单口网络,对外部而言,其最简等效电路是什么。这就是戴维南定理和诺顿定理要解决的问题。

2. 戴维南定理内容

戴维南定理可陈述如下:任何一个线性有源二端网络,对外电路而言,总可以用一个理想电压源与电阻串联的支路来等效代替,此电压源的电压等于原来的有源二端网络的开路电压,串联电阻(内阻)的阻值等于原单口网络所有独立源零置后从端口看进去的等效电阻。戴维南定理用图形描述如图4.54所示。

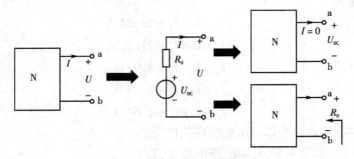

图4.54 戴维南定理图形描述

图4.54中 U_{0C} 称为开路电压, R_0 称为戴维南等效电阻,N 网络为含独立电源单口网络。

应用戴维南定理的关键是求含源单口网络的开路电压 U_{0C} 与等效电阻 R_0。

1) U_{0C} 的求取方法

U_{0C} 求取方法一般有两种:一种是将外电路去掉,端口 a、b 处开路,由 N 网络计算开路电压 U_{0C};另一种办法是实验测量的办法,即将 a、b 端口开路,测量开路处的电压 U_{0C}。

2) R_0 的求取办法

(1)测量法求取 R_0。测量法是在测得 U_{0C} 的基础上,再将 a、b 端口短接,测得短接处的短路电流 I_{SC},则 $R_0 = \dfrac{U_{0C}}{I_{SC}}$。

(2)计算法求取 R_0。

①在计算 a、b 端口开路的开路电压 U_{0C} 之后,将 a、b 端口短接,求短接处的短路电流 I_{SC},从而 $R_0 = \dfrac{U_{0C}}{I_{SC}}$。

②去掉 N 网络内部的独立电源,用串并联简化和 Y—△ 变换等办法计算从 a、b 端口看进去的等效电阻 R_0。

③去掉 N 网络内部的独立电源,在 a、b 端口处加电压源 U,求端口处电流 I,则 $R_0 = \dfrac{U}{I}$,或在端口加电流源 I,求端口处电压 U,从而得到 R_0。

值得指出的是,遇到含受控源的电路求戴维南等效电路的 R_0 时,只能用上述①、③两种方法,且同叠加定理一样,受控源要同电阻一样看待,去掉独立源时,受控源同电阻一样保留。

二、诺顿定理内容

诺顿定理同样是用来解决含源单口网络的对外等效电路的,此定理可陈述为:任一线性含源单口网络,对外而言,可简化为一实际电源的电流源模型,此实际电源的理想电流源参数等于原单口网络端口处短路时的短路电流,其内电导等于原单口网络去掉内部独立源后,从端口处得到的等效电导。

可见,一线性单口网络,其戴维南等效电路与诺顿等效电路之间满足电源变换的要求。诺顿等效电路的短路电流和内电导的求取办法也类似于戴维南电路。

戴维南定理与诺顿定理又称为等效电源定理。

三、戴维南定理、诺顿定理计算电路训练

1. 戴维南定理计算电路训练

【训练4.19】 图4.55(a)所示电路,当 R 分别为 $1\ \Omega$、$3\ \Omega$、$5\ \Omega$ 时,求相应 R 支路的电流 I。

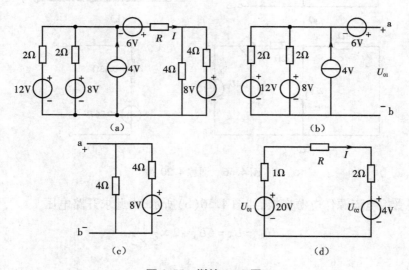

图 4.55 训练 4.19 图

解:求 R 以左单口网络的戴维宁等效电路,由图4.55(b)经电源的等效变换可知,开路电压

$$U_{01} = 6 + \frac{6 + 4 + 4}{\frac{2 \times 2}{2 + 2}} = 20 \text{ V}$$

此电路中无受控源,去掉电源后串并联简化求得

$$R_{01} = 1\ \Omega$$

图4.55(c)是 R 以右单口网络,由此电路可求得开路电压

$$U_{02} = \frac{8}{4 + 4} \times 4 = 4 \text{ V}$$

入端内阻 $\qquad\qquad R_{02} = 2\ \Omega$

再将上述两戴维南等效电路与 R 相接得图 4.55(d)所示电路,由此,可容易求得

$R = 1\ \Omega$ 时 $\qquad\qquad I = \frac{20 - 4}{1 + 1 + 2} = 4 \text{ A}$

$R = 3\ \Omega$ 时 $\qquad I = \dfrac{20-4}{1+2+3} = 2.67\ \text{A}$

$R = 5\ \Omega$ 时 $\qquad I = \dfrac{20-4}{1+2+5} = 2\ \text{A}$

【训练 4.20】 求图 4.56(a)所示电路的戴维南等效电路。

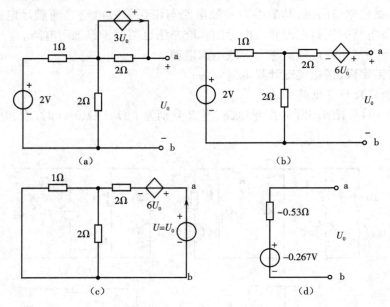

图 4.56 训练 4.20 图

解:将受控电流源作电源变换,如图 4.56(b)所示,由此求开路电压

$$U_{0\text{C}} = U_0 = 6U_0 + 2 \times \dfrac{1}{3 \times 2}$$

可得 $\qquad U_0 = -\dfrac{4}{15}\ \text{V}$

则 $\qquad U_{0\text{C}} = -0.267\ \text{V}$

求输入电阻 R_0。利用去掉内部独立电源,端口加电压 U 求端口电流的办法,如图 4.56(c)所示,求得

$$I = \dfrac{-5U}{2\dfrac{2}{3}} = -\dfrac{15}{8}U$$

$$R_0 = \dfrac{U}{I} = -0.53\ \Omega$$

最后求得本题的戴维南等效电路,如图 4.56(d)所示。本例中出现负电阻是含受控源电路可能出现的情况。

2. 诺顿定理计算电路训练

【训练 4.21】 用诺顿定理求图 4.57(a)所示电路中的电流 I。

解:由图 4.57(b)求短路电流 I_{SC}。

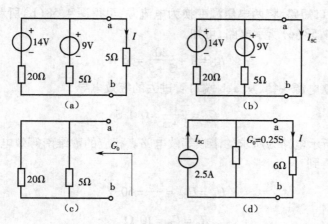

图 4.57 训练 4.21 图

$$I_{SC} = \frac{14}{20} + \frac{9}{5} = 2.5 \text{ A}$$

由图 4.57(c)求得等效内电导为

$$G_0 = \frac{1}{20} + \frac{1}{5} = 0.25 \text{ S}$$

作出 a、b 以左电路的诺顿等效电路,并连接 6 Ω 电阻,得图 4.57(d)所示电路,从而得

$$I = 2.5 \times \frac{\dfrac{1}{0.25}}{\dfrac{1}{0.25} + 6} = 1 \text{ A}$$

【训练 4.22】 求图 4.58(a)所示电路的诺顿等效电路和戴维南等效电路。若在该电路端口 a、b 处接一负载电阻 R,求 R 为何值时,可从电路获得最大功率,并求此最大功率。

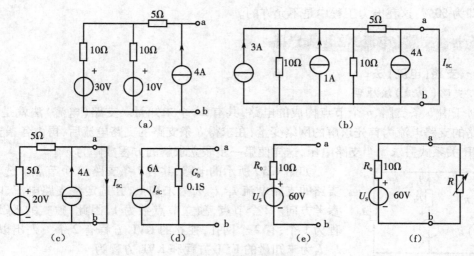

图 4.58 训练 4.22 图

解: 将 a、b 端口短路,将两电压源变换为电流源,可得图 4.58(b)所示电路,经简化和电源变换后得图 4.58(c)所示电路,可知

$$I_{SC} = 4 + \frac{20}{5+5} = 6 \text{ A}$$

将图中各独立电源去掉,从 a、b 端口看进去的等效电导

$$G_0 = \frac{1}{5+5} = 0.1 \text{ S}$$

图 4.58(d)所示电路为所求的诺顿等效电路。相应的戴维南等效电路可由诺顿等效电路经电源变换得到

$$U_S = U_{OC} = \frac{I_{SC}}{G_0} = 60 \text{ V}$$

$$R_0 = G_0 = 10 \text{ } \Omega$$

见图 4.58(e)。将可调负载电阻 R 接于 a、b 端口,得图 4.58(f)电路。负载电阻 R 吸收的功率为

$$P = RI^2 = \frac{U_S^2 R}{(R_0 + R)^2}$$

R 变化时,要使 P 最大,应满足 $\dfrac{\mathrm{d}P}{\mathrm{d}R} = 0$。

$$\frac{\mathrm{d}P}{\mathrm{d}R} = U_S^2 \frac{(R_0 + R)^2 - 2(R_0 + R)R}{(R_0 + R)^4} = \frac{U_S^2(R_0 - R)}{(R_0 + R)^3} = 0$$

由此得出,当 $R = R_0$ 时,本题中当 $R = 10 \text{ } \Omega$ 时,负载获得最大功率

$$P_{max} = \frac{U_S^2}{4R_0} = \frac{60^2}{4 \times 10} = 90 \text{ W}$$

由本例可见,线性二端网络外接电阻 R 获得最大功率的条件是 R 等于二端网络的戴维南等效电路的电阻,即 $R = R_0$。满足此条件时,又称负载与电源匹配。在电信工程中,由于信号一般很弱,常要求从信号源获得最大功率,因而必须满足匹配条件,但此时,传输效率却为 50%,这在电力工程中是不允许的。

任务七 支路(电流)法计算电路

一、支路(电流)法

1. 支路(电流)法原理

对于由 b 条支路、n 个节点构成的电路,共有 $2b$ 个未知量。支路(电流)法就是以 b 条支路的支路电流为首先求解的网络变量,在求得 b 条支路的支路电流后,再由各条支路的 VCR 关系式去求 b 个支路电压,这样使第一步联立求解的方程数降为 b 个。

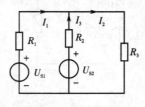

图 4.59 支路电流法

如图 4.59 所示的电路,共有 3 条支路、2 个节点。选 3 条支路的支路电流 I_1、I_2、I_3 为未知量,并选定各支路电流、电压参考方向。2 个节点,独立节点数为 1,因此,独立的 KCL 方程为 1 个;有 2 个网孔,独立的 KVL 方程有 2 个。列出以 I_1、I_2、I_3 为未知量的 KCL 方程和 KVL 方程为

$$\left.\begin{array}{ll} \text{KCL} & -I_1 - I_2 + I_3 = 0 \\ \text{KVL} & R_1 I_1 - R_2 I_2 = U_{S1} - U_{S2} \\ & R_2 I_2 + R_3 I_3 = U_{S2} \end{array}\right\} \tag{4.28}$$

以上 KVL 方程是按网孔列写的,且 KVL 方程以支路电流 I_1、I_2、I_3 为未知量,它实质上是由电压表示的网孔的 KVL 方程和网孔所涉及支路的 VCR 关系式得到的。

2. 支路(电流)法计算电路步骤

综上所述,可将支路(电流)法的解题步骤归纳如下:

(1)设定各支路电流的参考方向;

(2)指定参考节点,对其余$(n-1)$个独立节点列写$(n-1)$个 KCL 方程;

(3)通常选网孔为独立回路,设定独立回路绕行方向,进而列出 $b-(n-1)$ 个由支路电流表示的 KVL 方程;

(4)联立求解(2)、(3)两步得到的 b 个方程,求得 b 条支路的支路电流;

(5)由支路电流和各支路的 VCR 关系式求出 b 条支路的支路电压。

二、支路(电流)法计算电路训练

【训练4.23】 试求图 4.60 所示电路的各支路电流。

解:各支路电流已标出参考方向,以节点 b 为参考节点。节点 a 的 KCL 方程为

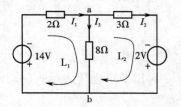

图4.60 训练4.23图

$$I_1 + I_2 + I_3 = 0$$

以 L_1、L_2 两网孔为选定的独立回路,其 KVL 方程为

$$-2I_1 + 8I_3 = -14$$
$$3I_2 - 8I_3 = 2$$

以上三式联立求解,解得

$$I_1 = 3 \text{ A}$$
$$I_2 = -2 \text{ A}$$
$$I_3 = -1 \text{ A}$$

支路(电流)法具备所列方程直观的优点,是一种常用的求解电路的方法。但由于需列出等于支路数 b 的 KCL 和 KVL 方程,对复杂电路而言存在方程数目多的缺点,因此,设法减少方程数目,就成为其他网络方程法的出发点。

任务八 节点法计算电路

一、节点法和节点方程

1. 节点法

对于一个由 b 条支路、n 个节点构成的电路,用支路法求解需要列写$(n-1)$个 KCL 方程和 $b-(n-1)$ 个 KVL 方程联立求解,由于方程数目多,给求解带来不便。节点分析法(又称为节点电压法)就是解决这一问题的有效方法之一。此方法已广泛应用于电路的计算机辅助分析和电力系统的计算,是实际应用最普遍的一种求解方法。

节点分析法(简称节点法)是以独立节点对参考节点的电压(称为节点电压)为网络变量(未知量)求解电路的方法。

2. 节点方程

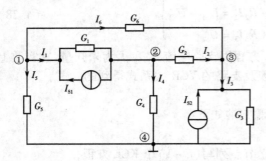

图 4.61 节点法电路网络

以图 4.61 所示的电路说明节点方程。本例支路数 $b=6$，节点数 $n=4$。首先将 4 个节点中的任一个（如节点④）选为参考节点，将节点①、②、③对参考节点的电压分别记为 U_{10}、U_{20}、U_{30}，3 个节点电压的参考方向都规定为参考节点处为负，且规定参考节点的电位为零，所以 U_{10}、U_{20}、U_{30} 也是节点①、②、③的电位。一旦选定节点电压，各支路电压均可用节点电压表示，连在独立节点与参考节点之间的支路电压等于相应节点的节点电压，本例中 $U_5=U_{10}$，$U_4=U_{20}$，$U_3=U_{30}$；连在两独立节点之间的支路电压等于两节点电压之差，本例中，$U_1=U_{10}-U_{20}$，$U_2=U_{20}-U_{30}$，$U_6=U_{10}-U_{30}$。以 3 个独立节点的节点电压为未知量的联立方程可以由如下办法得到。

首先以支路电流表示 3 个独立节点的 KCL 方程，得到如下方程组：

$$\left.\begin{aligned} I_1+I_5+I_6 &=0 \\ -I_1+I_2+I_4 &=0 \\ -I_2+I_3-I_6 &=0 \end{aligned}\right\} \tag{4.29}$$

再以节点电压表示式（4.29）中的各支路电流，则有

$$\left.\begin{aligned} I_1 &= G_1(U_{10}-U_{20})-I_{S1} \\ I_2 &= G_2(U_{20}-U_{30}) \\ I_3 &= G_3 U_{30}-I_{S2} \\ I_4 &= G_4 U_{20} \\ I_5 &= G_5 U_{10} \\ I_6 &= G_6(U_{10}-U_{30}) \end{aligned}\right\} \tag{4.30}$$

将式（4.30）代入式（4.29）并经整理，将电流源均移到等式右边，可得到

$$\left.\begin{aligned} G_1(U_{10}-U_{20})+G_5 U_{10}+G_6(U_{10}-U_{30}) &= I_{S1} \\ G_1(U_{20}-U_{10})+G_2(U_{20}-U_{30})+G_4 U_{20} &= -I_{S1} \\ G_2(U_{30}-U_{20})+G_6(U_{30}-U_{10})+G_3 U_{30} &= I_{S2} \end{aligned}\right\} \tag{4.31}$$

仔细观察可以发现，式（4.31）中每一个等式的左边均为经电导流出相应节点的电流之和，而等式右端是经电流源流入相应节点的电流，由 KCL 可知，两边当然相等。

对式（4.31）以未知量合并同类项后，可得到

$$\left.\begin{aligned} (G_1+G_5+G_6)U_{10}-G_1 U_{20}-G_6 U_{30} &= I_{S1} \\ -G_1 U_{10}+(G_1+G_2+G_4)U_{20}-G_2 U_{30} &= -I_{S1} \\ -G_6 U_{10}-G_2 U_{20}+(G_2+G_3+G_6)U_{30} &= I_{S2} \end{aligned}\right\} \tag{4.32}$$

式（4.32）可进一步归纳为

$$\left.\begin{aligned} G_{11}U_{10}+G_{12}U_{20}+G_{13}U_{30} &= I_{S11} \\ G_{21}U_{10}+G_{22}U_{20}+G_{23}U_{30} &= I_{S22} \\ G_{31}U_{10}+G_{32}U_{20}+G_{33}U_{30} &= I_{S33} \end{aligned}\right\} \tag{4.33}$$

式(4.33)称为3个独立节点电路节点电压方程的一般形式。对照式(4.32)和式(4.33),不难发现:$G_{11} = G_1 + G_5 + G_6$ 是连到节点①的所有电导之和,称为节点①的自电导;同理,$G_{22} = G_1 + G_2 + G_4$ 和 $G_{33} = G_2 + G_3 + G_6$ 分别为节点②和节点③的自电导。自电导 G_{11}、G_{22}、G_{33} 恒为正,这是由于本节点电压对连到自身节点的电导支路的电流贡献总是使电流流出本节点的缘故。$G_{12} = G_{21}$ 为节点①和节点②之间的互电导,且 $G_{12} = G_{21} = -G_1$ 为连到节点①和节点②之间的各支路电导之和的负值,互电导恒为负,其原因是另一节点的节点电压通过互电导产生的电流贡献总是流入本节点的。同理,可解释 $G_{13} = G_{31} = -G_6$ 和 $G_{23} = G_{32} = -G_2$。式(4.33)中等式右边的 I_{S11}、I_{S22}、I_{S33} 分别为流入3个独立节点的电流源的代数和(流入为正,流出为负)。

经上例分析,可以把其结果推广到 n 个节点的电路,将第 n 个节点指定为参考节点,相应的节点电压方程为

$$\left.\begin{array}{l} G_{11}U_{10} + G_{12}U_{20} + \cdots G_{1(n-1)}U_{(n-1)0} = I_{S11} \\ G_{21}U_{10} + G_{22}U_{20} + \cdots G_{2(n-1)}U_{(n-1)0} = I_{S22} \\ \vdots \\ G_{(n-1)1}U_{10} + G_{(n-1)2}U_{20} + \cdots G_{(n-1)(n-1)}U_{(n-1)0} = I_{S(n-1)(n-1)} \end{array}\right\} \quad (4.34)$$

式(4.34)称为节点方程的一般形式,等式左边的 $(n-1) \times (n-1)$ 阶系数行列式中的主对角线元素为自电导,非主对角线元素为互电导。一般情况下,该系数行列式为对称行列式,即在不含受控源的电路中,满足 $G_{ij} = G_{ji}$。若两节点之间没有电导支路,即相应的互电导为零。节点法只需对 $(n-1)$ 个独立节点列 KCL 方程,即可求出各节点电压,而不需列 KVL 方程。其原因是方程本身满足 KVL,如在图 4.61 所示的电路中,用节点电压表示的左网孔的 KVL 方程

$$(U_{10} - U_{20}) + U_{20} - U_{10} = 0$$

是一个 $0 = 0$ 的恒等式。

二、节点法计算电路

1. 节点法计算电路步骤

(1)选定参考节点,标出各独立节点序号,将独立节点电压作为未知量,其参考方向由独立节点指向参考节点。

(2)若电路中存在与电阻串联的电压源,则将其等效变换为电导与电流源的并联。

(3)用观察法对各个独立节点列写以节点电压为未知量的 KCL 方程。对第 i 个节点而言,其 KCL 方程为

$$\sum_{j=1}^{n-1} G_{ij} = I_{Sii} \quad (4.35)$$

等式左端当 $j = i$ 时的系数 G_{ii} 是 i 节点的自电导,可观察由连到 i 节点的所有电导相加得到。当 $j \neq i$ 时的系数 G_{ij} 可由 i 节点与 j 节点之间电导之和的负值确定。等式右端为流入 i 节点的等效电流源的代数和,流入为正,流出为负。

(4)联立求解第(3)步得到的 $(n-1)$ 个方程,解得各节点电压。

(5)指定各支路方向,并由节点电压求得各支路电压。

(6)应用支路的 VCR 关系,由支路电压求得各支路电流。

2. 节点法计算电路训练

【训练4.24】 如图 4.62(a)所示电路,$R_1 = R_2 = R_3 = 2\ \Omega$,$R_4 = R_5 = 4\ \Omega$,$U_{S1} = 4\ V$,$U_{S5} = 12\ V$,$I_{S3} = 3\ A$,试用节点法求电流 I_1 和 I_4。

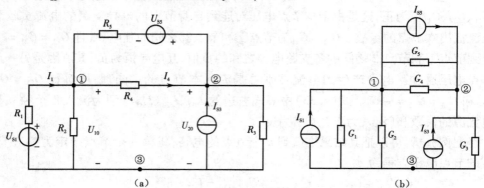

图4.62　训练4.24图

解: 选图中节点③为参考节点,标出①和②两个独立节点,选 U_{10}、U_{20} 为两个未知量。将两个实际电压源作电源变换,得到图 4.62(b)所示的电路,$I_{S1} = \dfrac{U_{S1}}{R_1} = 2\ A$,$I_{S5} = \dfrac{U_{S5}}{R_5} = 3\ A$。用观察法列节点方程

$$(G_1 + G_2 G_4 G_5)U_{10} - (G_4 + G_5)U_{20} = I_{S1} - I_{S5}$$
$$-(G_1 + G_5)U_{10} + (G_3 + G_4 + G_5)U_{20} = I_{S3} + I_{S5}$$

将 $G_1 = G_2 = G_3 = \dfrac{1}{2}\ S$,$G_4 = G_5 = \dfrac{1}{4}\ S$ 和电流源参数代入方程,得

$$\frac{3}{2}U_{10} - \frac{1}{2}U_{20} = -1$$

$$-\frac{1}{2}U_{10} + U_{20} = 6$$

联立求解得

$$U_{10} = \frac{8}{5}\ V,\ U_{20} = \frac{34}{5}\ V$$

$$I_1 = \frac{U_{S1} - U_{10}}{R_1} = \frac{4 - \dfrac{8}{5}}{2} = \frac{12}{5} \times \frac{1}{2} = \frac{6}{5}\ A$$

$$I_4 = \frac{U_{10} - U_{20}}{R_4} = \frac{\dfrac{8}{5} - \dfrac{34}{5}}{4} = -\frac{26}{5} \times \frac{1}{4} = \frac{13}{10}\ A$$

【训练4.25】 如图 4.63 所示电路,试用节点法求 I。

解: 本例中 $n = 4$,共有 3 个独立节点,3 个电源中有 2 个理想电压源。遇到含理想电压源路时,常选某一理想电压源的一端为参考节点,现选 14 V 理想电压源的负极端为参考节点,并标出独立节点序号,在节点②与③之间为 $-8V$ 理想电压源,可增设此支路电流 I 为未知数,现以 U_1、U_2、U_3 和 I 为未知数列方程(为简便起见,将节点电压的第二下标略写)。

$$U_1 = 14\ V(节点电压为理想电压源电压)$$

$$-U_1 + (1 + 0.5)U_2 + I = 3$$
$$-0.5U_1 + (1 + 0.5)U_3 - I = 0$$

补充节点②、③之间电压关系

$$U_2 - U_3 = 8 \text{ V}$$

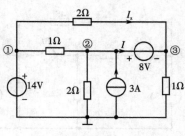

图4.63 训练4.25图

解得

$$U_1 = 14 \text{ V}, U_2 = 12 \text{ V}, U_3 = 4 \text{ V}, I = -1 \text{ A},$$

$$I_x = \frac{U_1 - U_3}{2} = \frac{10}{2} = 5 \text{ A}$$

以上解题过程中,对两理想电压源的处理分别

应用了选参考节点和增设理想电压源支路电流为未知量的办法。还有一种办法称广义节点法,还以本题为例,将节点②、节点③及 8 V 理想电压源用虚线框起来,构成一个假想的封闭面,亦称作广义节点,对此广义节点列 KCL 方程,得

$$-(1 + 0.5)U_1 + (1 + 0.5)U_2 + (1 + 0.5)U_3 = 3$$

此方程与 $U_1 = 14$, $U_2 - U_3 = 8$ 三式联立,得

$$U_2 = 12 \text{ V}, U_3 = 4 \text{ V}, I_x = \frac{U_1 - U_3}{2} = \frac{10}{2} = 5 \text{ A}$$

除以上介绍的选参考节点、增设电流未知量和列广义节点 KCL 方程这三种节点法处理理想电压源的办法外还有推源法,这里不再详述。

【训练4.26】 用节点法求图4.64(a)所示电路的 U 和 I。

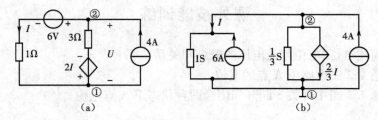

图4.64 训练4.26图

解:选节点①为参考节点,电路只有一个标号为②的独立节点。将独立电压源和受控电压源变换为相应的电流源,得图4.64(b)所示电路。

列节点②的节点方程

$$\left(1 + \frac{1}{3}\right)U_{10} = 6 + 4 - \frac{2}{3}I$$

用节点电压表示控制 I,则有

$$I = 1 \times (U_{10} - 6) = U_{10} - 6$$

将上式代入节点方程,得

$$\left(1 + \frac{1}{3}\right)U_{10} + \frac{2}{3}(U_{10} - 6) = 6 + 4$$

$$2U_{10} = 14$$

$$U = U_{10} = 7 \text{ V}, I = 1 \times (U_{10} - 6) = 1 \text{ A}$$

【训练4.27】 用节点法求图4.65所示电路的各节点电压和电流 I_C。

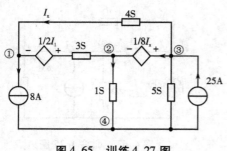

图 4.65　训练 4.27 图

解: 选节点④为参考节点,节点②、③之间的理想受控电压源以广义节点法处理,节点①、②间的支路变换为受控电流源。

节点①的 KCL 方程为

$$7U_{10} - 3U_{20} - 4U_{30} = -8 - \frac{3}{2}I_1$$

广义节点的 KCL 方程为

$$-7U_{10} + 4U_{20} + 9U_{30} = 25 + \frac{3}{2}I_1$$

广义节点内部两节点电压关系为

$$U_{30} - U_{20} = \frac{1}{8}I_x$$

控制量 I_1、I_x 与节点电压关系为

$$I_1 = 1 \times U_{20}$$
$$I_x = 4(U_{30} - U_{10})$$

以上 5 式联立求解,得

$$U_{10} = 1 \text{ V}, U_{20} = 2 \text{ V}, U_{30} = 3 \text{ V},$$

$$I_C = 1 \times U_{20} + 3\left(U_{20} - U_{10} - \frac{3}{2}U_{20}\right) = 2 \text{ A}$$

课外技能训练

4.1　请简述电位、电位差及电压的概念与关系。

4.2　求题 4.2 图电路中 A 点的电位。

4.3　求题 4.3 图中开关 S 断开和闭合两种状态下 A 点电位。

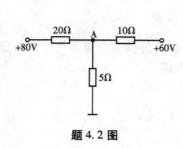

题 4.2 图

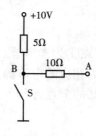

题 4.3 图

4.4　计算题 4.4 图电路中的 U_{ab}、U_{ac}、U_{bc}。

4.5　计算题 4.5 图电路中 A、B、C 点的电位。

4.6　计算题 4.6 图(a)、(b)电路中 A、B 点的电位。

4.7　如题 4.7 图所示电路中,已知电源电动势 $E = 12$ V,其内阻 $R_0 = 0.2$ Ω,负载电阻 $R_L = 10$ Ω,试计算开关 S 处于 1、2、3 三个位置时(1)电路电流 I;(2)电源端电压;(3)负载上的电压降;(4)电源内阻上的电压降。

4.8　如题 4.8 图(a)所示电路中,已知电源外特性曲线如题 4.8 图(b)图所示,求:

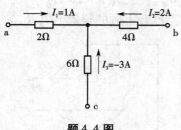

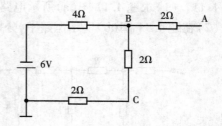

题 4.4 图　　　　　　　　　　　题 4.5 图

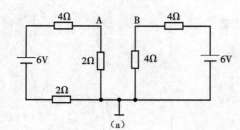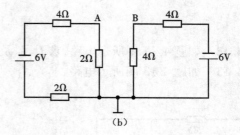

(a)　　　　　　　　　　(b)

题 4.6 图

（1）求电源电动势 E 及内电阻 R_0；（2）负载电阻 R_L 上的电流；（3）负载电阻 R_L 及电阻 R_0 消耗的功率。（已知 $R_L = 10\ \Omega$）

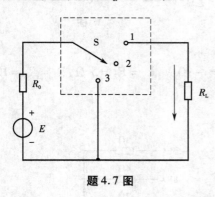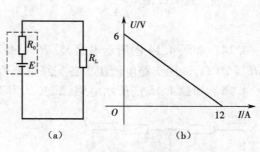

题 4.7 图　　　　　　　　　　题 4.8 图

4.9　有一只标有 220 V、60 W 的白炽灯，欲接到 400 V 的直流电源上工作，需串阻值多大的电阻？其规格如何？

4.10　已知题 4.10 图所示电路，求 I、U_{ab}。

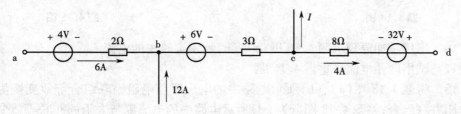

题 4.10 图

4.11　（1）求题 4.11 图(a)所示电路的等效电阻 R_{ab}。（已知 $R = 10\ \Omega$）

（2）在题 4.11 图(b)所示电路中，分别求开关 S 打开、合上时的等效电阻 R_{ab}。

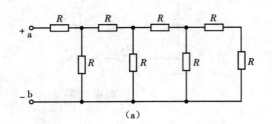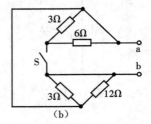

题 4.11 图

4.12　如题 4.12 图所示电路，求 I_1、I_2 及 I。

4.13　如题 4.13 图所示电路，求 I_1、I_2。

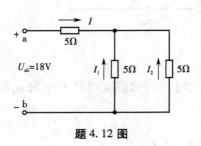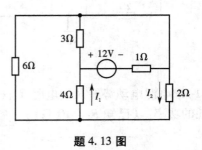

题 4.12 图　　　　　　　　　　　题 4.13 图

4.14　如题 4.14 图所示电路，设 $E_1 = 60\ V$，$E_2 = -90\ V$，$R_1 = R_2 = 5\ \Omega$，$R_3 = R_4 = 10\ \Omega$，$R_5 = 20\ \Omega$，试用支路电流法求各支路电流 I_1、I_2、I_3。

4.15　如题 4.15 图所示电路，试求 U_A 和 I_1、I_2。

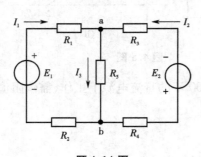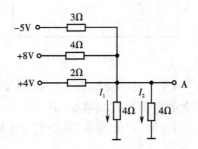

题 4.14 图　　　　　　　　　　　题 4.15 图

4.16　试用叠加原理求题 4.16 图(a)、(b)所示电路中的电流 I。

4.17　试用网孔电流法重做 4.16 题。

4.18　将题 4.18 图(a)、(b)所示电路中的电压源与电阻串联组合等效变换为电流源与电阻并联组合；将题 4.18 图(c)、(d)所示电路中的电流源与电阻的并联等效变换为电压源与电阻串联。

4.19　试用戴维南定理化简题 4.19 图所示电路。

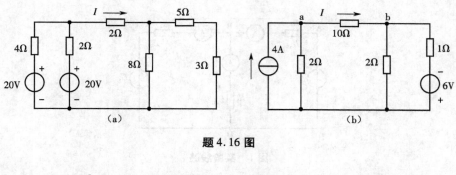

题 4.16 图

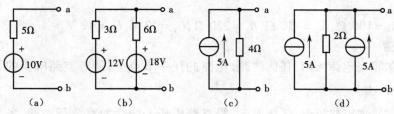

题 4.18 图

4.20 试用戴维南定理求题 4.20 图所示电路的电流 I。

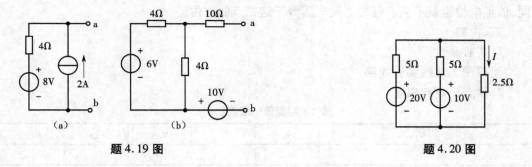

题 4.19 图　　　　　　　　　　　题 4.20 图

技能考核　基尔霍夫定律验证及电位的测量

一、目的

（1）验证基尔霍夫定律。

（2）掌握电位的测量方法。

（3）掌握直流电流表、直流电压表、万用表测量直流电量的方法和直流稳压电源的使用方法。

二、仪器和器材

直流稳压电源（JWY－30）1 台；电流表插座 3 只；电流表插头 1 只；直流电压表（0～15 V）或万用表 1 只；电阻 100 Ω、150 Ω、220 Ω 各 1 只。

三、实验线路

实验线路如图 1 所示。

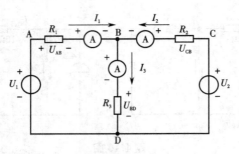

图 1　实验线路

其中，$R_1 = 100\ \Omega$，$R_2 = 150\ \Omega$，$R_3 = 220\ \Omega$，$U_1 = 12\ \mathrm{V}$，$U_2 = 12\ \mathrm{V}$。

四、原理

（1）基尔霍夫定律指出，任何时刻，电路的任一节点上，所有支路电流的代数和恒等于零，即 $\sum I = 0$。

（2）基尔霍夫定律指出，任何时刻，沿电路中任一闭合回路绕行一圈，各段电压的代数和恒等于零，即 $\sum U = 0$。

（3）电路中某点的电位就是该点对参考点的电压。参考点的电位等于零。参考点不同，该点电位也就不同。任二点间电压等于这二点的电位差。

五、内容

1. 实验接线

请按图 1 连接实验线路。

2. 按表 1 进行测量

表 1　测量值记录表（一）

U_1	U_2	I_1	I_2	I_3	U_{AB}	U_{CB}	U_{BD}

3. 按表 2 测量电位

表 2　测量值记录表（二）

参考点	U_A	U_B	U_C	U_D	U_{AB}	U_{CB}	U_{BD}
D 点							
C 点							

六、检测报告要求

（1）按表 1 中实验数据，验证节点 B 上电流、回路 ABDA、回路 BDCB 中电压符合基尔霍夫定律。

（2）按表 2 中实验数据，计算 U_{AB}、U_{CB}、U_{BD}，说明电位和电压的不同。

正弦交流电路

模块
5

模块能力目标

▷ 能根据正弦量的三要素、相位差和有效值表达正弦量
▷ 能对正弦量的解析式、波形图、相量、相量图进行相互转换
▷ 能用相量法正确分析和计算 RLC 串联、并联电路及电路阻抗特性
▷ 能正确计算正弦电路的有功功率、无功功率与视在功率
▷ 能利用相量图正确的方法分析和计算正弦交流电路
▷ 能利用三相正弦量的特点正确计算对称三相电路中星形接法和三角
形接法的线电压与相电压、线电流与相电流
▷ 能正确计算对称三相电路的电压、电流和功率

模块知识目标

☑ 掌握正弦量的三要素、相位差和有效值的概念
☑ 掌握正弦量的解析式、波形图、相量、相量图及相互转换
☑ 掌握 RLC 串联、并联电路的相量分析方法及电路的阻抗特性
☑ 掌握电路的有功功率、无功功率与视在功率的意义和计算
☑ 了解提高功率因素的意义及其方法
☑ 掌握对称三相正弦量的特点及相序的概念
☑ 掌握对称三相电路中星形接法和三角形接法的线电压与相电压、线电
流与相电流的关系
☑ 理解对称三相电路电压、电流和功率的计算方法
☑ 了解中性线在三相四线制中的作用

模块计划学时

20 课时

项目5.1 正弦量的解析式表示

【能力目标】能根据正弦量的三要素、相位差和有效值表达正弦量。

【知识目标】掌握正弦量的三要素、相位差和有效值的概念。

任务一 正弦量的基本知识

一、正弦量的基本概念

电工技术中常见到随时间变化的电压和电流,如图 5.1 所示。若给定参考方向及 u 和 i 的时间函数,就可确定出在任一时刻 t 下电压和电流的数值及实际方向。交流电压和电流在任一时刻的数值称为瞬时值。交流电压和电流中又有非周期电压和电流(图 5.1 (a))和周期电压和电流(图 5.1(b)、(c)、(d))。周期电压和电流是指随时间作周期性变化的电压和电流。以电流为例,周期电流可表示为

$$i(t) = i(t + KT) \tag{5.1}$$

其中,K 为任一正整数;T 为周期,是函数变化一周所需的时间,在 SI 单位制中的单位是秒 (s)。

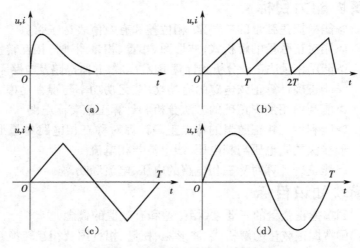

图 5.1 多种交流电流和电压波形

单位时间内的周期数称为频率,用 f 表示,它的 SI 单位是赫[兹](Hz)。

$$f = \frac{1}{T} \tag{5.2}$$

频率的单位除了赫[兹]外还有千赫(kHz)、兆赫(MHz)和吉赫(GHz)。它们的换算关系为

$$1 \text{ kHz} = 10^3 \text{ Hz}; 1 \text{ MHz} = 10^6 \text{ Hz}; 1 \text{ GHz} = 10^9 \text{ Hz}$$

若周期电压、电流的大小和方向都随时间变化,且在一个周期内平均值为零,则称为交流电压、电流,如图 5.1(c)、(d)所示。这就是平时所称的交流电,用 AC 表示。随时间按正弦规律变化的交流电压、电流称为正弦电压、电流,如图 5.1(d)所示。正弦电压、电

流统称为正弦量或正弦交流电。目前世界各国电力系统普遍采用正弦量。正弦波是周期
波形的基本形式,在电工技术中非正弦的周期波形可以分解为无穷多个频率为整数倍的
正弦波,因此这类问题也可以按正弦交流电路的方法来分析。

二、正弦量的解析式表示及三要素

1. 正弦量的解析式表示

依据正弦量的概念,正弦交流电流 i 和电压 u 在选定参考方向下的解析(或瞬时值)
表达式如下。

电流　　　　　　　　　　$i(t) = I_m\sin(\omega t + \theta_i)$[①]

电压　　　　　　　　　　$u(t) = U_m\sin(\omega t + \theta_u)$　　　　　　(5.3)

2. 正弦量的三要素

从式(5.3)可知,当 $U_m(I_m)$、ω 和
$\theta_i(\theta_u)$ 三个量确定后,电流和电压就被唯
一地确定下来了。因此 $U_m(I_m)$、ω 和
$\theta_i(\theta_u)$ 三个量就称为正弦量的三要素,分
别称为振幅、角频率和初相。其波形表示
如图 5.2 所示。已知某正弦量的三要素,
该正弦量就被唯一地确定了。正弦量的
三要素还是正弦量之间进行区分和比较
的依据。

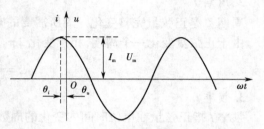

图 5.2　正弦电流的波形

三、正弦量的振幅与有效值

1. 振幅

正弦量在任一瞬时的值称为瞬时值,用小写字母表示,如 i、u 分别表示电流及电压的
瞬时值。正弦量瞬时值在一个周期内的最大值称为振幅,用大写字母加下标 m 表示。式
(5.3)中 I_m 是电流 i 在一个周期内所达到的最大值,因此称 I_m 为电流 i 的振幅,在图 5.2
中可直观地看出这一点。同样,称 U_m 为电压 u 的振幅。

2. 周期电流有效值

周期电流 i 和直流电流 I 分别通过两个阻值相等的电阻 R,如果在相同的时间 T 内,
两个电阻消耗的能量相等,则称该直流电流 I 的值为周期电流 i 的有效值,用大写字母 I
表示。

根据有效值的定义,有

$$I^2RT = \int_0^T i^2R\mathrm{d}t$$

则周期电流的有效值为

$$I = \sqrt{\frac{1}{T}\int_0^T i^2\mathrm{d}t}$$

对于正弦电流,因 $i(t) = I_m\sin(\omega t + \theta_i)$,所以正弦电流的有效值为

---

① 正弦量可以用正弦函数表示,也可以用余弦函数表示,本书采用正弦函数。余弦函数可转化为正弦函数,如 $\cos(\omega t + \theta_i) = \sin\left(\omega t + \theta_i + \frac{\pi}{2}\right)$。

$$I = \sqrt{\frac{1}{T} \int_0^T I_m^2 \sin^2(\omega t + \theta_i) \, dt} = \frac{I_m}{\sqrt{2}} = 0.707 I_m \qquad (5.4)$$

同理,正弦电压的有效值为

$$U = \frac{U_m}{\sqrt{2}} = 0.707 U_m \qquad (5.5)$$

四、周期与频率

1. 角频率 ω

角频率 ω 是正弦量单位时间内变化的弧度数,$\omega = \frac{d}{dt}(\omega t + \theta_i)$,即 ω 是相位随时间的变化率,反映了正弦量变化的快慢程度,其单位为弧度/秒(rad/s)。

2. 周期 T

周期 T 是正弦量完整变化一周所需要的时间。

由于正弦量变化一个周期,相位变化 2π,则 ω 与 T 的关系式为

$$\omega = \frac{2\pi}{T} \qquad (5.6)$$

3. 频率 f

频率 f 指正弦量在单位时间内变化的周数。周期 T 与频率 f 的关系为

$$f = \frac{1}{T}$$

或
$$\omega = \frac{2\pi}{T} = 2\pi f \qquad (5.7)$$

ω 与 f 为正比关系,它们都表示了正弦量变化的快慢程度。二者的单位名称不同,但量纲是相同的,所以也常常把 ω 称为频率。

在工程实际中各种不同的交流电频率使用在不同的场合。例如,我国电力系统使用的交流电的频率标准(简称工频)是 50 Hz,美国为 60 Hz,广播电视载波频率为 30 ~ 300 MHz 及 0.3 ~3 GHz。

五、相位、初相和相位差

式(5.3)中的 $(\omega t + \theta_i)$ 称为正弦量的相位。如果已知一正弦量在某一时刻的相位,就可以确定这个正弦量在该时刻的数值、方向及变化趋势,因此相位表示了正弦量在某时刻的状态。不同的相位对应正弦量的不同状态,从这个意义上讲,相位还表示了正弦量的变化进程。

1. 相位、初相位

相位就是正弦量表达式中的角度,即 $\omega t + \theta_i$。其中 θ_i 称为正弦电流 i 的初相位,它是正弦量在 $t = 0$ 时的相位,即 $(\omega t + \theta_i)|_{t=0}$。

初相位的正负和大小与计时起点的选择有关,通常在 $|\theta_i| \leq \pi$ 的主值范围内取值,即 $-\pi \leq \theta_i \leq \pi$。如果坐标原点在计时起点之左,则式(5.3)中的 $\theta_i > 0$,$t = 0$ 时,正弦量之值为正,如图 5.3(a)、(b);如果坐标原点在计时起点之右,则式(5.3)中的以 $\theta_i < 0$,$t = 0$ 时,正弦量之值为负,如图 5.3(c)。

2. 相位差

相位差是指两个同频率正弦量的相位之差,其值等于它们的初相位之差。

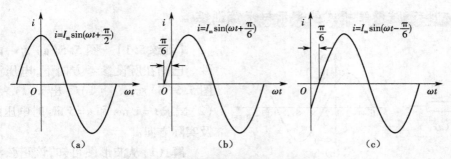

图5.3　初相位不同的几种正弦电流的波形

(a)初相位为$\frac{\pi}{2}$;(b)初相位为$\frac{\pi}{6}$;(c)初相位为$-\frac{\pi}{6}$

　　线性电路中,如果全部激励都是同一频率的正弦量,则电路中的响应一定是同一频率的正弦量。因此在正弦交流电路中常常遇到同频率的正弦量,例如设任意两个同频率的正弦量为

$$u = U_{\mathrm{m}}\sin(\omega t + \theta_u)$$
$$i = I_{\mathrm{m}}\sin(\omega t + \theta_i)$$

则两个同频率的正弦量 i、u 相位差为表示为

$$\varphi = (\omega t + \theta_u) - (\omega t + \theta_i) = \theta_u - \theta_i \tag{5.8}$$

当 $\varphi = 0$ 时,则 u 与 i 同相;

当 $\varphi > 0$ 时,则 u 超前 i,或 i 滞后 u;

当 $\varphi = \pm\pi$ 时,则 u 与 i 反相;

当 $\varphi = \pm\dfrac{\pi}{2}$ 时,u 与 i 正交。

如图5.4所示两种同频率正弦量之间的相位差。

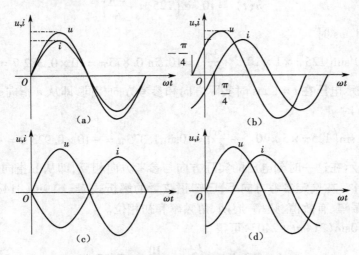

图5.4　两种同频率正弦量之间的相位差

(a)u 与 i 同相;(b)u 超前 i;(c)u 与 i 反相;(d)u 与 i 正交

任务二　正弦量解析式的表示与运算训练

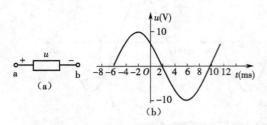

图 5.5　训练 5.1 图

【训练 5.1】　图 5.5(a) 为一电路元件。已知在所设参考方向下,电压波形如图 5.5(b) 所示。(1) 写出 $u(t)$ 表达式;(2) 试求 $t=1$ ms 和 $t=5$ ms 时电压的大小及实际方向。

解:(1) 从波形图可知,该正弦波完成一个周期所需时间 $T=16$ ms,由式(5.6)及式(5.2)可得

$$\omega = \frac{2\pi}{T} = \frac{2\pi}{16 \times 10^{-3}} = 125\pi \text{ rad/s}$$

$$f = \frac{1}{T} = 62.5 \text{ Hz}$$

或由式(5.7)得

$$\omega = \frac{2\pi}{T} = 2\pi f = 125\pi \text{ rad/s}$$

由波形图可知,从时间起点到离原点最近的波形最大值所需的时间 $t=2$ ms。如用 ωt 为横坐标所对应的角度

$$\omega t = 125\pi \times 2 \times 10^{-3} = \frac{\pi}{4}$$

则用正弦函数表示 $u(t)$ 的初相位 $\theta_u = \frac{\pi}{2} + \frac{\pi}{4} = \frac{3\pi}{4}$。因为正最大值出现在计时起点之前,所以 $\theta_i > 0$,电压表达式为

$$u(t) = 10 \sin\left(125\pi t + \frac{3\pi}{4}\right)$$

(2) 当 $t=1$ ms 时

$$u(t) = 10 \sin\left(125\pi \times 1 \times 10^{-3} + \frac{3\pi}{4}\right) = 10 \sin 0.875\pi = 10 \times 0.382\ 7 = 3.827 \text{ V}$$

电压为正值,表示电压在 $t=1$ ms 时实际方向和参考方向相同,即从 a 指向 b。

当 $t=5$ ms 时

$$u(t) = 10 \sin\left(125\pi \times 5 \times 10^{-3} + \frac{3\pi}{4}\right) = 10\sin 1.375\pi = -10 \times 0.923\ 9 = -9.239 \text{ V}$$

电压为负值,表示在这一时刻电压的实际方向与参考方向相反,即从 b 指向 a。

【训练 5.2】　在选定参考方向下,已知正弦量的解析式 $i = 10 \sin(314\pi t + 240°)$ A。试求正弦量的振幅、有效值、频率、周期、角频率和初相位。

解:由 $i = 10\sin(314\pi t + 240°)$ 可得

$$I_m = 10 \text{ A}, I = \frac{I_m}{\sqrt{2}} \text{ A} = \frac{10}{\sqrt{2}} \text{A} = 7.07 \text{ A}$$

$$\omega = 314 \text{ rad/s}, T = \frac{2\pi}{\omega} = \frac{2\pi}{314} = 0.02 \text{ s}$$

$$f = \frac{1}{T} = \frac{1}{0.02} = 50 \text{ Hz}, \theta_i = -120°$$

【训练 5.3】　图 5.4(b)所示是同频率的电流、电压波形,试计算二者之间的相位差及电压超前电流多少角度。

解:从图 5.4(b)所示波形中可以看出 $\theta_u = \dfrac{\pi}{4}, \theta_i = -\dfrac{\pi}{4}$,则

$$\varphi = \theta_u - \theta_i = \frac{\pi}{4} - \left(-\frac{\pi}{4}\right) = \frac{\pi}{2}$$

故 u 比 i 超前 90°。

需要指出如下几方面问题。

(1)同频率正弦量的相位差与计时起点的选择无关。计时的起点不同,各同频率正弦量的初相位不同,但它们之间的相位差是不变的。

(2)在正弦交流电路中,常常需要分析计算相位差,而对正弦量的初相位考虑不多,因此正弦量的计时起点可以任选。为了方便,在选计时起点时,往往使电路中某一正弦量的初相位为零,该正弦量称为参考正弦量。在一个电路中只允许选取一个参考正弦量,否则会造成计算上的混乱。

(3)不同频率的正弦量相位差是随时间变化的。在本教材中谈到的相位差都是指同频率之间的相位差。

(4)相位差、超前、滞后等概念十分重要,要求不仅从波形图上,而且从正弦量表达式上(包括今后要介绍的相量、相量图中)都能作出正确的判断。

项目 5.2　正弦量的相量表示

【能力目标】能对正弦量的解析式、波形图、相量、相量图进行相互转换。

【知识目标】掌握正弦量的解析式、波形图、相量、相量图及相互转换。

任务一　复数及复数的四则运算

前面已经介绍正弦量的两种表示方法,一种是解析式,即三角函数法,另一种是波形图表示法。此外正弦量还可以用相量表示,也就是数学上的复数表示。为此,本节先介绍一些复数的有关知识。

一、复数及其表示

设 A 为复数,则

$$A = a + jb \tag{5.9}$$

其中,a 称为复数 A 的实部,表示为

$$a = \text{Re}[A] = \text{Re}[a + jb]①$$

b 称为复数 A 的虚部,表示为

$$b = \text{Im}[A] = \text{Im}[a + jb]②$$

---

① Re 表示取复数的实部。

② Im 表示取复数的虚部。

$j = \sqrt{-1}$，为虚数单位。式(5.9)的右端称为复数 A 的直角坐标形式(或代数形式)。

每一个复数都可以在复平面上用一个点来表示,在复平面上的每一个点都对应着一个复数。如图 5.6 所示复数 $A = 3 + j4$ 可用复平面上的 A 点表示。复平面上的点 B 也可以用复数表示为 $B = -2 + j3$。

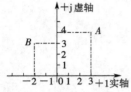

图 5.6   复数在复平面上的坐标   图 5.7   复数的矢量表示

复数还可以用复平面上的矢量来表示,如图 5.7 所示连接原点到 A 点的有向线段表示复数 A,其中 $|A|$ 表示复数 A 的模,θ 称为复数的辐角。从图 5.7 中可得

$$a = |A|\cos\theta, b = |A|\sin\theta \tag{5.10}$$

$$|A| = \sqrt{a^2 + b^2}, \tan\theta = \frac{b}{a} \tag{5.11}$$

根据式(5.10)可以得到复数的另一形式——三角形式,即

$$A = |A|\cos\theta + j|A|\sin\theta \tag{5.12}$$

由欧拉公式

$$e^{j\theta} = \cos\theta + j\sin\theta$$

式(5.12)又可进一步写作

$$A = |A|e^{j\theta} \tag{5.13}$$

此式右端称为复数 A 的指数形式。在工程上常常写为

$$A = |A|\angle\theta \tag{5.14}$$

称为复数 A 的极坐标形式。

复数代数形式、三角函数形式和极坐标形式可以相互转换。

二、复数运算

1. 复数相等

两个复数相等,则其实部和虚部分别相等。设复数 $A_1 = a_1 + jb_1$,$A_2 = a_2 + jb_2$,若 $A_1 = A_2$,则一定有 $a_1 = a_2$,$b_1 = b_2$。

两个复数若用极坐标形式表示,二者相等则意味着二者的模相等,辐角相同。

2. 加减运算

此运算用直角坐标形式进行。

设复数 $A_1 = a_1 + jb_1$,$A_2 = a_2 + jb_2$,则

$$A_1 \pm A_2 = (a_1 + jb_1) \pm (a_2 + jb_2)$$
$$= (a_1 \pm a_2) + j(b_1 \pm b_2) \tag{5.15}$$

即几个复数相加或相减就是把它们的实部和虚部分别相加或相减。

几个复数加减还可以用作图法进行。由于复数可以用矢量表示,因此复数的加减运

算就成为平面上矢量的运算。在复数平面上分别作出复数 A_1 和复数 A_2 的矢量,由平行四边形法和三角形法求出它们的矢量和,如图 5.8(a)、(c)分别表示求 $A_1 + A_2$ 和 $A_1 - A_2$ 的平行四边形法,图 5.8(b)、(d)分别表示求 $A_1 + A_2$ 和 $A_1 - A_2$ 的三角形法。

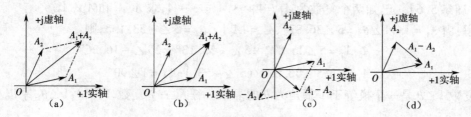

图 5.8　复数加减作图法

(a)$A_1 + A_2$ 平行四边形法;(b)$A_1 + A_2$ 三角形法;(c)$A_1 - A_2$ 平行四边形法;(d)$A_1 - A_2$ 三角形法

3. 乘法运算

设复数 $A_1 = |A_1| \angle \theta_1$,$A_2 = |A_2| \angle \theta_2$,则

$$A_1 \cdot A_2 = |A_1| \angle \theta_1 \cdot |A_2| \angle \theta_2 = |A_1||A_2| \angle (\theta_1 + \theta_2) \qquad (5.16)$$

即复数相乘时,其模相乘,其辐角相加。

4. 除法运算

设复数 $A_1 = |A_1| \angle \theta_1$,$A_2 = |A_2| \angle \theta_2$,则

$$\frac{A_1}{A_2} = \frac{|A_1| \angle \theta_1}{|A_2| \angle \theta_2} = \frac{|A_1|}{|A_2|} \angle (\theta_1 - \theta_2) \qquad (5.17)$$

即复数相除时,其模相除,其辐角相减。

一般来说,复数的乘除运算用极坐标形式较为简便。在理论分析或公式推导时用到直角坐标形式作乘除运算,同学们可自行推导。

任务二　复数运算训练

【**训练 5.4**】　写出下列复数的极坐标形式:(1)$3 + j4$;(2)$5 - j8$。

解:根据式(5.11),得

(1)$|A| = \sqrt{a^2 + b^2} = \sqrt{3^2 + 4^2} = 5$;$\theta = \arctan \dfrac{4}{3} = 53.13°$

所以
$$A_1 = 5 \angle 53.13°$$

(2)$|A| = \sqrt{5^2 + (-8)^2} = 9.43$;$\theta = \arctan \dfrac{-8}{5} = -57.99°$

所以
$$A_2 = 9.43 \angle -57.99°$$

【**训练 5.5**】　写出下列复数的代数形式:(1)$A_1 = 6 \angle 42°$;(2)$A_2 = 18 \angle 108.6°$。

解:(1)根据公式(5.10),得

$$a_1 = |A_1| \cos \theta = 6\cos 42° = 4.46$$
$$b_1 = |A_1| \sin \theta = 6\sin 42° = 4.01$$

则
$$A_1 = 4.46 + j4.01$$

(2)同理

$$a_2 = |A_2| \cos \theta = 18 \cos 108.6° = .-5.74$$

$$b_2 = |A_2| \sin \theta = 18 \sin 108.6° = 17.06$$

则

$$A_2 = -5.74 + j17.06$$

【训练 5.6】 已知两个复数为 $A_1 = 4 + j3$，$A_2 = 3 - j4$，求 $A_1 A_2$ 和 A_1 / A_2。

解：由 $A_1 = |A_1| \angle \theta_1 = 5 \angle 36.87°$，$A_2 = |A_2| \angle \theta_2 = 5 \angle -53.13°$，则

$$A_1 A_2 = 5 \angle 36.87° \times 5 \angle -53.13° = 25 \angle -16.26°$$

$$A_1 / A_2 = 5 \angle 36.87° / (5 \angle -53.13°) = 1 \angle 90°$$

复数 $1 \angle \theta$ 是一个模等于 1 辐角为 θ 的复数。任意一个复数 $A = |A_1| \angle \theta_1$ 乘以 $1 \angle \theta$ 等于

$$|A_1| \angle \theta_1 \times 1 \angle \theta = |A_1| \angle (\theta_1 + \theta)$$

即复数的模仍为 $|A_1|$，辐角变为 $(\theta_1 + \theta)$。反映到复平面上，就是将复数 $|A_1| \angle \theta_1$ 的矢量逆时针方向旋转了 θ 角，因此复数 $1 \angle \theta$ 称为旋转因子。

当 $\theta = \dfrac{\pi}{2}$ 时，$1 \angle \dfrac{\pi}{2} = \cos \dfrac{\pi}{2} + j \sin \dfrac{\pi}{2} = j$；

当 $\theta = \pi$ 时，$1 \angle \pi = \cos \pi + j \sin \pi = -1$；

当 $\theta = -\dfrac{\pi}{2}$ 时，$1 \angle -\dfrac{\pi}{2} = \cos \left(-\dfrac{\pi}{2} \right) + j \sin \left(-\dfrac{\pi}{2} \right) = -j$。

由上述计算可见，一个复数乘以 j 就等于把这个复数对应的矢量在复平面上逆时针旋转 $\pi/2$，乘以 -1 就等于逆时针旋转 π，乘以 -j 就等于顺时针旋转 $\pi/2$。

任务三 正弦量的相量表示

一、正弦量的相量表示法

在正弦交流电路中。如果直接使用正弦量的瞬时值表达式进行各种分析计算是相当复杂和烦琐的。用复数表示正弦量，并用于正弦交流电路的分析计算则相当简便，这种方法称为相量法。下面先介绍如何用复数表示正弦量，即正弦量的相量表示。

一个正弦量可以表示为

$$u = U_m \sin (\omega t + \theta_u)$$

根据正弦量的三要素，可以作一个复数让它的模为 U_m，辐角为 $\omega t + \theta_u$，即

$$U_m \angle \omega t + \theta_u = U_m \cos (\omega t + \theta_u) + j U_m \sin (\omega t + \theta_u)$$

这一复数的虚部为一正时间函数，正好是已知正弦量，所以一个正弦量给定后，总可以作出一复数使其虚部等于这个正弦量。因此可以用一个复数表示一个正弦量，其意义在于把正弦量之间的三角函数运算变成了复数的运算，使正弦交流电路的计算问题简化。

由于正弦交流电路中的电压、电流都是同频率的正弦量，故角频率这一共同拥有的要素在分析计算过程中可以略去，只在结果中补上即可。这样在分析计算过程中，只需考虑最大值和初相位两个要素。这样表示正弦量的复数可简化成 $U_m \angle \theta_u$ 或 $I_m \angle \theta_i$。

把这一复数称为相量，习惯上把最大值换成有效值，并以"$\dot{U}$"表示，即

$$\dot{U} = U \angle \theta_u \text{ 或 } \dot{I} = I \angle \theta_i \tag{5.18}$$

在表示相量的大写字母上加"·"是为了与一般的复数相区别，这就是正弦量的相量

表示法。

二、正弦量的相量图表示法

相量是用复数表示的,它在复平面上的图形称为相量图。例如 $\dot U$ $=10\angle\dfrac{\pi}{3}$ V 或 $\dot I=2\angle-\dfrac{\pi}{4}$ A,可画出它们的相量图如图5.9所示。

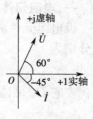

图5.9　相量图

复数在复平面上可以作加减运算,相量在相量图上也可以作加减运算,且运算方法相同。需要强调的是,相量只表示正弦量,并不等于正弦量;只有是同频率的正弦量,其相量才能相互运算,才能画在同一个复平面上。画在同一个复平面上表示的相量图称为相量图。

任务四　正弦量的相量表示计算训练

【训练 5.7】　已知正弦电压、电流分别为 $u=220\sqrt{2}\sin\left(\omega t+\dfrac{\pi}{3}\right)$ V,$i=$ $7.07\sin\left(\omega t-\dfrac{\pi}{3}\right)$ A,写出 u 和 i 对应的相量,并画出相量图。

解: u 的相量

$$\dot U=220\angle\frac{\pi}{3}\ \text{V}$$

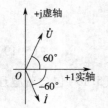

图5.10　训练5.7
相量图

i 的相量

$$\dot I=\frac{7.07}{\sqrt{2}}\angle-\frac{\pi}{3}=5\angle-\frac{\pi}{3}\ \text{A}$$

对应的相量图如图5.10所示。

【训练5.8】　写出下列相量对应的正弦量:
(1)$\dot U=220\angle45°$ V,$f=50$ Hz;(2)$\dot I=10\angle120°$,$f=50$ Hz。

解: $\omega=2\pi f=2\pi\times50=314$ rad/s,$U_m=\sqrt{2}U=220\sqrt{2}$ V,$I_m=\sqrt{2}I=$ $10\sqrt{2}$ A,则

(1)$u=220\sqrt{2}\sin(314t+45°)$ V;

(2)$i=10\sqrt{2}\sin(314t+120°)$ A

项目5.3　电路基本定律的相量形式

【能力目标】掌握 RLC 串联、并联电路的相量分析方法及电路的阻抗特性。

【知识目标】能用相量分析方法正确分析和计算 RLC 串联、并联电路及电路阻抗特性。

任务一 电路元件上电压、电流的相量表示

一、电阻元件上电压、电流的相量关系

设电阻元件两端的电压和流过电流均采用关联参考方向，并设电压、电流的瞬时表达式分别为

$$u=\sqrt{2}U\sin(\omega t+\theta_u),i=\sqrt{2}I\sin(\omega t+\theta_i)$$

则代表它们的相量分别为

$$\dot{U}=U\angle\theta_u,\dot{I}=I\angle\theta_i$$

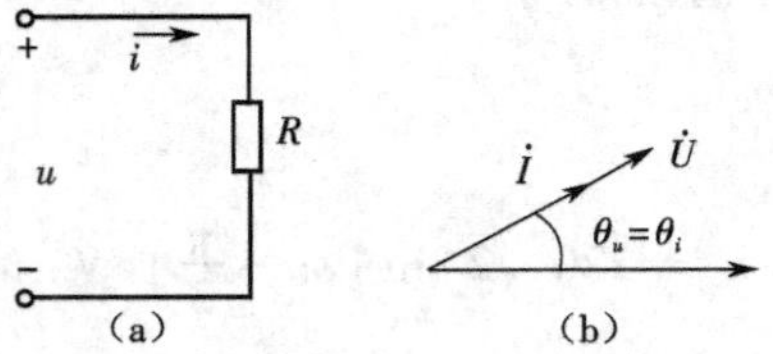

图 5.11 电阻元件电压、电流的相量关系

(a)电阻元件；(b)相量图

图 5.11 所示为一个纯电阻的交流电路，电压和电流的瞬时值仍遵从欧姆定律。在关联参考方向下根据欧姆定律，电压和电流的关系为

$$u=Ri$$

设电阻通过的电流 $i=\sqrt{2}I\sin(\omega t+\theta_i)$，则电压

$$u=Ri=\sqrt{2}RI\sin(\omega t+\theta_i)=\sqrt{2}U\sin(\omega t+\theta_i)$$

式中 $U=RI$ 或 $U_m=RI_m$，$\theta_u=\theta_i$。

上述两个正弦量对应的相量为

$$\dot{I}=I\angle\theta_i,\dot{U}=U\angle\theta_u$$

两相量关系为

$$\dot{U}=U\angle\theta_u=RI\angle\theta_i=R\dot{I}$$

即

$$\dot{I}=\frac{\dot{U}}{R} \tag{5.19}$$

此式就是电阻元件上电压与电流的相量关系式。由复数可知，式(5.19)包含着电压与电流的有效值关系和相位关系，即

$$I=\frac{U}{R},\theta_i=\theta_u$$

通过以上分析可知，在纯电阻元件的交流电路中：

(1)电压与电流是两个同频率的正弦量；

(2)电压与电流的有效值关系为 $U=RI$；

(3)在关联参考方向下，电阻上的电压与电流同相位。

二、电感元件上电压、电流的相量关系

图 5.12 所示为一个纯电感的交流电路，选择电压与电流关联参考方向，则电压与电流的关系为

$$u=L\frac{\mathrm{d}i}{\mathrm{d}t}$$

设电流 $i=\sqrt{2}I\sin(\omega t+\theta_i)$，由上式得

$$\begin{aligned}u&=L\frac{\mathrm{d}i}{\mathrm{d}t}=\omega L\sqrt{2}I\cos(\omega t+\theta_i)\\&=\omega L\sqrt{2}I\sin\left(\omega t+\theta_i+\frac{\pi}{2}\right)\end{aligned}$$

$$= \sqrt{2}U\sin(\omega t + \theta_u)$$

式中, $U = \omega LI$ 或 $U_m = \omega LI_m$, $\theta_u = \theta_i + \dfrac{\pi}{2}$。

两正弦量对应的相量分别为
$$\dot{I} = I\angle\theta_i, \dot{U} = U\angle\theta_u$$

两相量关系为

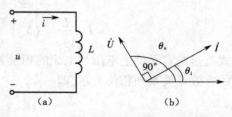

$$\dot{U} = U\angle\theta_u = \omega LI\angle\left(\theta_i + \frac{\pi}{2}\right)$$

$$= \omega LI\angle\theta_i\angle\frac{\pi}{2} = j\omega L\dot{I}\angle\frac{\pi}{2} = jX_L\dot{I}$$

即
$$\dot{I} = \frac{\dot{U}}{jX_L} \quad (X_L \text{ 称为电感器的感抗})$$

图 5.12 电感元件上电压、电流的相量关系
(a)纯电感元件;(b)相量图

$$(5.20)$$

此式就是电感元件上电压与电流的相量关系式。由复数可知,式(5.20)包含着电压与电流的有效值关系和相位关系,即

$$I = \frac{U}{X_L}, \theta_u = \theta_i + \frac{\pi}{2}$$

通过以上分析可知,在纯电感元件的交流电路中:
(1)电压与电流是两个同频率的正弦量;
(2)电压与电流的有效值关系为 $U = X_L I$;
(3)在关联参考方向下,电感上的电压的相位超前电流相位90°。

三、电容元件上电压、电流的相量关系

图 5.13 所示为一个纯电容的交流电路,选择电压与电流关联参考方向,设电容元件电压为正弦电压

$$u = \sqrt{2}U\sin(\omega t + \theta_u)$$

则电路中电流根据公式

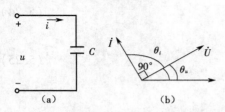

$$i = C\frac{du}{dt}$$

$$= C\frac{d}{dt}\left[\sqrt{2}U\sin(\omega t + \theta_u)\right]$$

$$= \omega C\sqrt{2}U\cos\left(\omega t + \theta_u + \frac{\pi}{2}\right)$$

$$= \sqrt{2}\omega CU\sin\left(\omega t + \theta_u + \frac{\pi}{2}\right)$$

$$= \sqrt{2}I\sin(\omega t + \theta_i)$$

图 5.13 电容元件上电压、电流的相量关系
(a)纯电容元件;(b)相量图

式中, $I = \omega CU$ 或 $I_m = \omega CU_m$, $\theta_i = \theta_u + \dfrac{\pi}{2}$。

上述两正弦量对应的相量分别为
$$\dot{U} = U\angle\theta_u, \dot{I} = I\angle\theta_i$$

两相量关系为

$$\dot{I} = I \angle \theta_i = \omega CU \angle \left(\theta_u + \frac{\pi}{2} \right) CU \angle \theta_u \angle \frac{\pi}{2}$$

$$= \mathrm{j}\omega CU \angle \frac{\pi}{2} = \mathrm{j}\omega C\dot{U} = \mathrm{j}\frac{\dot{U}}{X_C}$$

即 $\qquad\qquad \dot{I} = \frac{\dot{U}}{\mathrm{j}X_C} \quad \left(X_C = \frac{1}{\omega C} 称为电容器的容抗 \right)$ （5.21）

此式就是电容元件上电压与电流的相量关系式。由复数可知,式(5.21)包含着电压与电流的有效值关系和相位关系,即

$$U = X_C I, \theta_u = \theta_i - \frac{\pi}{2}$$

通过以上分析可知,在纯电容元件的交流电路中:

(1)电压与电流是两个同频率的正弦量;

(2)电压与电流的有效值关系为 $U = X_C I$;

(3)在关联参考方向下,电容上的电压的相位滞后电流相位 90°。

四、电路中基本定律的相量表示

基尔霍夫定律是电路的基本定律,不仅适用于直流电路,而且适用于交流电路。在正弦交流电路中,所有电压、电流都是同频率的正弦量,它们的瞬时值和对应的相量都遵守基尔霍夫定律。

1. KCL 定律的相量表示

(1)KCL 定律的瞬时值形式为

$$\sum i = 0 \tag{5.22}$$

(2) KCL 的相量形式为

$$\sum \dot{I} = 0 \tag{5.23}$$

2. KVL 定律的相量表示

(1)KVL 定律的瞬时值形式为

$$\sum u = 0 \tag{5.24}$$

(2) KVL 的相量形式为

$$\sum \dot{U} = 0 \tag{5.25}$$

任务二 电压、电流的相量表示与运算训练

一、电路中 KCL 定律的应用

【训练5.9】 如图5.14(a)所示,已知 $i_1 = 6\sqrt{2}\sin(\omega t + 30°)$ A, $i_2 = 8\sqrt{2}\sin(\omega t - 60°)$ A。求 $i = i_1 + i_2$。

解:$\dot{I}_1 = 6 \angle 30° = 5.196 + \mathrm{j}3$ A, $\dot{I}_2 = 8 \angle -60° = 4 - \mathrm{j}6.928$ A

由 $\sum \dot{I} = 0$,即 $-\dot{I} + \dot{I}_1 + \dot{I}_2 = 0$,则有

$$\dot{I} = \dot{I}_1 + \dot{I}_2 = (5.196 + \mathrm{j}3) + (4 - \mathrm{j}6.928) = 9.296 - \mathrm{j}3.928 = 10 \angle -23.1° \text{ A}$$

其解析式为 $\qquad\qquad i = 10\sqrt{2}\sin(\omega t - 23.1°)$ A

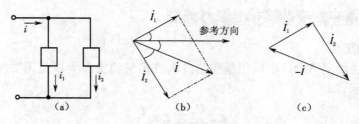

图 5.14 训练 5.9 图

(a)电路;(b)电流相量;(c)KCL 的相量形式

KCL 体现在相量图上如图 5.14(c)所示,为一封闭的多边形。

二、电路中 KVL 定律的应用

【训练 5.10】 图 5.15(a)所示电路中,已知电压表 V_1、V_2 的读数均为 100 V,试求电路中电压表 V 的读数。

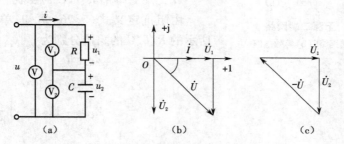

图 5.15 训练 5.10 图

(a)电路图;(b)电流相量图;(c)KVL 的相量图

解: 设电路中电流 $\dot{I} = I\angle 0°$ A。

图 5.15(a)以电流为关联参考方向,则电阻上的电压与电流同相,故

$$\dot{U}_1 = 100\angle 0° \text{ V}$$

电容上的电压滞后电流 90°,故

$$\dot{U}_2 = 100\angle -90° \text{ V}$$

根据相量形式的 KVL,得

$$\dot{U} = \dot{U}_1 + \dot{U}_2 = 100\angle 0° + 100\angle -90° = 100 - j100 = 141.4\angle -45° \text{ V}$$

即电压表 V 的读数为 141.4 V。

KVL 体现在相量图上为一封闭的多边形,$-\dot{U} + \dot{U}_1 + \dot{U}_2 = 0$,如图 5.15(c)所示。

项目5.4 正弦交流电路的计算

【能力目标】能运用正弦交流电路的基本分析方法,计算正弦交流电路问题。

【知识目标】

1. 掌握阻抗的概念。

2. 掌握纯电阻、电感、电容元件上电流与电压的相位关系。

3. 掌握有功功率、无功功率、视在功率的概念。

任务一　交流电路中的阻抗串联与并联

一、阻抗的定义

定义无源二端网络端口电压相量和端口电流相量的比值为该无源二端网络的阻抗，并用符号 Z 表示，即

$$Z = \frac{\dot{U}_m}{\dot{I}_m} \text{或} Z = \frac{\dot{U}}{\dot{I}} \tag{5.26}$$

$$\dot{U}_m = Z\dot{I}_m \text{ 或 } \dot{U} = Z\dot{I}$$

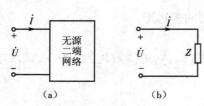

图 5.16　无源二端网络

(a)无源二端网络；(b)等效电路

此定义称为欧姆定律的相量形式。其中阻抗 Z 的单位是欧［姆］（Ω）。这样图 5.16(a) 的无源单口网络就可以与图 5.16(b) 的电路模型等效。

对于阻抗定义式说明以下几点。

1. 交流电路中 R、L、C 的阻抗

由阻抗定义式(5.26)可知，单一元件图 5.17 所示的 R、L、C 的阻抗分别为

$$Z_R = R$$

$$Z_L = jX_L = j\omega L$$

$$Z_C = -jX_C = -j\frac{1}{\omega C}$$

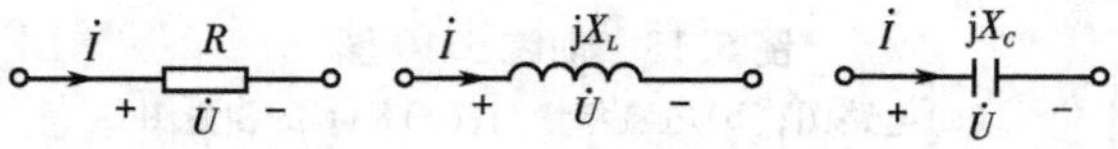

图 5.17　R、L、C 阻抗模型

2. 交流电路中阻抗 Z 表达式

Z 是在关联参考方向下，由电压相量 $\dot{U}$ 与电流相量 $\dot{I}$ 之比定义的。但是复阻抗不是正弦量，因此，只用大写字母 Z 表示，而不加黑点。但它取决于网络结构、元件参数的电源的频率，无源单口网络的阻抗 Z 决定了端口电压相量 $\dot{U}$ 与端口电流相量 $\dot{I}$ 的关系。从定义式(5.26)可知，阻抗 Z 是一个复数，因此有极坐标和直角坐标两种形式。

（1）用极坐标形式表示阻抗 Z 形式，则有

$$Z = |Z| \angle \theta = \frac{\dot{U}}{\dot{I}} = \frac{U}{I} \angle (\theta_u - \theta_i) \tag{5.27}$$

$$\left. \begin{array}{l} |Z| = \dfrac{U}{I} \\ \theta = \theta_u - \theta_i \end{array} \right\} \tag{5.28}$$

（2）用直角坐标形式表示阻抗形式，则有

$$Z = R + jX \tag{5.29}$$

式中，实部 R 称为阻抗电阻分量，虚部 X 称为阻抗电抗分量，它们单位都是欧姆（Ω）。R 一般为正值，而 X 可能为正，亦可能为负。

二、阻抗的性质

$$Z = R + jX = |Z| \angle \theta$$

$$\theta = \arctan \frac{X}{R}$$

$$|Z| = \sqrt{R^2 + X^2}$$

其中,$R = |Z|\cos\theta$,$X = |Z|\sin\theta$。

$$Z = \frac{\dot{U}}{\dot{I}} = \frac{U\angle\theta_u}{I\angle\theta_i} = \frac{U}{I}\angle(\theta_u - \theta_i)$$

$$|Z| = \frac{U}{I} = \frac{U_m}{I_m}$$

则

$$\theta = \theta_u - \theta_i \begin{cases} \theta > 0 & \text{电压超前电流,电路呈感性} \\ \theta < 0 & \text{电压滞后电流,电路呈容性} \\ \theta = 0 & \text{电压与电流同相,电路呈纯电阻性} \end{cases}$$

三、阻抗的串联与并联基础知识

1. 阻抗的串联基础知识

如图 5.18 所示电路是两个阻抗相串联的电路,电流和电压的参考方向均标于图上,根据相量形式的基尔霍夫 KVL 定律,有

$$\dot{U} = \dot{U}_1 + \dot{U}_2 = Z_1\dot{I} + Z_2\dot{I} = (Z_1 + Z_2)\dot{I}$$

端口等效阻抗为

$$Z = Z_1 + Z_2$$

阻抗 Z_1、Z_2 分压值为

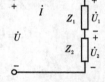

图 5.18 两个阻抗串联

$$\dot{U}_1 = \frac{Z_1}{Z_1 + Z_2}\dot{U}, \quad \dot{U}_2 = \frac{Z_2}{Z_1 + Z_2}\dot{U}$$

推论:若 n 个电阻串联,则

$$Z = Z_1 + Z_2 + \cdots + Z_n \tag{5.30}$$

由式(5.30)可见,串联电路等效阻抗等于各个复阻抗之和。设 $Z_1 = R_1 + jX_1$,$Z_2 = R_2 + jX_2$,$\cdots$,$Z_n = R_n + jX_n$,则

$$\begin{aligned} Z &= R_1 + jX_1 + R_2 + jX_2 + \cdots + R_n + jX_n \\ &= (R_1 + R_2 + \cdots + R_n) + j(X_1 + X_2 + \cdots + X_n) \\ &= R + jX \end{aligned}$$

式中,$R = R_1 + R_2 + \cdots + R_n$,为串联电路的等效电阻,即各阻抗的电阻之和;$X = X_1 + X_2 + \cdots + X_n$,为串联电路的等效电抗,即各阻抗的电抗之和。

2. 阻抗的并联基础知识

如图 5.19 所示电路是两个阻抗相并联的电路,电流和电压的参考方向均标于图上,根据相量形式的基尔霍夫 KCL 定律,有

$$\dot{I} = \dot{I}_1 + \dot{I}_2 = \frac{\dot{U}}{Z_1} + \frac{\dot{U}}{Z_2} = \left(\frac{1}{Z_1} + \frac{1}{Z_2}\right)\dot{U} = \frac{\dot{U}}{Z}$$

端口等效阻抗为

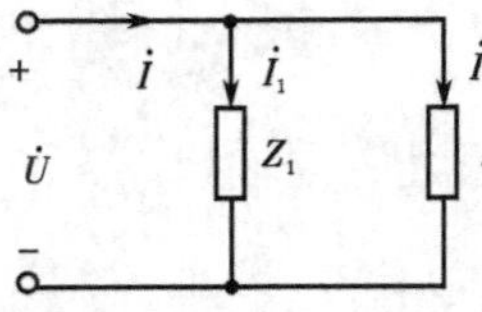

$$\frac{1}{Z} = \frac{1}{Z_1} + \frac{1}{Z_2} \text{或} Z = \frac{Z_1 Z_2}{Z_1 + Z_2}$$

支路阻抗 Z_1、Z_2 分流值为

$$\dot{I_1} = \frac{Z_2}{Z_1 + Z_2}\dot{I}, \dot{I_2} = \frac{Z_1}{Z_1 + Z_2}\dot{I}$$

图5.19　两个阻抗并联　　推论:若 n 个电阻串联,则

$$\dot{I} = \dot{I_1} + \dot{I_2} + \cdots + \dot{I_n} = \frac{\dot{U}}{Z_1} + \frac{\dot{U}}{Z_2} + \cdots + \frac{\dot{U}}{Z_n} = \left(\frac{1}{Z_1} + \frac{1}{Z_2} + \cdots + \frac{1}{Z_n}\right)\dot{U} = \frac{\dot{U}}{Z}$$

其中　　　　　　　　　　　　$\frac{1}{Z} = \frac{1}{Z_1} + \frac{1}{Z_2} + \cdots + \frac{1}{Z_n}$　　　　　　　　　　　(5.31)

任务二　交流电路中阻抗串联与并联电路运算训练

一、交流电路中阻抗串联电路运算训练

【训练5.11】　电路如图5.18所示,两个阻抗 $Z_1 = 5 + j15 \ \Omega$,$Z_2 = 1 - j7 \ \Omega$ 相串联,接在电压 $u = 100\sqrt{2}\sin(\omega t + 90°)$ V 的电源上。试求等效阻抗 Z 及两阻抗的电压 u_1 和 u_2。

解:参考方向如图5.18所示,等效阻抗

$$Z = Z_1 + Z_2 = (5 + j15) + (1 - j7) = 6 + j8 = 10\angle 53.13° \ \Omega$$

$$\dot{U_1} = \frac{Z_1}{Z_1 + Z_2}\dot{U} = \frac{15.81\angle 71.58°}{10\angle 53.13°}100\angle 90° = 158.1\angle 108.44° \ \text{V}$$

$$\dot{U_2} = \frac{Z_2}{Z_1 + Z_2}\dot{U} = \frac{7.07\angle -81.87°}{10\angle 53.13°}100\angle 90° = 70.7\angle 45° \ \text{V}$$

其解析式为

$$u_1 = 158.1\sqrt{2}\sin(\omega t + 108.44°) \ \text{V}$$

$$u_2 = 70.7\sqrt{2}\sin(\omega t - 45°) \ \text{V}$$

二、交流电路中阻抗并联电路运算训练

【训练5.12】　电路如图5.20所示,已知 $R = 15 \ \Omega$,$C = 50 \ \mu\text{F}$,$L = 30 \ \text{mH}$,$\omega = 1\ 000 \ \text{rad/s}$,总电流 $i = 5\sqrt{2}\sin(\omega t + 40°)$ A。试求等效阻抗 Z 及支路阻抗的电流 i_1 和 i_2。

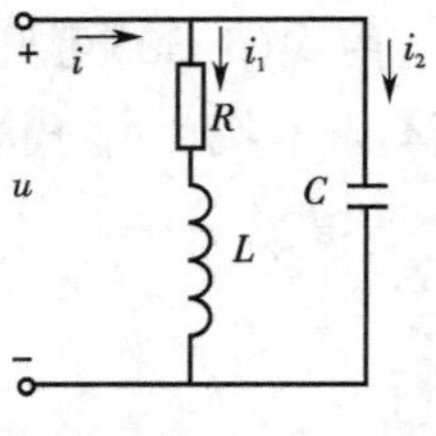

解:支路阻抗

$$Z_1 = R + j\omega L = 15 + j1000 \times 30 \times 10^{-3} = 15 + j30$$
$$= 33.54\angle 63.43° \ \Omega$$

图5.20　例5.12图

$$Z_2 = -j\frac{1}{\omega C} = -j\frac{1}{1\ 000 \times 50 \times 10^{-6}} = -j20 = 20\angle -90° \ \Omega$$

$$Z = \frac{Z_1 Z_2}{Z_1 + Z_2} = \frac{33.54\angle 63.43° \times 20\angle -90°}{15 + j30 - j20} = \frac{670.8\angle -26.57°}{18.03\angle 33.69°} = 37.2\angle -60.26° \ \Omega$$

$$\dot{I_1} = \frac{Z_2}{Z_1 + Z_2}\dot{I} = \frac{20\angle -90°}{18.03\angle 33.69°} \times 5\angle 40° = 1.1\angle -123.69° \times 5\angle 40° = 5.5\angle -83.69° \ \text{A}$$

$$\dot{I}_2 = \frac{Z_1}{Z_1 + Z_2}\dot{I} = \frac{33.54\angle 63.43°}{18.03\angle 33.69°} \times 5\angle 40° = 9.3\angle 69.74°\ A$$

则
$$i_1 = 5.5\sqrt{2}\sin(1\ 000t - 83.69°)\ A$$
$$i_2 = 9.3\sqrt{2}\sin(1\ 000t + 69.74°)\ A$$

任务三　RLC 串联电路的相量表示与计算训练

图 5.21 所示电路是由电阻 R、电感 L、电容 C 串联组成的电路，流过各元件的电流都是 i，电压、电流的参考方向如图中所示。

一、RLC 串联电路电压、电流的相量关系

设电路中电流 $i = \sqrt{2}I\sin \omega t$，对应的相量为 $\dot{I} = I\angle 0°$，则
电阻上的电压

$$\dot{U}_R = R\dot{I}$$

电感上的电压

$$\dot{U}_L = jX_L\dot{I}$$

电容上的电压

$$\dot{U}_C = -jX_C\dot{I}$$

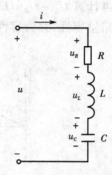

图 5.21　RLC 串联电路

根据相量形式的 KVL 有

$$\dot{U} = \dot{U}_R + \dot{U}_L + \dot{U}_C = R\dot{I} + jX_L\dot{I} - jX_C\dot{I} = [R + j(X_L - X_C)]\dot{I}$$

令 $X = X_L - X_C$，$Z = R + jX$，则

$$|Z| = \sqrt{R^2 + X^2} = \sqrt{R^2 + (X_L - X_C)^2}$$

$$\theta = \arctan \frac{X}{R} = \arctan \frac{X_L - X_C}{R} \tag{5.32}$$

$|Z|$ 是复阻抗的模，称为阻抗，它反映了 RLC 串联电路对正弦电流的阻碍作用，阻抗的大小只与元件的参数和频率有关，而与电压电流无关。

θ 是复阻抗的辐角，称为阻抗角，它也是关联参考方向下电路的端电压 u 超前电流 i 的相位差。

$$\frac{\dot{U}}{\dot{I}} = Z$$

即
$$\frac{U\angle \theta_u}{I\angle \theta_i} = |Z|\angle \theta$$

式中，$|Z| = \dfrac{U}{I}$，$\theta = \theta_u - \theta_i$。

上述表明，相量关联式包含着电压和电流的有效值关系式和相位关系式。

二、RLC 串联电路阻抗的性质

由于阻抗 $Z = |Z|\angle \theta$，而 $\theta = \arctan \dfrac{X}{R}$，当电路结构、参数或频率不同时，阻抗角 θ 可能会出现以下 3 种情况。

1. 感性电路

当 $X_L > X_C(X>0)$ 时，$U_L > U_C$。如图 5.22(a)所示，以电流 $\dot{I}$ 为参考相量，分别画出与

电流同相的 $\dot{U}_R$,超前电流相位 90° 的 $\dot{U}_L$,滞后于电流相位 90° 的 $\dot{U}_C$,然后 $\dot{U}_L + \dot{U}_C = \dot{U}_X > 0$,再计算 $\dot{U}_X + \dot{U}_R = \dot{U}$,由相量图 5.22(a)所示,$\theta > 0$,电路中电压 $\dot{U}$ 相位超前电流 $\dot{I}$ 角 θ,电路呈感性,称为感性电路。

2. 容性电路

当 $X_L < X_C (X < 0)$ 时,$U_L < U_C$。如图 5.22(b)所示,以电流 $\dot{I}$ 为参考相量,分别画出与电流同相的 $\dot{U}_R$,超前电流相位 90° 的 $\dot{U}_L$,滞后于电流相位 90° 的 $\dot{U}_C$,然后 $\dot{U}_L + \dot{U}_C = \dot{U}_X < 0$,再计算 $\dot{U}_X + \dot{U}_R = \dot{U}$,由相量图 5.22(b)所示,$\theta < 0$,电路中电压 $\dot{U}$ 相位滞后电流 $\dot{I}$ 角 θ,电路呈容性,称为容性电路。

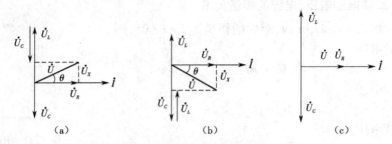

图 5.22 RLC 串联电路的三种情况相量图
(a)感性电路;(b)容性电路;(c)谐振电路

3. 纯电阻性电路(电路呈谐振状态)

当 $X_L = X_C (X = 0)$ 时,$U_L = U_C$。如图 5.22(c)所示,以电流 $\dot{I}$ 为参考相量,分别画出与电流同相的 $\dot{U}_R$,超前电流相位 90° 的 $\dot{U}_L$,滞后于电流相位 90° 的 $\dot{U}_C$,然后 $\dot{U}_L + \dot{U}_C = \dot{U}_X = 0$,$\dot{U}_R = \dot{U}$,由相量图 5.17(c)所示,$\theta = 0$,电路中电压 $\dot{U}$ 与电流 $\dot{I}$ 同相,电路呈纯电阻性,这种特殊状态,称 RLC 串联谐振。在 RLC 串联谐振状态下有

$$X_L = X_C$$

即

$$\omega_0 L = \frac{1}{\omega_0 C}$$

此时,角频率 $\omega_0 = \dfrac{1}{\sqrt{LC}}$ 或谐振频率 $f_0 = \dfrac{1}{2\pi\sqrt{LC}}$。 (5.33)

对于任一选定的 RLC 串联电路,总有一个对应的谐振频率 f_0,它反映了电路的一种固有性质。因此,f_0 又称为 RLC 电路的固有频率,是由电路自身参数确定的。从式(5.33)可以看出,改变 ω、L 或 C 可使电路发生谐振或消除谐振。

串联谐振下,电压与电流同相,阻抗 $Z = R$,阻抗的模最小,在外加电压一定时,电路的总电流最大。

三、RLC 串联电路的相量运算训练

【训练 5.13】 图 5.21 所示为一 RLC 串联电路。已知 $R = 5$ kΩ,$L = 6$ mH,$C = 0.001$ μF,$u = 5\sqrt{2}\sin 10^6 t$ V。求:(1)电流 i 和各元件上的电压,画出相量图;(2)当角频率变为 2×10^5 rad/s 时,电路的性质有无改变。

解:(1) $X_L = \omega L = 10^6 \times 6 \times 10^{-3} = 6$ kΩ

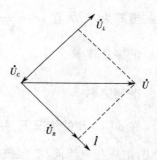

$$X_C = \frac{1}{\omega C} = \frac{1}{10^6 \times 0.001 \times 10^{-6}} = 1 \text{ k}\Omega$$

$$Z = R + j(X_L - X_C) = 5 + j(6-1) = 5\sqrt{2}\angle 45°$$

$\theta = 45° > 0$，电路呈感性。

$$u = 5\sqrt{2}\sin 10^6 t \text{ V}, U_m = 5\sqrt{2} \text{ V}$$

$$\dot{I}_m = \frac{\dot{U}_m}{Z} = \frac{5\sqrt{2}\angle 0°}{5\sqrt{2}\angle 45°} = 1\angle 45° \text{ A}$$

$$\dot{U}_{Rm} = R\dot{I}_m = 5 \times 1\angle -45° = 5\angle -45° \text{ V}$$

$$\dot{U}_{Lm} = jX_L\dot{I}_m = j6 \times 1\angle -45° = 6\angle 45° \text{ V}$$

$$\dot{U}_{Cm} = -jX_C\dot{I}_m = -j1 \times 1\angle -45° = 1\angle -135° \text{ V}$$

图 5.23　训练 5.13 相量图

相量图如图 5.23 所示，其解析式表达为

$$i = \sin(10^6 t - 45°) \text{ mA}$$

$$u_R = 5\sin(10^6 t - 45°) \text{ V}$$

$$u_L = 6\sin(10^6 + 45°) \text{ V}$$

$$u_C = \sin(10^6 t - 135°) \text{ V}$$

（2）当角频率变为 2×10^5 rad/s 时，电路阻抗

$$Z = R + j(X_L - X_C)$$

$$= 5 + j\left(2 \times 10^5 \times 6 \times 10^{-3} - \frac{1}{2 \times 10^5 \times 0.001 \times 10^{-6}}\right)$$

$$= 5 - j8.8 = 10.12\angle -60.4° \text{ k}\Omega$$

$\theta = -60.4° < 0$，电路呈容性。

任务四　RLC 并联电路的相量表示与计算训练

一、RLC 并联电路电压、电流的相量关系

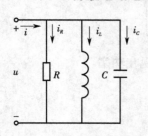

图 5.24　RLC 并联电路

RLC 并联电路是一种常见的无源网络。其分析方法与 RLC 串联电路相似。图 5.24 所示电路是由电阻 R、电感 L、电容 C 并联组成的电路，各元件两端电压都是 u，电压、电流的参考方向如图所示，则

$$\dot{I}_L = \frac{\dot{U}}{jX_L}, \dot{I}_R = \frac{\dot{U}}{R}, \dot{I}_C = \frac{\dot{U}}{-jX_C}$$

$$\dot{I} = \dot{U}\left[\frac{1}{R} + j\left(\frac{1}{X_L} - \frac{1}{X_C}\right)\right]$$

$$\frac{1}{Z} = \frac{1}{R} + j\left(\frac{1}{X_L} - \frac{1}{X_C}\right)$$

若已知 $\dot{U} = U\angle\theta_u$，便可求出各个电流相量。

二、RLC 并联电路电路阻抗的性质

当虚部 $\frac{1}{X_L} - \frac{1}{X_C} = 0$ 时，即 $X_L = X_C$ 时，称 RLC 并联谐振。在 RLC 并联谐振状态下，阻

抗的虚部为零,故有 $\omega C - \dfrac{1}{\omega L} = 0$。

谐振角频率
$$\omega_0 = \frac{1}{\sqrt{LC}}$$

谐振频率
$$f_0 = \frac{1}{2\pi}\frac{1}{\sqrt{LC}}$$

在 $\omega L \gg R$ 的情况下,并联谐振电路与串联谐振电路的谐振频率相同。并联谐振时, $\theta = 0$,电压与电流同相,阻抗 $Z = \dfrac{L}{RC}$,阻抗的模最大,在外加电压一定时,电路的总电流最小。

三、RLC 并联电路的相量运算训练

【训练5.14】 如图 5.24 所示的 RLC 并联电路中,已知 $R = 5\ \Omega,L = 5\ \mu H,C = 0.4\ \mu F$,电压有效值 $U = 10\ V,\omega = 10^6\ rad/s$,求总电流 i,并说明电路的性质。

解:$X_L = \omega L = 10^6 \times 5 \times 10^{-6} = 5\ \Omega, X_C = \dfrac{1}{\omega C} = \dfrac{1}{10^6 \times 0.4 \times 10^{-6}} = 2.5\ \Omega$

设 $\dot U = 10\angle 0°\ V$,则

$$\dot I_R = \frac{\dot U}{-jX_C} = \frac{10\angle 0°}{5} = 2\ A$$

$$\dot I_L = \frac{\dot U}{jX_L} = \frac{10\angle 0°}{j5} = -j2\ A$$

$$\dot I_C = \frac{\dot U}{-jX_C} = \frac{10\angle 0°}{-j2.5} = j4\ A$$

$$\dot I = \dot I_R + \dot I_L + \dot I_C = 2 - j2 + j4 = 2 + j2 = 2\sqrt{2}\angle 45°\ A$$

$$i = 4\sin(10^6 t + 45°)\ A$$

因为电流的相位超前电压,所以电路呈容性。

项目5.5 正弦电路的功率

【能力目标】能正确计算正弦电路的有功功率、无功功率与视在功率。

【知识目标】

1. 掌握电路的有功功率、无功功率与视在功率的意义和计算。

2. 了解提高功率因素的意义及其方法。

任务一 电路二端网络的功率

一、二端网络瞬时功率

电路二端网络如图 5.25(a)所示,设无源单口网络的电压、电流参考方向一致,在正弦交流电路中,u、i 分别为

$$i = \sqrt{2}I\sin(\omega t + \theta_i)\ ,u = \sqrt{2}U\sin(\omega t + \theta_u)$$

无源单口网络的瞬时功率

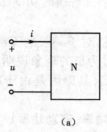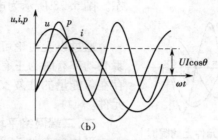

$$（a）\qquad\qquad （b）$$

图 5.25　正弦交流电路中的瞬时功率

$$
\begin{aligned}
p &= iu = \sqrt{2}I\sin(\omega t + \theta_i)\sqrt{2}U\sin(\omega t + \theta_u) \\
&= UI[\cos(\theta_u - \theta_i) - \cos(2\omega t + \theta_u + \theta_i)] \\
&= UI[\cos\theta - \cos(2\omega t + 2\theta_u - \theta)]
\end{aligned}
\tag{5.34}
$$

其中，$\theta = \theta_u - \theta_i$。

从上式可以看出，瞬时功率由两部分组成：一部分为 $UI\cos\theta$，是与时间无关的恒定分量；另一部分 $UI\cos(2\omega t + 2\theta_u - \theta)$，是随时间按 2ω 变化的余弦函数。p、u、i 波形如图 5.25（b）所示，可以看到 u、i 以 ω 为角频率变化，而 p 以 2ω 变化，瞬时功率 p 有时为正，有时为负。$p > 0$ 时，无源单口网络吸收功率；$p < 0$ 时，无源单口网络送出功率。

对于电阻元件，u、i 同相，$\theta = \theta_u - \theta_i = 0$，则

$$
p_R = UI[1 - \cos(2\omega t + 2\theta_u)]
\tag{5.35}
$$

上式可以看出，电阻元件的瞬时功率随时间按 2ω 变化，且 $p_R \geqslant 0$，即电阻始终在吸收功率。这表明电阻元件总是消耗量，是一个耗能元件。图 5.26 所示电阻元件瞬时功率随时间变化的波形图。

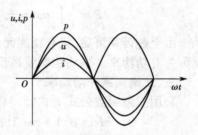

图 5.26　电阻元件上瞬时功率波形图

对于电感元件，$\theta = \theta_u - \theta_i = \dfrac{\pi}{2}$，则

$$
p_L = UI\left[\cos\left(2\omega t + 2\theta_u - \frac{\pi}{2}\right)\right] = UI\sin(2\omega t + 2\theta_u)
\tag{5.36}
$$

上式说明，电感元件的瞬时功率也是随时间按 2ω 变化的正弦量。当 $p_L > 0$ 时，电感储存磁场能量；当 $p_L < 0$ 时表明电感释放能量。电感元件是一个储能元件。图 5.27 所示为电感元件瞬时功率随时间变化的波形图。

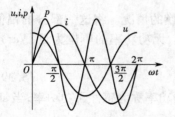

图 5.27　电感元件上的瞬时功率波形图

对于电容元件，$\theta = \theta_u - \theta_i = -\dfrac{\pi}{2}$，则

$$
p_C = UI\left[\cos\left(2\omega t + 2\theta_u + \frac{\pi}{2}\right)\right] = -UI\sin(2\omega t + 2\theta_u)
\tag{5.31}
$$

上式说明，电容元件的瞬时功率也是随时间按 2ω 变化的正弦量。当 $p_C > 0$ 时，电容器从电源吸取电能，电容处于充电状态；当 $p_C < 0$ 时，表明电容器释放能量，电容器处于放电状

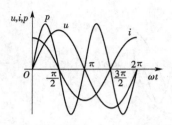

图 5.28　电容元件上的瞬时功率波形图

态。图 5.28 所示为电容元件瞬时功率随时间变化的波形图。

通过以上讨论可见,对于一般的无源单口网络而言,瞬时功率有时为正有时为负的现象说明电路和电源之间存在着能量的往复交换,其原因是由于电路中含有储能元件。

二、二端网络平均功率(有功功率)

平均功率的定义为瞬时功率在一个周期内的平均值,用 P 表示,即

$$P = \frac{1}{T}\int_0^T p\,\mathrm{d}t = \frac{1}{T}\int_0^T UI[\cos\theta - \cos(2\omega t + 2\theta_u - \theta)]\,\mathrm{d}t = UI\cos\theta \qquad (5.37)$$

该式表明,平均功率不仅与电压和电流的有效值有关,而且与它们之间的相位差 θ 有关。θ 称为功率因素角,$\cos\theta$ 称功率因数。

电阻元件的平均功率

$$P = \frac{1}{T}\int_0^T p\,\mathrm{d}t = \frac{1}{T}\int_0^T UI[1 - \cos(2\omega t + 2\theta_u)]\,\mathrm{d}t = UI \quad (\theta = 0)$$

电感元件的平均功率

$$P = \frac{1}{T}\int_0^T p\,\mathrm{d}t = \frac{1}{T}\int_0^T UI\sin(2\omega t + 2\theta_u)\,\mathrm{d}t = 0 \quad (\theta = \frac{\pi}{2})$$

电容元件的平均功率

$$P = \frac{1}{T}\int_0^T p\,\mathrm{d}t = \frac{1}{T}\int_0^T UI\sin(2\omega t + 2\theta_u)\,\mathrm{d}t = 0 \quad (\theta = -\frac{\pi}{2})$$

由上述计算可见,只有耗能元件才有平均功率,而储能元件平均功率为零。平均功率又称为有功功率。平均功率就是反映电路实际消耗的功率。

三、二端网络无功功率

利用三角函数公式对式(5.34)展开并整理后,可得到瞬时功率表达式为

$$p = UI\cos\theta[1 + \cos 2(\omega t + \theta_u)] + UI\sin\theta\sin[2(\omega t + \theta_u)] = p_1 + p_2 \qquad (5.38)$$

$$p_1 = UI\cos\theta[1 + \cos 2(\omega t + \theta_u)] \geqslant 0$$

p_1 始终大于零,是有功功率的瞬时功率,其平均值为 $UI\cos\theta$。

$$p_2 = UI\sin\theta\sin[2(\omega t + \theta_u)]$$

其平均值为零,它表明了二端网络与电源之间进行能量交换的情况。将这一部分的幅值 $UI\sin\theta$ 定义为无功功率,用来表明该电路能量交换的规模,无功功率的单位为乏(Var),用字母 Q 表示,即

$$Q = UI\sin\theta \qquad (5.39)$$

无功功率可正可负。当 $\sin\theta > 0$ 时,$Q > 0$,此时的无功功率称为感性无功功率;当 $\sin\theta < 0$ 时,$Q < 0$,此时的无功功率称为容性无功功率。

对电阻元件 R,$\theta = 0$,$Q = 0$。

对电感元件 L,$\theta = 90°$,$Q = UI$。

对电容元件 C,$\theta = -90°$,$Q = -UI$。

四、二端网络视在功率

电路的总电压的有效值和总电流的有效值的乘积,定义为电路的视在功率,用符号 S

表示,它的单位为伏安(V·A),在电力系统中常用(kV·A)。视在功率的表达式为

$$S = UI \qquad (5.40)$$

视在功率表示电源提供的总功率,也表示交流设备的容量。通常所说的变压器的容量,就是指视在功率。

由式(5.37)平均功率 P、式(5.39)无功功率 Q、式(5.40)视在功率 S 的表达式可知, P、Q、S 的关系是以 P、Q 为直角邻边, S 为斜边的直角三角形,称为功率三角形,如图5.29所示。

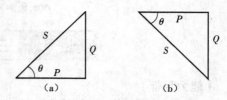

由功率三角形可知

$$S^2 = P^2 + Q^2 \quad 或 \quad S = \sqrt{P^2 + Q^2} \qquad (5.41)$$

$$\cos\theta = \frac{P}{S} = \frac{U_R}{U} = \frac{R}{|Z|} \qquad (5.42)$$

图5.29　功率三角形
(a)感性电路;(b)容性电路

五、二端网络功率因数的提高方法

在电力系统中,发电厂在发出有功功率的同时也输出无功功率。二者在总功率中各占多少不是取决于发电机,而是由负载的功率因数决定的。由前面提到的发供电设备额定容量的规定可知,当负载功率因数过低时,设备的容量不能充分利用。同时在线路上产生较大的电压降落和功率损失。当负载要求输送的有功功率 P 一定时,$\cos\theta$ 越低(即 θ 角越大),则无功功率 Q 越大,考虑到线路具有一定的电阻和感抗,较大的无功功率在线路上来回输送,则造成较大的线路损失。线路的电压损失使得负载端电压降低,用户不能正常工作。同时,线路的功率损失使得电能浪费增加,电力系统经济效益减少。为此,我国公布的电力行政法规中对用户的功率因数有明确的规定。

提高功率因数的方法很多,对于用户来讲大多采用电容器并联补偿的方法。下面将举例对此进行说明。

任务二　二端网络的功率计算训练

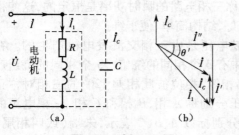

图5.30　例5.15图
(a)电路;(b)相量图

【训练5.15】　如图5.35(a)所示一台功率为1.1 kW的感应电动机,接在220 V、50 Hz的电路中,电动机需要的电流为10 A。求:(1)电动机的功率因数;(2)若在电动机上两端并联一个79.5 μF的电容器,电路的功率因数为多少?

解:(1)由公式(5.37)可得

$$\cos\theta = \frac{P}{UI} = \frac{1.1 \times 1\,000}{220 \times 10} = 0.5$$

则

$$\theta = 60°$$

(2)在未并联电容前,电路中的电流为 $\dot{I}_1$。并联电容 $C = 79.5$ μF后,电动机中的电流不变,仍为 $\dot{I}_1$,这时电路中的电流

$$\dot{I} = \dot{I}_1 + \dot{I}_C$$

由相量图得

$$I_C = \frac{U}{X_C} = \omega CU = 314 \times 79.5 \times 10^{-6} \times 220 = 5.5 \text{ A}$$

$$I' = I\sin 60° = 10\sin 60° = 8.66\ \text{A}$$

$$I'' = I\cos 60° = 10\cos 60° = 5\ \text{A}$$

$$\theta' = \arctan \frac{I' - I_C}{I''} = \arctan \frac{8.66 - 5.5}{5} = 32.3°$$

则

$$\cos \theta' = \cos 32.3° = 0.844$$

项目5.6　三相交流电路基础

【能力目标】

1. 能利用三相正弦量的特点正确计算对称三相电路中星形接法和三角形接法的线电压与相电压、线电流与相电流。

2. 能正确计算对称三相电路的电压、电流和功率。

【知识目标】

1. 掌握对称三相正弦量的特点及相序的概念。

2. 掌握对称三相电路中星形接法和三角形接法的线电压与相电压、线电流与相电流的关系。

3. 理解对称三相电路电压、电流和功率的计算方法。

4. 了解中性线在三相四线制中的作用。

任务一　对称三相正弦电路(三相电源)

目前,国内外电力系统普遍采用三相交流电制供电方式,这是因为与单相交流电路相比,三相交流电在发电、输电和用电等方面具有以下明显的优越性:

(1)在尺寸相同的情况下,三相发电机比单相发电机输出的功率大;

(2)在输电距离、输电电压、输送功率和线路损耗相同的条件下,三相输电比单相输电可节省25%的有色金属;

(3)单相电路的瞬时功率随时间交变,而对称三相电路的瞬时功率是恒定的,这使得三相电动机具有恒定转矩,比单相电动机的性能好、结构简单、便于维护。

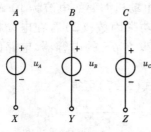

图5.31　三相电源电路符号

对称三相正弦电压是由三相交流发电机产生的。在三相交流发电机中有3个相同的绕组。3个相同的绕组产生频率相同、振幅相等、相位彼此相差120°的三相对称正弦电压。三相电压分别称 A 相、B 相和 C 相,三相电源的始端(或叫相头)分别标以 A、B、C 表示,末端(或叫相尾)分别标以 X、Y、Z 表示,如图5.31 所示。

一、对称三相正弦量(三相电源)的瞬时值表达式

选 u_A 为参考正弦量时,其瞬时值表达式为

$$\left.\begin{aligned} u_A &= \sqrt{2}U_p \sin \omega t \\ u_B &= \sqrt{2}U_p \sin(\omega t - 120°) \\ u_C &= \sqrt{2}U_p \sin(\omega t - 240°) = \sqrt{2}U_p \sin(\omega t + 120°) \end{aligned}\right\} \tag{5.43}$$

其中,U_p 表示相电压。

二、对称三相正弦量(三相电源)的相量表达式

对称三相正弦量(三相电源)的相量表达式为

$$\left.\begin{aligned}\dot{U}_A &= U_\mathrm{p}\angle 0° \\ \dot{U}_B &= U_\mathrm{p}\angle -120° \\ \dot{U}_C &= U_\mathrm{p}\angle 120°\end{aligned}\right\} \tag{5.44}$$

它们的波形图和相量图分别如图 5.32(a)、(b)所示。

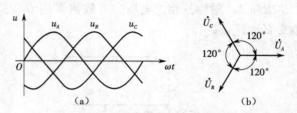

对称三相正弦电压瞬时值之和恒为零,这是对称三相正弦电压的特点,也适用于其他对称三相正弦量。从图 5.32 波形或通过计算可得出上述结论。

图 5.32 对称三相电压波形与相量图
(a)波形图;(b)相量图

对称三相正弦电压瞬时值之和恒为零,即

$$u_A + u_B + u_C = \sqrt{2}U_\mathrm{p}\sin \omega t + \sqrt{2}U_\mathrm{p}\sin(\omega t - 120°) + \sqrt{2}U_\mathrm{p}\sin(\omega t + 120°)$$
$$= \sqrt{2}U_\mathrm{p}\sin \omega t + \sqrt{2}U_\mathrm{p}(\sin \omega t\cos 120° - \cos \omega t\sin 120°)$$
$$+ \sqrt{2}U_\mathrm{p}(\sin \omega t\cos 120° + \cos \omega t\sin 120°)$$
$$= \sqrt{2}U_\mathrm{p}\sin \omega t(1 + 2\cos 120°) = 0$$

从相量图上可以看出,对称三相正弦电压的相量和为零,即

$$\dot{U}_A + \dot{U}_B + \dot{U}_C = U_\mathrm{p}\angle 0° + U_\mathrm{p}\angle -120° + U_\mathrm{p}\angle 120°$$
$$= U_\mathrm{p}\left(1 - \frac{1+\sqrt{3}}{2} + \frac{-1+\sqrt{3}}{2}\right) = 0$$

三、对称三相正弦量(三相电源)的相序

对称三相正弦电压的相位不同,表明各相电压到达零值或正峰的时间不同,3 个电压达最大值的先后次序称为相序。在图 5.32 中,三相电压到达正峰值或零值的先后次序为 u_A、u_B、u_C,其相序为 A—B—C—A,这样的次序称为顺序(或正序)。与此相反,若到达正峰值或零值的先后次序为 u_A、u_C、u_B,那么三相电压的相序为 A—C—B—A,称为负序(或反序)。工程上通用的相序为正序,如果不加说明,都为正序。在变配电所的母线上一般涂以黄、绿、红三种颜色,分别表示 A 相、B 相和 C 相。

三相电动机,改变其电源的相序就可以改变电动机的运转方向,常用来控制电动机的正转或反转。

任务二 三相对称电源的连接及其相、线电压

三相发电机输出的三相电压,每一相都可以作为独立电源单独接上负载供电。每相需要 2 根输电线,共需 6 根线,很不经济,因此不采用这种供电方式。在实际应用中,对称三相电源的连接方式有两种:星形连接(Y)和三角形(△)连接。

一、三相对称电源的星形(Y)连接及相、线电压关系

1.三相对称电源的星形(Y)连接

如图 5.33 所示,从三相电源的正极性端引出 3 根输出线,称为端线(俗称火线),三

相电源的负极性端联结为一个公共点,称为电源中性点,用 N 表示。这种连接方式的电源又称为星形电源。

在星形电源中,每根端线与中性点 N 之间的电压就是每一相的相电压。对称的 3 个相电压的有效值常用 U_p 表示。端线 A、B、C 之间的电压称为线电压,常用 U_1 表示,3 个相电压的相量形式 $\dot{U}_A$、$\dot{U}_B$、$\dot{U}_C$。对线电压而言,习惯上采用的参考方向为 A 指向 B,B 指向 C,C 指向 A。对称三相线电压的有效值常用 U_1 表示,从图 5.33 中可知三相线电压相量形式 $\dot{U}_{AB}$、$\dot{U}_{BC}$、$\dot{U}_{CA}$。

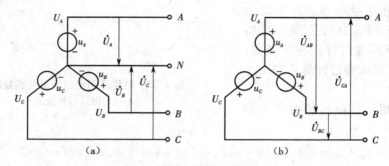

图 5.33 三相电源的星形接法(通常接法)

2. 三相电源星形连接线电压与相电压的关系

$$\left.\begin{aligned}\dot{U}_{AB} &= \dot{U}_A - \dot{U}_B \\ \dot{U}_{BC} &= \dot{U}_B - \dot{U}_C \\ \dot{U}_{CA} &= \dot{U}_C - \dot{U}_A\end{aligned}\right\} \tag{5.45}$$

在对称三相电源中,三个相电压满足式(5.44)。将式(5.44)式代入(5.45)中,可得

$$\left.\begin{aligned}\dot{U}_{AB} &= U_p \angle 0° - U_p \angle -120° = \sqrt{3}\dot{U}_A \angle 30° \\ \dot{U}_{BC} &= U_p \angle -120° - U_p \angle 120° = \sqrt{3}\dot{U}_B \angle 30° \\ \dot{U}_{CA} &= U_p \angle 120° - U_p \angle 0° = \sqrt{3}\dot{U}_C \angle 30°\end{aligned}\right\} \tag{5.46}$$

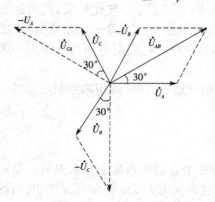

图 5.34 星形连接相电压与线电压的相量图

3. 三相对称电源星形线电压与相电压的相量图

上述线电压与相电压的关系用相量图表示,如图 5.34 所示。

从相量图 5.34 分析中可得出结论:当对称三相电源星形连接时,3 个线电压 $\dot{U}_{AB}$、$\dot{U}_{BC}$、$\dot{U}_{CA}$ 也是对称的。线电压和相电压 $\dot{U}_A$、$\dot{U}_B$、$\dot{U}_C$ 相位关系为:线电压比相电压超前相应的相电压30°。且有效值关系为:$U_1 = \sqrt{3}U_p$。

连接并引出中性线或以供应两套对称三相电压,一套是对称相电压,另一套是对称线电压。目前电网的低压供电系统就采用这种方式,线电压为 380 V,相电压为 220 V,常写作"电源电压 380/220 V"。

二、三相对称电源的三角形(△)连接及相、线电压关系

1. 三相对称电源的三角形(△)连接

如图5.35所示,如果将三相电源的相头和相尾依次连接,即A相的尾与B相的头连接,B相的尾与C相的头连接,C相的尾和A相头连接,组成一个三角形,从三角形的三个顶点引出三根端线作为输电线,则称为三相电源的三角形连接。

2. 三相对称电源△形连接线电压与相电压的关系

从图5.35中可以得到,三相电源三角形连接时各线电压就是对应的相电压,即

$$\left.\begin{array}{l} \dot{U}_{AB} = \dot{U}_A \\ \dot{U}_{BC} = \dot{U}_B \\ \dot{U}_{CA} = \dot{U}_C \end{array}\right\} \tag{5.47}$$

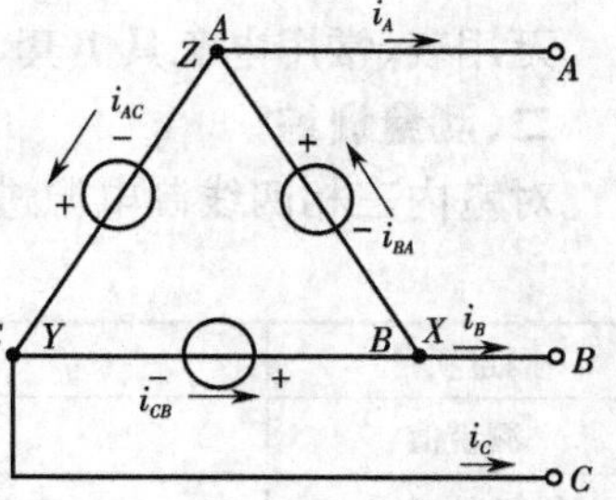

图5.35　三相电源的三角形连接

或有效值 $U_p = U_1$。

对于对称三相电压,$u_A + u_B + u_C = 0$,所以三角形闭合回路中的电源总电压为零,不会引起环路电流。

需要注意的是:三相电源作三角形连接时,必须按首、尾端依次连接,任何一相电源接反,闭合回路中的电源总电压就是相电压的两倍。由于闭合回路内的电阻很小,所以会产生很大的环路电流,致使电源烧毁。

3. 三相对称电源△形连接线电流与相电流的关系。

如图5.35所示是三相对称电源三角形连接时,电源相电流、线电流的关系,根据KCL定律,可得

$$\left.\begin{array}{l} i_A = i_{BA} - i_{AC} \\ i_B = i_{CB} - i_{BA} \\ i_C = i_{AC} - i_{CB} \end{array}\right\}$$

用相量表示

$$\left.\begin{array}{l} \dot{I}_A = \dot{I}_{BA} - \dot{I}_{AC} \\ \dot{I}_B = \dot{I}_{CB} - \dot{I}_{BA} \\ \dot{I}_C = \dot{I}_{AC} - \dot{I}_{CB} \end{array}\right\}$$

如果电源的三相电流是一组对称正弦量,那么按上述相量关系式作相量图如图5.36所示。由图可知,三个线电流也是一组对称正弦量,且 $I_1 = \sqrt{3} I_p$ 线电流的有效值是相电流有效值的$\sqrt{3}$倍。线电流滞后对应相电流30°。

$$\left.\begin{array}{l} \dot{I}_A = \sqrt{3} \dot{I}_{BA} \angle -30° \\ \dot{I}_B = \sqrt{3} \dot{I}_{CB} \angle -30° \\ \dot{I}_C = \sqrt{3} \dot{I}_{AC} \angle -30° \end{array}\right\} \tag{5.48}$$

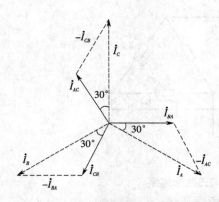

图5.36　三角形连接的对称电流相量图

任务三　三相对称电源测量训练

一、训练素材

万用表、常用电工具 1 套、三相四线制电源。

二、测量训练

对室内三相四线制电源进行线电压、相电压测量,并计算它们之间的关系。

测量项目	线电压(U_1)	相电压(U_p)
测量值		
U_1与U_p关系		

任务四　三相对称负载电路计算训练

交流电器设备种类繁多,按其对电源的要求可分为两类。一类只需单相电源即可工作,称为单相负载,如电灯、电视机、电风扇、电冰箱等。另一类必须接上三相电源才能正常工作,称为三相负载,如三相电动机等。三相负载阻抗常用 Z_A、Z_B、Z_C 表示。

三相负载中,如果每相的阻抗相等,即 $Z_A = Z_B = Z_C$,称为对称三相负载,否则为不对称三相负载。为了满足负载对电源电压的不同要求,三相负载的连接方式也有两种:星形(Y)连接和三角形(△)连接。

一、三相对称负载的星形连接(Y)和三角形(△)连接

图 5.37(a)是三相负载的星形(Y)连接法,N'为负载中性点,图 5.37(b)是三相负载的三角形(△)连接法。

在三相电路中,流过端线的电流称为线电流,流过中线的电流称为中线电流 $\dot{I}_N$,流过每相负载的电流为相电流。习惯上选定电流的参考方向是从电源流向负载,如图 5.37 所示。负载相电压、相电流的参考方向是由负载端头指向负载中性点。中线电流的参考方向为由负载中性点指向电源中性点。在图 5.37 所示星形连接的三相负载中,线电流和相电流为同一个电流。

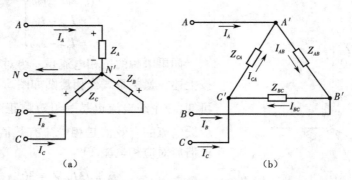

图 5.37　三相负载的星形连接与三角形连接

(a)星形连接;(b)三角形连接

二、三相对称负载电路计算

1. 对称负载电路星形(Y)连接的三相电路计算训练

如图 5.38 所示，$I_1 = I_p$，$U_1 = \sqrt{3}U_p$，电源中性点 N 和负载中性点 N' 的连接线称为中性线，简称中线（或零线）。三相电源和三相负载之间用四根导线连接的电路系统称为三相四线制。

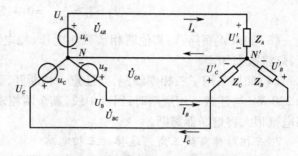

图 5.38 负载星形(Y)连接三相电路

在三相四线制中的中线电流

$$\dot{I}_N = \dot{I}_A + \dot{I}_B + \dot{I}_C \quad (5.49)$$

若三相负载阻抗相等，设 $Z_A = Z_B = Z_C = |Z| \angle \theta$，则由式(5.35)得三相负载相电流等于线电流 $I_1 = I_p$。

$$\dot{I}_A = \frac{\dot{U}_A}{Z} = \frac{U_p \angle 0°}{|Z| \angle \theta} = \frac{U_p}{|Z|} \angle -\theta$$

$$\dot{I}_B = \frac{\dot{U}_B}{Z} = \frac{U_p \angle -120°}{|Z| \angle \theta} = \frac{U_p}{|Z|} \angle (-120° - \theta)$$

$$\dot{I}_C = \frac{\dot{U}_C}{Z} = \frac{U_p \angle 120°}{|Z| \angle \theta} = \frac{U_p}{|Z|} \angle (120° - \theta)$$

中线电流

$$\dot{I}_A + \dot{I}_B + \dot{I}_C = 0$$

对称三相负载星形连接电路中，三相电流 $\dot{I}_A$、$\dot{I}_B$、$\dot{I}_C$ 对称，则中线电流 $\dot{I}_N = 0$。此时可将中线省去。此时这个电路中三根导线将三相电源和三相负载连接起来，称为三相三线制。

三相电路有功功率

$$P = 3P_p = 3U_p I_p \cos \theta = \sqrt{3} U_1 I_1 \cos \theta$$

【训练 5.16】 如图 5.38 所示，电源电压对称，线电压 $U_1 = 380$ V，负载为电灯组，每相电灯（额定电压 220 V）负载的电阻为 400 Ω。试计算：

(1)负载相电压、相电流；

(2)当 A 相断开时，其他两相负载相电压、相电流；

(3)当 A 短路时，其他两相负载相电压、相电流；

(4)如果采用了三相四线制，当任意一相断开、短路时其他两相负载相电压、相电流。

解：(1)负载对称时，可以不接中线，负载的相电压与电源的相电压相等（在额定电压下工作），则

$$U'_A = U'_B = U'_C = \frac{380}{\sqrt{3}} = 220 \text{ V}$$

$$I_A = I_B = I_C = \frac{220}{400} = 0.55 \text{ A}$$

(2)当 A 相断开时，$I_A = 0$，其他两相负载相电压、相电流为

$$U'_B = U'_C = \frac{380}{2} = 190 \text{ V}(\text{串联})$$

$$I_B = I_C = \frac{190}{400} = 0.475 \text{ A}(\text{灯暗})$$

（3）如果 A 短路,则其他两相负载相电压、相电流 $U'_B = U'_C = 380$ V,超过了的额定电压,灯将被损坏。

（4）如果采用了三相四线制,当任意一相断开,因有中线,其余两相未受影响,电压仍为 220 V。当任意一相短路时,因有中线,其余两相未受影响,电压仍为 220 V。但 A 相短路电流很大将熔断器熔断。

2. 三相对称负载三角形连接的三相电路计算

如图 3.37(b)所示, $U_1 = U_p$,若三相负载阻抗相等,设 $Z_A = Z_B = Z_C = |Z| \angle \theta$,有

$$\left. \begin{array}{l} U_{AB} = U_1 \angle 0° \\ U_{BC} = U_1 \angle -120° \\ U_{CA} = U_1 \angle 120° \end{array} \right\}$$

则电路相电流分别为

$$\dot{I}_{AB} = \frac{\dot{U}_{AB}}{Z} = \frac{U_p \angle 0°}{|Z| \angle \theta} = \frac{U_p}{|Z|} \angle -\theta$$

$$\dot{I}_{BC} = \frac{\dot{U}_{BC}}{Z} = \frac{U_p \angle -120°}{|Z| \angle \theta} = \frac{U_p}{|Z|} \angle (-120° - \theta)$$

$$\dot{I}_{CA} = \frac{\dot{U}_{CA}}{Z} = \frac{U_p \angle 120°}{|Z| \angle \theta} = \frac{U_p}{|Z|} \angle (120° - \theta)$$

线电流由图 5.36 所示,可得

$$I_1 = \sqrt{3} I_p$$

三相电路有功功率

$$P = 3P_p = 3U_p I_p \cos\theta = \sqrt{3} U_1 I_1 \cos\theta$$

【训练 5.17】 对称三相三线制的线电压 $U_1 = 100\sqrt{3}$ V,每相负载阻抗 $Z = 10 \angle 60°$ Ω,求负载为星形及三角形两种情况下的电流和三相功率。

解:（1）负载星形连接时,相电压的有效值为

$$U_p = \frac{U_1}{\sqrt{3}} = 100 \text{ V}$$

设 $\dot{U}_A = 100 \angle 0°$ V。线电流等于相电流,则

$$\dot{I}_A = \frac{\dot{U}_A}{Z} = \frac{100 \angle 0°}{10 \angle 0°} = 10 \angle -60° \text{ A}$$

$$\dot{I}_B = \frac{\dot{U}_B}{Z} = \frac{100 \angle -120°}{10 \angle 60°} = 10 \angle -180° \text{ A}$$

$$\dot{I}_C = \frac{\dot{U}_C}{Z} = \frac{100 \angle 120°}{10 \angle 60°} = 10 \angle 60° \text{ A}$$

三相总功率

$$P = \sqrt{3} U_1 I_1 \cos\varphi_z = \sqrt{3} \times 100\sqrt{3} \times 10 \times \cos 60° = 1\,500 \text{ W}$$

（2）当负载为三角形连接时，相电压等于线电压，设 $\dot{U}_{AB}=100\sqrt{3}\angle0°$ V，则相电流分别为

$$\dot{I}_{AB}=\frac{\dot{U}_{AB}}{Z}=\frac{100\sqrt{3}\angle0°}{10\angle60°}=10\sqrt{3}\angle-60°\ \text{A}$$

$$\dot{I}_{BC}=\frac{\dot{U}_{BC}}{Z}=\frac{100\sqrt{3}\angle-120°}{10\angle60°}=10\sqrt{3}\angle-180°\ \text{A}$$

$$\dot{I}_{CA}=\frac{\dot{U}_{CA}}{Z}=\frac{100\sqrt{3}\angle120°}{10\angle60°}=10\sqrt{3}\angle60°\ \text{A}$$

线电流分别为

$$\dot{I}_A=\sqrt{3}\dot{I}_{AB}\angle-30°=30\angle-90°\ \text{A}$$

$$\dot{I}_B=\sqrt{3}\dot{I}_{BC}\angle-30°=30\angle-210°=30\angle150°\ \text{A}$$

$$\dot{I}_C=\sqrt{3}\dot{I}_{CA}\angle-30°=30\angle30°\ \text{A}$$

三相总功率

$$P=\sqrt{3}U_1I_1\cos\varphi_z=\sqrt{3}\times100\sqrt{3}\times30\times\cos60°=4\,500\ \text{W}$$

由此可知，负载由星形连接改为三角形连接后，相电流增加到原来的$\sqrt{3}$倍，线电流增加到原来的 3 倍，功率增加也到原来的 3 倍。

课外技能训练

5.1　已知一正弦电压的振幅为 310 V，频率为工频，初相为 π/6。试写出其解析式，并画出波形图。

5.2　正弦量的表示方法有哪些？设正弦电压 $u_{ab}=100\sqrt{2}\sin(\omega t+30°)$（V），试用其他几种表示方法表示 u_{ab}。

5.3　已知 $U_m=100$ V，$\theta_u=70°$，$I_m=10$ A，$\theta_i=-20°$，角频率 $\omega=314$ rad/s，写出它们的解析式和相位差，并说明哪个超前，哪个滞后。

5.4　电压和电流的解析式分别为 $u=314\sin(\omega t+30°)$ V，$i=10\sqrt{2}\sin\omega t$ A，求电流和电压的有效值。

5.5　将下列每一个正弦量变换成相量形式，并画写相量图。

（1）$u_1=50\sin(600t-110°)$；

（2）$u_2=30\sin(600t+30°)$；

（3）$u=u_1+u_2$。

5.6　设 $\omega=200$ rad/s，$t=3$ ms，求下列相量给出的电流瞬时值。

（1）$\dot{I}_1=\text{j}10$ A；（2）$\dot{I}_2=(4+\text{j}2)$ A；（3）$\dot{I}=\dot{I}_1+\dot{I}_2$。

5.7　已知 $Z_1=20\angle-60°$，$Z_2=10\angle30°$，试求 Z_1+Z_2，Z_1Z_2。

5.8　一正弦电压源 $\dot{U}=130\angle\dfrac{\pi}{2}$ V，$\omega=100$ rad/s。若将该电压源分别施加于下列各元件上，求各电流相量，并画出相量图。

（1）$R=50\ \Omega$；（2）$L=20$ mH；（3）$C=400\ \mu\text{F}$。

5.9 已知 10 Ω 电阻上通过电流 $i = 5\sqrt{2}\sin(314t + \pi/4)$ A,试求电阻上消耗功率及电压解析式。

5.10 一电感 $L = 60$ mH,接到 $u = 220\sqrt{2}\sin 300t$ V 的电源上,试求电感线圈上的感抗、无功功率及电流的解析式。

5.11 电容量为 50 μF 的电容器,接在电压 $u = 400\sqrt{2}\sin 100t$ 的电源上,试求电流的解析式,并计算无功功率。

5.12 如图所示电路,已知电流表 A_1、A_2、A_3 的读数均为 8 A,求电流表 A 的读数。

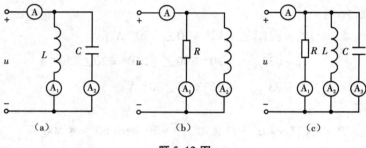

题 5.12 图

5.13 如图所示电路,电压表 V_1、V_2、V_3 的读数均为 100 V,求电压表 V 的读数。

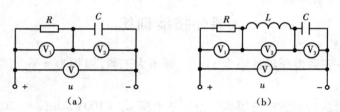

题 5.13 图

5.14 在 RLC 串联电路中,已知 $R = 100$ Ω,$L = 0.1$ H,$C = 60$ μF,求频率为 50 Hz 和 10 Hz 时电路的阻抗,并说明阻抗是容性还是感性。

5.15 在 RC 串联电路中,已知 $u = 220\sqrt{2}\sin 314t$ V,$R = 25$ Ω,$C = 73.5$ μF,求 $\dot{I}$、$\dot{U}_R$、$\dot{U}_C$,并画出相量图。

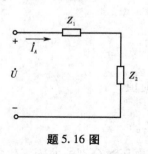

题 5.16 图

5.16 如图所示电路中,已知 $\dot{U} = 100\angle 30°$ V,$\dot{I} = 4\angle -10°$ A,$Z_1 = 4 + j6$ Ω,试求 Z_2。

5.17 在如图所示电路中,已知 $Z_1 = 30 + j30$ Ω,$Z_2 = 20 + j40$ Ω,$Z_3 = 30 - j10$ Ω,电源电压 $\dot{U} = 220\angle 15°$,求:

(1)电路的电流 $\dot{I}$;

(2)电路的有功功率、无功功率、视在功率及功率因子。

5.18 在 RLC 串联电路中,已知 $R = 25$ Ω,$L = 0.4$ H,$C = 0.025$ μF,电源电压 $U = 50$ V。试求电路谐振时频率,电路中的电流、电感两端的电压。

5.19 对称星形连接的三相电源,已知 $\dot{U}_B = 220\angle 90°$ V,求 $\dot{U}_A$、$\dot{U}_C$ 和 $\dot{U}_{AB}$、$\dot{U}_{BC}$、$\dot{U}_{CA}$。

5.20 星形连接的对称三相电源的线电压为 380 V, 试求电源的相电压。如果把电源接成三角形, 那么线电压是多少?

5.21 三相四线制电路中, 电源线电压 $\dot{U}_{AB} = 380\angle 30°$ V, 三相负载均为 $Z = 40\angle 60°$ Ω, 求各相电流, 并画出相量图。

5.22 在三相四线制照明电路中, 有一不对称负载, A 相接 20 盏灯, B 相接 30 盏灯, C 相接 40 盏灯, 灯泡的额定电压均为 220 V, 功率均为 60 W, 现灯泡正常发光, 问电源提供的功率是多少。

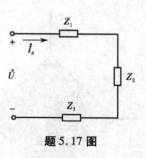

题 5.17 图

5.23 图示为星形连接的对称负载接在对称三相电源上, 线电压 $U_1 = 380$ V, 每相负载 $Z = 50\angle 60°$ Ω, 若 A 相负载断开, 求 B、C 相的电流和电压。

5.24 某变电站经线路阻抗 $Z_1 = 1 + j4$ Ω 的配电线与 $u_{AB} = 10\sqrt{2}\cos(\omega t + 30°)$ kV 电网连接。变电站变压器原边为星形连接, 每相等效阻抗 $Z = 20 + j40$ Ω。求变压器原边的各相电流、端电压相量以及电网输出的功率和变压器吸收的功率。

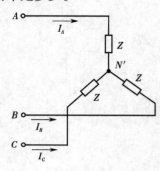

题 5.23 图

电动机控制系统

模块
6

模块能力目标

▷ 能绘制互感耦合电路等效图,并对互感耦合电路进行分析

▷ 能分析变压器的工作原理,能对电压变换、电流变换、电阻变换进行简单的计算

▷ 能分析变压器的变压器线圈极性,并能简单的计算

▷ 能对鼠笼式电动机直接启动的控制线路进行连接和工作控制

▷ 能对鼠笼式电动机正反转的控制线路进行连接和工作控制

▷ 能对用行程开关进行电动机自动往返的控制进行连接和工作控制

▷ 能对三相异步电动机的顺序控制进行连接和工作控制

模块知识目标

☑ 掌握理想变压器的基本结构、工作原理和工作效率计算

☑ 掌握变压器的额定值的物理意义及其绕组的极性测定

☑ 掌握三相异步电动机的星形和三角形连接以及正反转控制电路连接

☑ 掌握三相异步电动机复合连锁正反转控制、过热保护控制电路连接

☑ 掌握三相异步电动机顺序控制电路连接

模块计划学时

18 学时

项目6.1 电感元器件的认识与应用

【能力目标】能绘制互感耦合电路等效图,并对互感耦合电路进行分析。

【知识目标】掌握互感、耦合的基本概念,知道耦合等效电路计算方法。

【训练素材】各类电感线圈、万用表。

任务一 电感器及等效电路

凡是应用"电磁感应"原理制成的,用于在电路中产生电与磁转换作用的器件统称电感器。电感器分为两大类:一类主要是应用"自感"作用的电感线圈,另一类则主要是应用"互感"作用的变压器。

电感线圈和变压器品种很多,各产品有自己的型号,但目前尚无统一的命名方法。例如:LGX 型为小型高频电感线圈;TTF－3－1 型为调幅收音机用磁性瓷芯中频变压器;DB－50－2 型为 50 V·A 电源变压器;JDG 型为单相双线圈干式户内用电压互感器等。

线圈或电感线圈是由导线在绝缘骨架上(也有不用骨架的)绕制而成,如图 6.1 所示。在实际应用中,线圈由绕组、骨架和磁芯所构成。绕组有平式、叠式或蜂房式等几种。

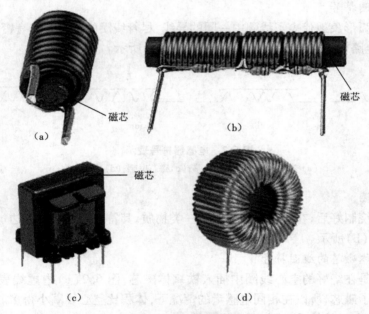

图6.1 电感线圈外形

在交流电路中,线圈有阻碍交流电流通过的作用,而对稳定的直流电流不起作用(除线圈本身的直流电阻外)。所以线圈可以在交流电路中作阻流、降压、交链、负载之用。当线圈和电容器配合时,可作调谐、滤波、选频、分频、退耦等用。

一、电感器的分类

电感器的种类较多,可按不同的分类方法进行分类。

1. 按外形分类

电感线圈按外形分类有单层、多层、绕制几种。单层线圈的电感量通常较小,约在几微亨至几十微亨。电感值较大时,线圈的尺寸就会太大,给安装带来困难,单层线圈通常适用于高频电路。多层线圈的电感量较大,通常大于300 mH。多层线圈的缺点就在于固有电容较大,因为匝与匝、层与层之间都存在分布电容。同时,线圈层与层之间的电压相差较大,当线圈两端具有较高电压时,易发生跳火、绝缘击穿等。多圈环形绕制的线圈,在感应磁场中,能增强电感量。

2. 按结构分类

电感器按结构可分为空心线圈、磁芯线圈、铁芯线圈等。

3. 按工作特征分类

电感线圈按工作特征可分为固定电感线圈和可变电感线圈两种。固定电感线圈是根据不同电感量的需求,将不同直径的铜线绕在磁芯上,再用塑料壳封装或用环氧树脂包封而成。其特点是体积小,重量轻,结构牢固可靠。可变电感线圈是指其电感量是可以改变的电感线圈。当需要电感值跳跃或改变时,一般采用抽头式线圈。通过连接抽头的位置不同,使电感量发生变化。

二、电感线圈的符号表示

1. 空心线圈符号

一个半圆弧形象地代表了线圈中一圈的导线,尽管线圈的绕制方法有密绕、间绕和蜂房式多种,但电路中均用这种符号表示,如图6.2(a)所示。

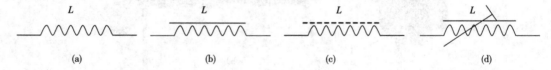

(a)　　　　　　(b)　　　　　　(c)　　　　　　(d)

图6.2　电感器符号表示

(a)空心电感;(b)铁芯电感;(c)磁芯电感;(d)可变电感

2. 铁芯线圈

这类线圈绕制好后,在中间插入硅钢片一类物质,其符号是在线圈旁边加粗黑线表示铁芯,如图6.2(b)所示。

3. 带铁氧体磁芯的线圈符号

这种线圈是在绕好的空心线圈中插入铁氧体磁芯,图6.2(c)中虚线表示铁氧体磁芯。由于增加了磁芯,所以在相同电感量的情况下,体积比空心线圈小得多。

另外,可变电感的符号如图6.2(d)所示。

三、电感线圈的等效电路

1. 电感线圈的技术参数

1)电感量

在没有非线性导磁物质存在的条件下,一个载流线圈的磁通与线圈中电流成正比,其比例常数称自感系数,简称电感,用L表示。

$$L = \frac{\Phi}{I}$$

(6.1)

式中,L 为电感,单位 H;Φ 为自感磁通量,单位 V/s;I 为电流强度,单位 A。

H 是指电路在 1 s 内,电流平均变动为 1 A 时,在电路内感应出 1 V 自感电动势的电感量值。实际应用中电感单位还有 mH,$1\,H = 10^3\,mH$。

2)品质因数

品质因数是表示线圈质量的一个参数,它是指线圈在某一频率的交流电压工作时,线圈所呈现的感抗和线圈的直流电阻之比,即

$$Q = \frac{2\pi fL}{R} = \frac{\omega L}{R} \tag{6.2}$$

式中,Q 为线圈的品质因数;ω 为工作角频率;R 为线圈的等效总损耗电阻;L 为线圈的电感量。

3)额定电流

电感线圈在正常工作时,允许通过的最大电流称为额定电流,也称为线圈的标称电流值。当工作电流大于额定电流时,线圈就会发热,甚至被烧坏。

2. 电感器(线圈)的等效电路

1)电感器(线圈)的模型

电感元件是一种能够贮存磁场能量的元件,如图 6.3 所示是实际电感器的模型。只有电感线圈上的电流变化时,电感器两端才有电压。在直流电路中,电感线圈上即使有电流通过,但 $u = 0$,相当于短路。

2)电感器的伏安特性

$$u = -L\,\frac{\mathrm{d}i}{\mathrm{d}t}$$

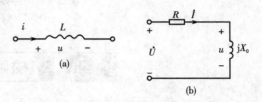

图 6.3　电感元件及等效电路
(a)电感元件;(b)等效电路

3)等效电路

$$\dot{X} = \mathrm{j}\omega L$$
$$\dot{U} = \dot{I}R + \mathrm{j}\dot{I}X_0$$

任务二　观察和测量电感器(线圈)

1. 测量设备

测试设备有万用表、电感器。

2. 电感器的检测

电感器的检测方法一般有:观察法、电阻值测量法。

步骤 1　对电感器进行外观检查,看线圈有无松散,引脚有无折断,绝缘体有无脱落、生锈现象。

步骤 2　用万用表的欧姆挡测线圈的直流电阻,若为无穷大,说明线圈(或与引出线间)有断路;若比正常值小很多,说明有局部短路;若为零,则线圈被完全短路。

步骤 3　对于有金属屏蔽罩的电感器线圈,还需检查它的线圈与屏蔽罩间是否短路。

步骤 4　对于有磁芯的可调电感器,检查磁芯螺纹配合是否良好。

步骤 5　对于双线绕组电感器,要测量匝间电阻值,判断是否有匝间短路,其匝间阻

值应为∞,否则匝间有短路现象。

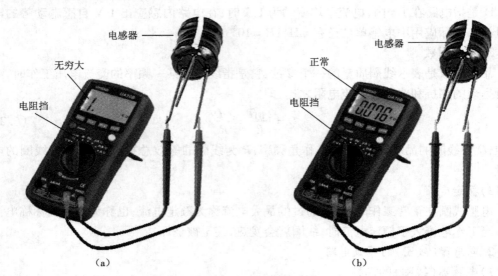

图 6.4 电感器的测量示意图

(a)无穷大；(b)正常值

项目6.2 磁路与铁芯线圈

【能力目标】能绘制互感耦合电路等效图,并对互感耦合电路进行分析。

【知识目标】掌握互感、耦合的基本概念,知道耦合等效电路计算方法。

【训练素材】三相电动机1台、导线、螺丝旋具(一字起、十字起)、万用电表、按钮开关、线卡、交流接触器、热断电器等。

任务一 磁路

实际电路中有大量电感元件的线圈中有铁芯。线圈通电后铁芯就构成磁路,磁路又影响电路。因此电工技术上不仅有电路问题,同时也有磁路问题。

一、常见线圈的磁路

如图 6.5 所示是几种常见线圈的磁路。

二、描述磁路的基本物理量

1.磁感应强度 B

磁感应强度 *B* 是表示磁场内某点磁场强弱及方向的物理量。*B* 的大小等于通过垂直于磁场方向单位面积的磁力线数目,*B* 的方向用右手螺旋定则确定,单位是特斯拉(T)。

2.磁通量 Φ

均匀磁场中磁通量 *Φ* 等于磁感应强度 *B* 与垂直于磁场方向的面积 *S* 的乘积,单位是韦伯(Wb)。

$$\Phi = B \cdot S \tag{6.3}$$

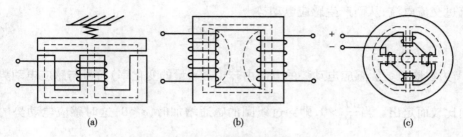

图 6.5　几种常见线圈的磁路

(a)电磁铁的磁路;(b)变压器的磁路;(c)直流电机的磁路

3. 磁导率 μ

真空的磁导率 $\mu_0 = 4\pi \times 10^{-7}$ H/m。非铁磁物质的磁导率与真空极为接近,铁磁物质的磁导率远大于真空的磁导率。

4. 磁场强度 H

$$H = \frac{B}{\mu} \quad 或 \quad B = \mu H \tag{6.4}$$

磁场强度只与产生磁场的电流以及这些电流分布有关,而与磁介质的磁导率无关,单位是安/米(A/m),是为了简化计算而引入的辅助物理量。

三、磁场中的基本定律

1. 安培环路定律

$$\oint H \cdot \mathrm{d}l = \sum I \tag{6.5}$$

计算电流代数和时,与绕行方向符合右手螺旋定则的电流取正号,反之取负号。若闭合回路上各点的磁场强度相等且其方向与闭合回路的切线方向一致(图 6.6),则

$$Hl = \sum I = NI = F \tag{6.6}$$

$F = NI$ 称为磁动势,单位是安(A)。式中,N 为线圈匝数。

2. 磁路欧姆定律

在匝数为 N 的励磁线圈中通入电流,就会产生磁通。对于图 6.7 所示具有铁芯和空气隙的直流磁路

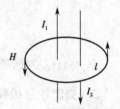

图 6.6　安培环路定律

$$\boldsymbol{\Phi} = B \cdot S = \mu HS = \mu \frac{NI}{l}S = \frac{NI}{\dfrac{l}{\mu S}} = \frac{F}{R_{\mathrm{m}}} \tag{6.7}$$

$R_{\mathrm{m}} = \dfrac{1}{\mu S}$ 称为磁阻,表示磁路对磁通的阻碍作用。

因铁磁物质的磁阻 R_{m} 不是常数,它会随励磁电流 I 的改变而改变,因而通常不能用磁路的欧姆定律直接计算,但可以用于定性分析很多磁路问题。

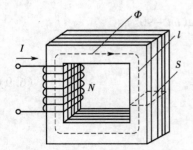

图 6.7　具有铁芯的直流磁路

3. 电磁感应定律

如图 6.8 所示,在线圈上外加正弦交流电压,绕组

中将流过交流电流,从而产生感应电动势

$$e = -N\frac{\mathrm{d}\Phi}{\mathrm{d}t} \tag{6.8}$$

式中,N 为线圈匝数。感应电动势的方向由$\frac{\mathrm{d}\Phi}{\mathrm{d}t}$(磁通量的变化率)符号与感应电动势的参考方向比较而定出。当$\frac{\mathrm{d}\Phi}{\mathrm{d}t}>0$,即穿过线圈的磁通增加时,$e<0$,这时感应电动势的方向与参考方向相反,表明感应电流产生的磁场要阻止原磁场的增加;当$\frac{\mathrm{d}\Phi}{\mathrm{d}t}<0$,即穿过线圈的磁通减少时,$e>0$,这时感应电动势的方向与参考方向相同,表明感应电流产生的磁场要阻止原磁场的减少。

任务二 交流铁芯线圈的等效电路

一、交流铁芯线圈电磁关系

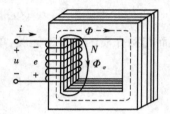

图 6.8 交流铁芯线圈电路

如图 6.8 所示,在铁芯线圈上外加正弦交流电压,绕组中将流过交流电流,则铁芯线圈中产生交变磁通。

主磁通 Φ:通过铁芯闭合的磁通。设其产生的感应电动势

$$e = -N\frac{\mathrm{d}\Phi}{\mathrm{d}t}$$

漏磁通 Φ_σ:经过空气或其他非导磁媒质闭合的磁通。设其感应电动势

$$e_\sigma = -N\frac{\mathrm{d}\Phi_\sigma}{\mathrm{d}t} = -L_\sigma\frac{\mathrm{d}i}{\mathrm{d}t}$$

$\Phi_\sigma \propto i$;L_σ 为铁芯线圈的漏磁电感,$L_\sigma = N\frac{\Phi_\sigma}{i}$。

二、交流铁芯线圈电压、电流关系

设线圈的电阻为 R,主磁电动势为 e 和漏感电动势为 e_σ,由 KVL,有

$$u + e + e_\sigma = iR$$

设主磁通按正弦规律变化:$\Phi = \Phi_\mathrm{m}\sin \omega t$,则

$$e = -N\frac{\mathrm{d}\Phi}{\mathrm{d}t} = -\omega N\Phi_\mathrm{m}\cos \omega t = E_\mathrm{m}\sin(\omega t - 90°)$$

e 的有效值为

$$E = \frac{E_\mathrm{m}}{\sqrt{2}} = \frac{\omega E \Phi_\mathrm{m}}{\sqrt{2}} = 4.44fN\Phi_\mathrm{m} \tag{6.9}$$

设漏磁电感为 L_σ,则

$$e_\sigma = -L_\sigma\frac{\mathrm{d}i}{\mathrm{d}t}$$

所以 $\qquad \mu = iR + (-e_\sigma) + (-e) = iR + L_\sigma\frac{\mathrm{d}i}{\mathrm{d}t} + N\frac{\mathrm{d}\Phi}{\mathrm{d}t} = u_R + u_\sigma + u'$

写成相量形式为

$$\dot{U} = R\dot{I} + jX_\sigma\dot{I} + \dot{U}' = \dot{U}_R + \dot{U}_\sigma + \dot{U}'$$

式中，$X'_\sigma = \omega L_\sigma$ 为漏磁感抗，简称漏抗。由于线圈的电阻 R 和漏磁通 Φ_σ 都很小，R 上的电压和漏感电动势 e_σ 也很小，与主磁电动势比较可以忽略不计。于是

$$u \approx -e = u' = N\frac{d\Phi}{dt}$$

表明在忽略线圈电阻 R 及漏磁通 φ_σ 的条件下，当线圈匝数 N 及电源频率 f 为一定时，主磁通的幅值 Φ_m 由励磁线圈外的电压有效值 U 确定，与铁芯的材料及尺寸无关。

三、交流铁芯线圈的功率损耗

交流铁芯线圈的功率损耗主要有铜损和铁损两种。

1. 铜损（ΔP_{Cu}）

在交流铁芯线圈中，线圈电阻 R 上的功率损耗称铜损，用 ΔP_{Cu} 表示。

$$\Delta P_{Cu} = RI^2$$

式中，R 是线圈的电阻；I 是线圈中电流的有效值。

2. 铁损（ΔP_{Fe}）

在交流铁芯线圈中，处于交变磁通下的铁芯内的功率损耗称铁损，用 ΔP_{Fe} 表示。铁损由磁滞和涡流产生。

1）磁滞损耗（ΔP_h）

磁滞现象使铁磁材料在交变磁化的过程中产生磁滞损耗，如图 6.9 所示，它是铁磁物质内分子反复取向所产生的功率损耗。磁滞损耗转化为热能，引起铁芯发热。

减少磁滞损耗的措施：选用磁滞回线狭小的磁性材料制作铁芯。变压器和电机中使用硅钢等材料使磁滞损耗较低。

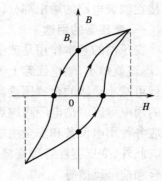

图 6.9 磁滞回线

2）涡流损耗（ΔP_e）

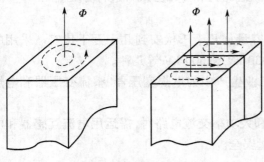

图 6.10 铁芯涡流

交变磁通在铁芯内产生感应电动势和电流，称为涡流，如图 6.10 所示。涡流在垂直于磁通的平面内环流。

涡流损耗是指由涡流所产生的功率损耗。涡流损耗转化为热能，引起铁芯发热。

减少涡流损耗措施是提高铁芯的电阻率。铁芯用彼此绝缘的钢片叠成，把涡流限制在较小的截面内。

3. 功率损耗

铁芯线圈交流电路的有功功率

$$P = UI\cos\varphi = RI^2 + \Delta P_{Fe}$$

RI^2 称为铜损，是由于铁芯线圈有电阻 R，当电流通过时产生的热损耗；ΔP_{Fe} 称为铁损，是由磁滞损耗 ΔP_h 和涡流损耗 ΔP_e 两部分组成，它们都要引起铁芯发热。

项目6.3 变压器

【能力目标】
1. 能分析变压器的工作原理、电压变换、电流变换、阻抗变换，并进行简单的计算。
2. 能进行变压器线圈同极性端的测定。

【知识目标】
1. 掌握理想变压器的基本结构、工作原理。
2. 掌握变压器的电压变换、电流变换和阻抗变换的近似公式。

【训练素材】 变压器、自耦变压器、电流互感器、电压互感器、万用表等。

任务一 变压器基础

变压器是利用两个或两个以上绕组间的"电磁互感"作用来传送电能或电信号的电气设备或器件。它的基本结构由原绕组、副绕组、骨架、铁芯等组成。原绕组与电源相连或接在前级电路的输出部分，副绕组接负载或接在后级电路的输入部分。

一、变压器的用途

变压器的基本作用是改变交流电压。在电力系统中，输送同样功率的电能，电压越高，电流就越小，输电线路上的功率损耗也越小。另外，输电线的载流面积也可以减小，这样就可减小导线的金属用量。因此，发电厂都用电力变压器将电压升高，再把电能送往远处的用电地区。输电距离越远，电压也应越高。用电时，又必须经变压器将电压降下来以适应各种用电设备和安全用电的需要。

此外，变压器在各种交流电路中，还用作改变电弧、阻抗和相位，用作功率传输、级间耦合和信号反馈等。

二、变压器的分类

变压器的种类很多，可以按用途、相数、铁芯结构和冷却方式等进行分类。

1. 按用途分类

（1）电力变压器。用在输配电系统里，容量从几十千伏安到几十万千伏安。采用的电压等级有 10 kV、35 kV、110 kV、220 kV、330 kV 和 500 kV 等几种。

（2）供给特殊电源用的变压器。例如工业生产中的电焊变压器、整流变压器和电炉变压器等。

（3）仪用互感器。测量大电流、高电压和大功率交流电路时，需运用电流互感器和电压互感器来扩大交流仪表的量程和确保测量安全。

2. 按导电相数分类

按导电相数分类有单相、三相和多相变压器，如图 6.11 和图 6.12 所示。

3. 按铁芯结构分类

按铁芯结构分类有铁芯式、铁壳式变压器，如图 6.13 所示。

4. 按冷却方式分类

按冷却方式分类有油浸变压器、干式变压器和充气式变压器。

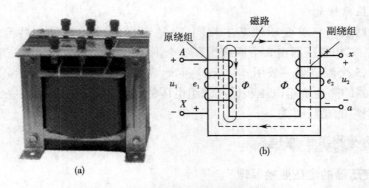

图 6.11 单相变压器结构与磁路

（a）单相变压器外形；（b）磁路

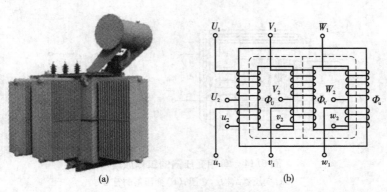

图 6.12 三相变压器结构与磁路

（a）三相变压器外形；（b）磁路

5. 按导磁材料分类

按导磁材料分类可分为硅钢片变压器、低频磁芯变压器、高频磁芯变压器 3 种。

三、变压器的结构

1. 单相变压器的结构

图 6.11 是单相变压器的结构图，主要由绕组（线圈）和铁芯两部分组成。

绕组有：一次绕组（又称原绕组）与电源端相连接；二次绕组（又称副绕组）与负载端相连接。

铁芯：主要产生电磁通路（磁路），一般由厚 0.35 mm 或 0.5 mm 高导磁硅钢片叠成，构成变压器的一次绕组（原绕组）、二次绕组（副绕组交链磁路）。

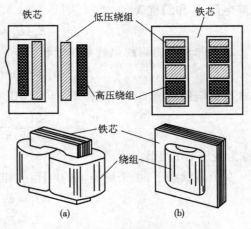

图 6.13 单相变压器的结构

（a）铁芯式变压器；（b）铁壳式变压器

2. 三相变压器结构

三相变压器结构与单变压器基本相同，也是绕组（线圈）和铁芯两部分组成，如图6.12(a)所示。三相变压器由3个原绕组和3个副绕组构成，3个原绕组一般用 U_1 U_2、V_1 V_2、W_1 W_2 表示，3个副绕组一般用 u_1u_2、v_1v_2、w_1w_2 表示，如图6.12(b)所示。

三相变压器的高压绕组电压和低压绕组电压的比值，不仅与高、低压绕组的每相匝数有关，而且与绕组的接法有关。

任务二 变压器工作原理

一、单相变压器的电压变换原理

如图6.14所示，设原绕组匝数为 N_1，输入电压为 u_1，电流为 i_1，主磁电动势为 e_1，漏磁电动势为 $e_{\sigma 1}$；副绕组匝数为 N_2，电压为 u_2，电流为 i_2，主磁电动势为 e_2，漏磁电动势为 $e_{\sigma 2}$。

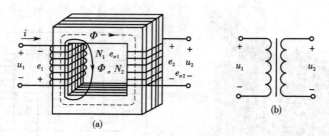

图6.14 单相变压器的工作原理

(a)变压器结构示意图；(b)变压器的符号

1. 单相变压器原绕组的电压方程

$$\dot{U}_1 = R_1\dot{I}_1 + jX_{\sigma 1}\dot{I}_1 - \dot{E}_1$$

忽略电阻 R_1 和漏抗 $X_{\sigma 1}$ 的电压，则

$$\dot{U}_1 \approx -\dot{E}_1, U_1 \approx E_1 = 0.44fN_1\Phi_{\mathrm{m}}$$

2. 单相变压器副绕组的电压方程

$$\dot{U}_2 = \dot{E}_2 - R_2\dot{I}_2 - jX_{\sigma 2}\dot{I}_2$$

空载时副绕组电流 $\dot{I}_2 = 0$，电压 $\dot{U}_{20} = E_2 = 0.44fN_2\Phi_{\mathrm{m}}$

$$\frac{U_1}{U_{20}} \approx \frac{E_1}{E_2} = \frac{N_1}{N_2} = k$$

k 称为变压器的变比。

在负载状态下，由于副绕组的电阻 R_2 和漏抗 $X_{\sigma 1}$ 很小，其上的电压远小于 E_2，仍有

$$\dot{U}_2 \approx \dot{E}_2$$

$$U_2 \approx E_2 = 0.44fN_2\Phi_{\mathrm{m}} \tag{6.10}$$

$$\frac{U_1}{U_2} \approx \frac{E_1}{E_2} = \frac{N_1}{N_2} = k$$

二、单相变压器的电流变换原理

由 $U_1 \approx E_1 = 4.44N_1f\Phi_{\mathrm{m}}$ 可知，U_1 和 f 不变时，E_1 和 Φ_{m} 也都基本不变。因此，有负载时

产生主磁通的原、副绕组的合成磁动势$(i_1 N_1 + i_2 N_2)$和空载时产生主磁通的原绕组的磁动势$i_0 N_1$基本相等,即

$$i_1 N_1 + i_2 N_2 = i_0 N_1 , \dot{I}_1 N_1 + \dot{I}_2 N_2 = \dot{I}_0 N_1$$

空载电流i_0很小,可忽略不计,则有

$$\dot{I}_1 N_1 \approx -\dot{I}_2 N_2 \quad 或 \quad \frac{I_1}{I_2} \approx \frac{N_2}{N_1} = \frac{1}{k} \tag{6.11}$$

三、单相变压器的阻抗变换原理

设接在变压器副绕组的负载阻抗Z的模为$|Z|$,则

$$|Z| = \frac{U_2}{I_2}$$

Z反映到原绕组的阻抗模$|Z'|$为

$$|Z'| = \frac{U_1}{I_1} = \frac{kU_2}{\dfrac{I_2}{k}} = k^2 \frac{U_2}{I_2} = k^2 |Z| \tag{6.12}$$

四、三相变压器绕组接线方式

如图6.15所示,三相变压器绕组接线有两种连接方式:星(Y)形连接和三角(△)形连接。

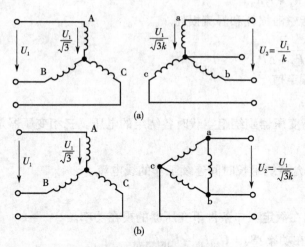

图6.15 三相变压器绕组接线方式

(a)Y/Y₀连接;(b)Y/△连接

1. 三相变压器绕组 Y/Y₀ 连接电压的变换原理

(1)相电压

$$\frac{U_{p1}}{U_{p2}} \approx \frac{E_1}{E_2} = \frac{N_1}{N_2} = k$$

(2)线电压

$$\frac{U_{l1}}{U_{l2}} \approx \frac{E_1}{E_2} = \frac{N_1}{N_2} = k$$

2. 三相变压器绕组三角形连接方式（Y／△）电压的变换原理

（1）相电压

$$\frac{U_{p1}}{U_{p2}} \approx \frac{E_1}{E_2} = \frac{N_1}{N_2} = k$$

（2）线电压

$$\frac{U_{l1}}{U_{l2}} \approx \frac{E_1}{E_2} = \frac{N_1}{N_2} = \sqrt{3}k$$

任务三　变压器的外特性、损耗与额定值

一、变压器的外特性

$$\Delta U = \frac{U_{20} - U_2}{U_{20}} \times 100\%$$

电压变化率 ΔU 反映电压 U_2 的变化程度。通常希望 U_2 的变动愈小愈好，一般变压器的电压变化率约在 5%。

二、变压器的损耗与效率

损耗：$\Delta P = \Delta P_{Cu} + \Delta P_{Fe}$。

铜损：$\Delta P_{Cu} = I_1^2 R_1 + I_2^2 R_2$。

铁损：ΔP_{Fe} 包括磁滞损耗和涡流损耗。

效率：$\eta = \dfrac{P_2}{P_1} = \dfrac{P_2}{P_2 + \Delta P}$。

三、变压器的额定值

1. 额定电压 U_N

额定电压 U_N 指变压器副绕组空载时各绕组的电压。三相变压器是指线电压。

2. 额定电流 I_N

额定电流 I_N 指允许绕组长时间连续工作的线电流。

3. 额定容量 S_N

额定容量 S_N 指在额定工作条件下变压器的视在功率。

单相变压器视在功率：$S_N = U_{2N} I_{2N} \approx U_{1N} I_{1N}$。

三相变压器视在功率：$S_N = \sqrt{3} U_{2N} I_{2N} \approx \sqrt{3} U_{1N} I_{1N}$。

任务四　单相变压器计算与测试训练

一、单相变压器计算训练

【训练 6.1】　设交流信号源电压 $U = 100$ V，内阻 $R_0 = 800$ Ω，负载 $R_L = 8$ Ω。

（1）将负载直接接至信号源，负载获得多大功率？

（2）经变压器进行阻抗匹配，求负载获得的最大功率是多少？变压器变比是多少？

解：（1）负载直接接信号源时，负载获得功率

$$P = I^2 R_L = \left(\frac{U}{R_0 + R_L}\right)^2 R_L = \left(\frac{100}{800 + 8}\right)^2 \times 8 = 0.123 \text{ W}$$

（2）最大输出功率时，R_L 折算到原绕组应等于 $R_0 = 800\ \Omega$。负载获得的最大功率

$$P_{\max} = I^2 R_L' = \left(\frac{U}{R_0 + R_L'}\right)^2 R_L' = \left(\frac{100}{800 + 800}\right)^2 \times 800 = 3.125\ \text{W}$$

变压器变比

$$k = \frac{N_1}{N_2} = \sqrt{\frac{R_0}{R_L}} = \sqrt{\frac{800}{8}} = 10$$

二、变压器线圈同极性端的测定

1. 变压器线圈同极性端的标记

变压器绕组同极性的标记一般用"·"表示，绕组接线有正接、反接，如图 6.16 所示。

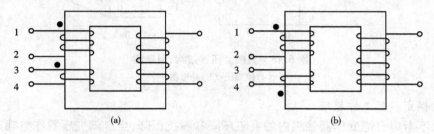

图 6.16　变压器同极性端的标记

（a）正接；（b）反接

2. 单相变压器同极性端的测定实训

（1）直流法。如图 6.17（a）所示，若毫安表的指针正偏，1 和 3 是同极性端；反偏，1 和 4 是同极性端。

（2）交流法。如图 6.17（b）所示，同导线将 2、4（或 1、3）连接在一起，并在 1、2 线圈的两端加一个较低的便于测量的交流电压。用交流电压分别测量 1、2，3、4 以及 1、3 两端的电压值，设分别为 U_{12}、U_{34} 和 U_{13}。如果测得的结果为 $U_{13} = |U_{12} - U_{34}|$ 时，则 1 和 3 是同极性端；$U_{13} = U_{12} + U_{34}$ 时，则 1 和 4 是同极性端。

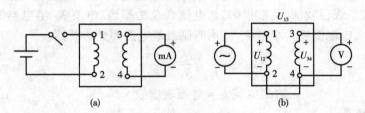

图 6.17　变压器同极性端的标记

（a）直流法；（b）交流法

任务五　特殊变压器

一、自耦变压器工作原理与应用

自耦变压器可用于自耦调压器设备。在作电力变压器时，自耦变压器广泛用于三相鼠笼型异步电动机减压启动时的补偿启动器。

1. 自耦变压器结构

自耦变压器结构如图 6.18 所示,副绕组是原绕组的一部分,原、副压绕组不但有磁的联系,也有电的联系。

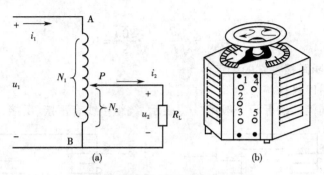

图 6.18 自耦变压器结构、原理图

(a)原理图;(b)外形图

2. 自耦变压器工作原理

如果不考虑自耦变压器绕组内的电阻压降和漏抗压降,当自耦变压器作空载运行时

$$\frac{U_1}{U_2} = \frac{N_1}{N_2} = k \qquad \frac{I_1}{I_2} = \frac{N_2}{N_1} = \frac{1}{k}$$

在使用过程中,改变滑动端的位置,便可得到不同的输出电压。实验室中用的调压器就是根据此原理制作的。

> **注意**:自耦变压器的一次、二次侧千万不能对调使用,以防变压器损坏。因为 N 变小时,磁通增大,电流会迅速增加。

二、仪用互感器工作原理与应用

1. 电流互感器工作原理与应用

图 6.19 是电流互感器的外形和电原理图。原绕组线径较粗,匝数很少,与被测电路负载串联;副绕组线径较细,匝数很多,与电流表及功率表、电度表、继电器的电流线圈串联。它用于将大电流变换为小电流,使用时副绕组电路不允许开路。

$$\frac{I_1}{I_2} = \frac{N_2}{N_1} = \frac{1}{k}$$

所以　　　　　　　　　被测电流 I_1 = 电流表读数 × N_2/N_1

使用注意事项:

(1)二次侧不能开路,以防产生高电压;

(2)铁芯、低压绕组的一端接地,以防在绝缘损坏时,在二次侧出现过压。

2. 电压互感器工作原理与应用

图 6.20 是电压互感器的外形和电原理图。电压互感器的原绕组匝数很多,并联于待测电路两端;副绕组匝数较少,与电压表及电度表、功率表、继电器的电压线圈并联。它用于将高电压变换成低电压,使用时副绕组不允许短路。

被测电压 = 电压表读数 × N_1/N_2

使用注意事项:

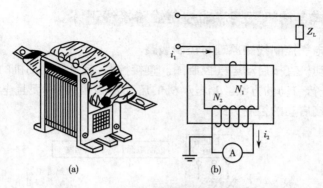

图 6.19　电流互感器的外形和电原理图

(a)电流互感器的外形;(b)电原理图

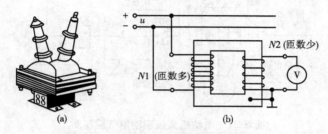

图 6.20　电压互感器的外形和电原理图

(a)电压互感器的外形;(b)电原理图

(1)二次侧不能短路,以防产生过流;

(2)铁芯、低压绕组的一端接地,以防在绝缘损坏时,在二次侧出现高压。

项目6.4　异步电动机的控制技术

【能力目标】

1. 能正确连接鼠笼式电动机直接启动控制线路。

2. 能正确连接鼠笼式电动机正反转的控制线路。

3. 能正确连接用行程开关控制的电动机自动往返线路。

4. 能正确连接三相异步电动机的顺序控制线路。

【知识目标】

1. 掌握三相异步电动机的星形和三角形连接和正反转控制电路连接。

2. 掌握三相异步电动机复合连锁正反转控制、过热保护控制电路连接。

3. 掌握三相异步电动顺序控制控制电路连接。

【训练素材】三相异步电动机、交流接触器、按钮开关、熔断器、热继电器、时间继电器、行程开关等。

任务一　鼠笼式电动机直接启动控制线路接线训练

一、直接启动电气控制线路原理与控制线路

图 6.21 是电动机直接启动电气控制图。直接控制,就是在电动机的定子绕组上直接加上额定电压来进行启动的方法。当电动机的启动不是很频繁,而且电源的容量又足够大时,可以采用直接启动的控制方式。

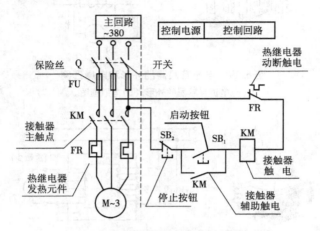

图 6.21　电动机直接启动电气控制图

1. 主回路

主回路由开关 Q,保险丝 FU,接触器主触点 KM,热断电器 FR 组成。

控制电路系统由热断电器动断触点 FR,启动按钮 SB₁,停止按钮 SB₂ 和接触器辅助触点组成。

2. 直接启动的电动机保护装置

(1)短路保护。在电机运行控制系统中,通常采用熔断器 FU 和过流继电器等元件进行短路保护。因进行电机运行过程中,短路电流会引起电器设备绝缘损坏产生强大的电动力,使电动机和电器设备产生机械性损坏,故要求迅速、可靠切断电源。

(2)失压和欠压保护。欠压是指电动机工作时,引起电流增加甚至使电动机停转。失压(零压)是指电源电压消失而使电动机停转,在电源电压恢复时,电动机可能自动重新启动(亦称自启动),易造成人身或设备故障。常用的失压和欠压保护有:对接触器实行自锁;用低电压继电器组成失压、欠压保护。

(3)过载保护。过载保护是为防止三相电动机在运行中电流超过额定值而设置的保护。常采用热继电器 FR 保护,也可采用自动开关和电流继电器保护。

二、控制线路原理

1. 启动

合上开关 Q,按下启动按钮 SB₁→KM 线圈通电→KM 主触点闭合→电动机运转。

KM 辅助触点闭合自锁。

2. 停车

按下停止按钮 SB₂→KM 线圈断电→KM 主触点断开→电动机停转。

KM 辅助触点断开,取消自锁。

三、电动机直接启动电气控制线路图连接训练

(1)按照图 6.21 所示的电动机直接启动电气控制图连接好线路。

(2)对电机控制系统进行操作(启动、停止)。

①按下按钮 SB_1,电动机应正转。

②按下按钮 SB_2,电动机应停转。

任务二 鼠笼式电动机正反转的控制线路接线训练

一、接触器连锁的正反转控制原理与控制线路

鼠笼式电动机正反转的控制线路如图 6.22 所示。

1. 电气控制

主回路由开关 Q,保险丝 FU,两个接触器主触点 KM_F(正转)、KM_R(反转),热断电器 FR 组成。

控制电路系统由热断电器动断触点 FR,正转按钮 SB_F,反转按钮 SB_R,停止按钮 SB 和接触器辅助触点 KM_F 与 KM_R 组成。

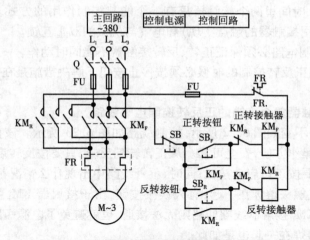

图 6.22 鼠笼式电动机正反转的控制线路图

接触器 KM_R 与接触器 KM_F 线圈各自的支路中相互串联对方的一副常闭辅助触头,以保证接触器 KM_R 和 KM_F 不会同时通电,接触器 KM_F、KM_R 这两副常闭辅助触头在线路中所起的作用称为连锁(或互锁),这两副触头称为连锁触头或互锁触头。

2. 控制原理

电机的正、反的原理是只要将电动机接到电源的任意两根线对调一下,即可使电动机反转。由接触器 KM_R、KM_F 主触点的通断实现主回路电源线对调。

1)正向转动

合上开关 Q,按下启动按钮 $SB_F \rightarrow KM_F$ 线圈通电$\rightarrow KM_F$ 主触点闭合$\rightarrow$电动机正向运转。

KM_F 常开辅助触点闭合自锁。KM_F 常闭辅助触点断开连锁,KM_R 失电断开。

2）停车

按下停止按钮 SB→KM_F 线圈断电→KM_F 主触点断开→电动机停转。

KM_F 辅助触点断开，取消自锁。

3）反向转动

合上开关 Q，按下启动按钮 SB_R→KM_R 线圈通电→KM_R 主触点闭合→电动机反向运转。

KM_R 常开辅助触点闭合自锁。KM_R 常闭辅助触点断开连锁，KM_F 失电断开。

这种线路在操作时不太方便。如由正转转到反转，必须先按停止按钮，然后再按正转启动按钮。同样由反转转到正转也是如此。X62W 万能铣床的主轴反接制动控制线路均采用这种复合连锁的控制线路，需要用两个接触器来实现这一要求。当正转接触器工作时，电动机正转；当反转接触器工作时，将电动机接到电源的任意两根连线对调一下，电动机反转。

3. 实现正反转的根本要求

（1）必须保证两个接触器不能同时工作。SB_F 和 SB_R 决不允许同时按下，否则造成电源两相短路。

（2）连锁：同一时间里两个接触器只有一个能起控制作用的方式。连锁可以分为单一的电气连锁（利用接触器的触点实现）和电气与机械的双重互锁。

（3）正反转控制电路必须保证正转、反转接触器不能同时动作。

缺点是在实现正反转控制的时候必须按停止按钮。解决措施是在控制电路中加入机械连锁。

二、按钮与接触器复合连锁的正反转控制电气线路

电动机主回路不变如图 6.22 所示，控制线路如图 6.23 所示。该控制线路具有机械连锁和电气连锁，操作方便，安全可靠。从正转转到反转，只要按反转启动按钮；同样由反转转到正转，则只要按正转启动按钮；同时，不管线路中出现什么情况都不会烧坏电动机。比如接触器 KM_F 主触头熔焊在一起，有人误按按钮，由于接触器 KM_F 主触头熔焊则其辅助常闭触头断开，KM_R 接触器线圈回路则无法接通，也就避免了电源短路事故。同理若接触器 KM_R 主触头熔焊在一起也是如此。

利用复合按钮的触点实现连锁控制称机械连锁。

三、按钮与接触器复合连锁的正反转控制线路的连接与运行训练

（1）按照图 6.22 所示按钮与接触器复合连锁的正反转控制线路连接好线路。

（2）对电机控制系统进行操作（正转、反转运行操作）。

①按下按钮 SB_F，电动机应正转。

②按下按钮 SB_R，电动机应反转。

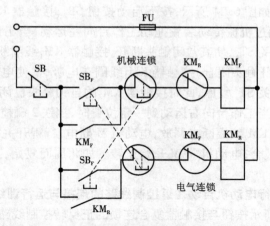

图 6.23 具有机械连锁和电气连锁正反转控制线路

任务三 用行程开关控制电动机自动往返线路接线训练

一、行程开关控制电动机自动往返线路与线路原理

用行程开关进行电机自动往返控制线路如图 6.24 所示。

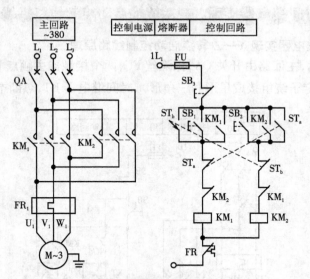

图 6.24 用行程开关进行电机自动往返控制

行程控制:有些生产机械,如万能铣床等要求工作台在一定距离内能自动往返,以便对工件连续加工。为了控制某些机械的行程,当运动部件到达一定行程位置时,利用行程开关进行控制。

1.行程开关的工作原理

利用装在运动部件上的挡块的撞动来进行工作自动往返运动:

(1)能正向运行也能反向运行;

(2)到位后能自动返回。

其动作原理如下：如图 6.24 所示，按下启动按钮 SB_2，接触器 KM_1 线圈获电压吸合，电动机 M 启动正转，通过机械传动装置拖动工作台向左运动，当工作台运动到一定位置时，挡铁 1 碰撞行程开关 ST_a，使其常闭触头断开，接触器 KM_1 线圈断电释放，电动机 M 断电；行程开关 ST_a 的常开触头闭合，接触器 KM_2 线圈获电吸合，使电动机 M 反转，拖动工作台向右运动；行程开关 ST_a 复原，此时接触器 KM_2 的自锁触头已闭合，故电动机 M 继续拖动工作台向右运动，当工作台向右运动到一定位置时，挡铁 2 碰撞行程开关 ST_b，使 ST_b 常闭触头断开，接触器 KM_2 线圈断电释放，电动机 M 断电；行程开关 ST_b 的常开触头闭合，接触器 KM_1 线圈获电吸合，电动机 M 又开始正转。如此周而复始，工作台在预定的距离内自动往返运动。

二、用行程开关进行电动机自动往返控制线路的连接与运行训练

（1）按照图 6.24 所示按钮与接触器复合连锁的正反转控制线路连接好线路。

（2）运行：按下启动按钮 SB_2，接触器 KM_1 线圈获电压吸合，电动机 M 启动正转，通过机械传动装置拖动工作台向左运动。

当工作台运动到一定位置时，挡铁 1 碰撞行程开关 ST_a 使其常闭触头断开，接触器 KM_1 线圈断电释放，电动机 M 断电；与此同时，行程开关 ST_a 的常开触头闭合，接触器 KM_2 线圈获电吸合，使电动机 M 反转，拖动工作台向右运动。

任务四 采用时间继电器实现 Y—△ 转换启动控制线路接线训练

一、采用时间继电器实现 Y—△ 转换启动控制线路原理

如图 6.25 所示，主回路由开关 QA，保险丝 FU，两个接触器主触点 KM_Y（星形）、$KM_△$（三角形）（将电机定子绕组接成星形和三角形），时间继电器 KT，热断电器 FR 组成。

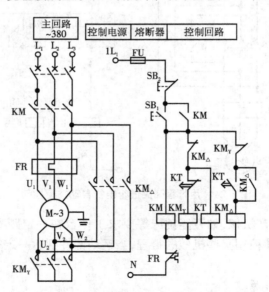

图 6.25 时间继电器的 Y—△ 换接启动控制线路

1. 控制线路的工作原理

启动时，定子绕组先接成星形，待转速上升到接近额定转速时，将定子绕组的接线由

星形换接成三角形,电动机便进入全电压正常运行状态。

特点:三相鼠笼型异步电动机采用 Y—△ 启动时,定于绕组星形连接状态下启动电压为三角形连接直接启动电压,启动转矩为三角形连接直接启动转矩,启动电流也为三角形连接直接启动电流。与其他降压启动相比,Y-△ 启动投资少,线路简单,但启动转矩小。这种启动方法,适用于空载或轻载状态下启动,同时,这种降压启动方法,只能用于正常运转时定子绕组接成三角形的鼠笼型异步电动机。

2. 控制线路的工作过程

合上电源开关 QA,按下启动按钮 SB_1,KM 通电并自锁,随即 KM_Y、KT 通电。电动机接成星形接入三相电流进行降压启动。KT 时间继电器经过一段时间延时后,KT 的延开常闭触点断开,KM_Y 断电释放,而另一对 KT 的延时常开触点闭合,$KM_\triangle$ 通电并自锁,电动机接成三角形正常运转。同时 $KM_\triangle$ 常闭触点断开,使 KM_Y、KT 在电动机三角形连接运转时处于断开状态,使线路工作更为可靠。至此,电动机 Y—△ 降压启动结束,电动机投入正常运转。停止时,按下停止按钮 SB_2 即可。

二、由时间继电器 Y—△ 换接启动控制电机控制线路接线与运行训练

(1)如图 6.25 所示,按照时间继电器控制 Y—△ 换接启动控制电机线路连接好线路。

(2)Y—△ 换接启动控制电机进行接线操作。

(3)运行:按下按钮 SB_1,电动机应 Y 启动运行。KT 时间继电器经过一段时间延时后电动机应换接△正常运行。

任务五 三相异步电动机的顺序控制电路接线训练

有些生产机械除了必须按顺序启动外,还要求按一定的顺序停止。如皮带运输机,启动时先启动 M_1(辅助电机),再启动 M_2(主电机);停止时应先停 M_2,再停 M_1。这样就不会造成物品在皮带上堆积。

一、学习两台电机按顺序启动控制原理与控制线路

1. 控制线路

图 6.26 是三相异步电动机的顺序控制线路。在主轴电动机 M_2 的控制电路中,串联了一个控制油泵电动机 M_1 工作的接触器 KM_1 的辅助常开触点。这样,只有先按下启动按钮 SB_2,KM_1 通电并自锁,同时串在 KM_2 控制电路中的 KM_1 也闭合,再按下启动按钮 SB_4,KM_2 通电并自锁,主轴电动机 M_2 才能正常运转,这样就达到了按顺序启动的要求。如果先按下启动按钮 SB_4,因 KM_1 的常开触点是断开的,主轴电动机 M_2 不可能启动运转。

2. 三相异步电动机的顺序控制线路原理

将接触器 KM_2 的一个辅助常开触点并接在停止按钮 SB_1 的两端。这样,即使先按 SB_1,由于 KM_2 通电,触点 KM_2 是闭合的,KM_1 线圈一直有电,电动机 M_1 就不会停转。除非先按 SB_3,再按 SB_1,才能使电动机 M_2 先停转,M_1 后停转,达到了顺序停止的目的。

二、两台电机按顺序启动控制线路接线与运行

(1)接线。按照图 6.26 所示,连接好三相异步电动机的顺序控制线路。

(2)运行:

①按下 SB_2,电动机 M_1 应正常运行;按下 SB_4,电动机 M_2 应正常运行。

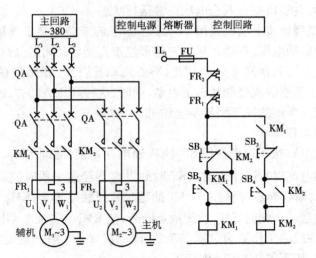

图 6.26　三相异步电动机的顺序控制线路

②按下 SB_1，M_1应先停止运行，M_2再停止运行。

③若先按下 SB_4，M_2应不能运行。

课外技能训练

6.1　什么是点动控制？什么是自锁控制？什么是连锁控制？

6.2　试解释正反控制线路中的连锁触点怎样放置。其作用是什么？

6.3　用电阻测量法检查和判断设备故障时，应注意什么问题？

6.4　用交流电压测量法检查和判断设备故障时，应注意什么问题？

6.5　三相异步电动机铭牌上的额定数据的意义是什么？

6.6　电动机作全压启动应满足什么条件？

6.7　电动机控制线路中常用的电气连锁有哪几种方式？一般控制线路应具有哪些保护环节？

6.8　简述三相异步电动机正反转控制的方法和工作原理。

6.9　简述三相异步电动机降压启动的方法和工作原理。

6.10　指出题 6.10 图所示控制线路中的错误，并分别加以改正。

6.11　指出题 6.11 图所示的鼠笼式电动机正反转控制线路中有几处错误，请改正。

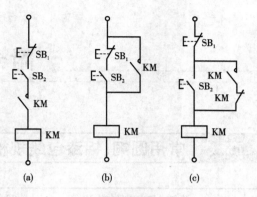

题 6.10 图

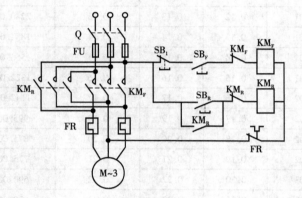

题 6.11 图

附录

裸线直径(mm)	截面积(mm²)	漆包线最大外径(mm)			20 ℃时每1 km 直流电阻(Ω)	
		Q	QQ	QZ、QZL、QY	铜	铝
0.10	0.01	0.12	0.13	0.13	2240.00	—
0.11	0.01	0.13	0.14	0.14	1854.00	—
0.12	0.01	0.14	0.15	0.15	1556.00	—
0.13	0.01	0.15	0.16	0.16	1322.00	—
0.14	0.02	0.16	0.17	0.17	1142.00	—
0.15	0.02	0.17	0.19	0.19	995.00	—
0.16	0.02	0.18	0.20	0.20	875.00	—
0.17	0.02	0.19	0.21	0.21	775.00	—
0.18	0.03	0.20	0.22	0.22	690.00	—
0.19	0.03	0.21	0.23	0.23	620.00	—
0.20	0.03	0.23	0.24	0.24	560.00	—
0.21	0.03	0.24	0.25	0.25	506.00	—
0.23	0.04	0.26	0.28	0.28	424.00	—
0.25	0.05	0.28	0.30	0.30	359.00	—
0.27	0.06	0.31	0.32	0.32	307.00	494.00
0.29	0.07	0.33	0.34	0.34	266.00	428.00
0.31	0.08	0.35	0.36	0.36	233.00	375.00
0.33	0.09	0.37	0.38	0.38	206.00	331.00
0.35	0.10	0.39	0.41	0.41	183.00	294.00
0.38	0.11	0.42	0.44	0.44	156.00	250.00
0.41	0.13	0.45	0.47	0.47	133.00	214.00
0.44	0.15	0.49	0.50	0.50	116.00	186.00
0.47	0.17	0.52	0.53	0.53	101.00	163.00
0.49	0.19	0.54	0.55	0.55	93.30	150.00
0.51	0.20	0.56	0.58	0.58	86.00	138.50
0.53	0.22	0.58	0.60	0.60	79.40	128.00
0.55	0.24	0.60	0.62	0.62	73.70	119.00

裸线直径(mm)	截面积(mm²)	漆包线最大外径(mm)			20℃时每1 km 直流电阻(Ω)	
		Q	QQ	QZ、QZL、QY	铜	铝
0.57	0.26	0.62	0.64	0.64	68.80	111.00
0.59	0.27	0.64	0.66	0.66	64.20	103.60
0.62	0.30	0.67	0.69	0.69	58.00	93.80
0.64	0.32	0.69	0.72	0.72	54.50	88.00
0.67	0.35	0.72	0.75	0.75	49.60	80.20
0.69	0.37	0.74	0.77	0.77	47.00	75.70
0.72	0.41	0.78	0.80	0.80	43.00	69.50
0.74	0.43	0.80	0.83	0.83	40.60	65.80
0.77	0.47	0.83	0.86	0.86	37.60	60.70
0.80	0.50	0.86	0.89	0.89	34.90	56.30
0.83	0.54	0.89	0.92	0.92	32.40	52.40
0.86	0.58	0.92	0.95	0.95	30.20	48.70
0.90	0.64	0.96	0.99	0.99	27.50	44.50
0.93	0.68	0.99	1.02	1.02	25.80	41.70
0.96	0.72	1.02	1.05	1.05	24.30	39.10
1.00	0.79	1.07	1.11	1.11	22.30	36.10
1.04	0.85	1.12	1.15	1.15	20.70	33.30
1.08	0.92	1.16	1.19	1.19	19.20	30.90
1.12	0.99	1.20	1.23	1.23	17.80	28.80
1.16	1.06	1.24	1.27	1.27	16.60	26.80
1.20	1.13	1.28	1.31	1.31	15.50	25.00
1.25	1.23	1.33	1.36	1.36	14.30	23.10
1.30	1.33	1.38	1.41	1.41	13.20	21.50
1.35	1.43	1.43	1.46	1.46	12.30	19.80
1.40	1.54	1.48	1.51	1.51	11.40	18.40
1.45	1.65	1.53	1.56	1.56	10.60	17.15
1.50	1.77	1.58	1.61	1.61	9.33	16.00
1.56	1.91	1.64	1.67	1.67	9.18	14.80

附录 B　常用绝缘导线的结构和应用范围

结构	型号	名称	用途
单根线芯　塑料绝缘　7根绞合线芯　19根绞合线芯	BV – 70　BLV – 70	聚氯乙烯绝缘铜芯线　聚氯乙烯绝缘铝芯线	用来作为交直流额定电压为500V以下的户内照明和动力线路的敷设导线，以及户外沿墙支架线路的架设导线
棉纱编织层　橡皮绝缘　单根线芯	BX　BLX	铜芯橡皮线　铝芯橡皮线	
	LJ　LGJ	裸铝绞线　铜芯铝绞线	用来作为户外高低压架空线路的架设导线，其中 LGJ 应用于气象条件恶劣，或电杆当距大，或跨越重要区域，或电压较高等线路场合
塑料绝缘多根束绞线芯	BVR　BLVR	聚氯乙烯绝缘铜芯软线　聚氯乙烯绝缘铝芯软线	适用于不作频繁活动的场合的电源连接线，但不能作为不固定的或处于活动场合的敷设导线
绞合线　平行线	RBV – 70（或 RFB）　RVS – 70（或 RFS）	聚氯乙烯绝缘双根平行软线（丁腈聚氯乙烯复合）　聚氯乙烯绝缘双根绞合软线（丁腈聚氯乙烯复合绝缘）	用来作为交直流额定电压为250 V 及以下的移动电具、吊灯的电源连接导线
棉纱编织层　橡皮绝缘层　多束绞线芯　棉纱层	BXS	棉纱编织橡皮绝缘双根绞合软线（俗称花线）	用来作为交直流额定电压为250 V 及以下的电器移动电具（如小型电炉、电熨斗和电烙铁）的电源连接导线
塑料绝缘　塑料护套　2根线芯	BVV – 70　BLVV – 70	聚氯乙烯绝缘护套2 根或 3 根铜芯护套线　聚氯乙烯绝缘护套2 根或 3 根铝芯护套线	用来作为交直流额定电压为500 V 及以下的户外照明和小容量动力线路的敷设导线
橡套或塑料护套　橡皮或塑料绝缘　麻绳填芯　4芯　线芯　3芯	RHF　RH	氯丁橡套软线　橡套软线	用于移动电器的电源连接导线，或用于插座板电源连接导线，或短期临时送电的电源馈线

附录 C 各种绝缘电力线安全载流量

（1）塑料绝缘线安全载流量（A）

导线截面积（mm²）	固定敷设用的线芯 线芯股数/单股直径（mm）	近似英规 股数/线号	明线安装		穿钢管安装						穿硬塑料管安装					
					一管二根线		一管三根线		一管四根线		一管二根线		一管三根线		一管四根线	
			铜	铝	铜	铝	铜	铝	铜	铝	铜	铝	铜	铝	铜	铝
1.0	1/1.13	1/18#	17		12		11		10		10		10		9	
1.5	1/1.37	1/17#	21	16	17	13	15	11	14	10	14	11	13	10	11	9
2.5	1/1.76	1/15#	28	22	23	17	21	16	19	13	21	16	18	14	17	12
4	1/2.24	1/13#	35	28	30	23	27	21	24	19	27	21	24	18	22	17
6	1/2.73	1/11#	48	37	41	30	36	28	32	24	36	27	31	23	28	22
10	7/1.33	7/17#	65	51	56	42	49	38	43	33	49	36	42	33	38	29
16	7/1.70	7/16#	91	69	71	55	64	49	56	43	62	48	56	42	49	38
25	7/2.12	7/14#	120	91	93	70	82	61	74	57	82	63	74	56	65	50
35	7/2.50	7/12#	17	113	115	87	100	78	91	70	104	78	91	69	81	61
50	19/1.83	19/15#	187	143	143	108	127	96	113	87	130	99	114	88	102	78
70	19/2.14	19/22#	230	178	177	135	159	124	143	110	160	126	145	113	128	100
95	19/2.50	19/12#	282	216	216	165	195	148	173	132	199	151	178	137	160	121

（2）橡皮绝缘线安全载流量（A）

导线截面积（mm²）	固定敷设用的线芯 线芯股数/单股直径（mm）	近似英规 股数/线号	明线安装		穿钢管安装						穿硬塑料管安装					
					一管二根线		一管三根线		一管四根线		一管二根线		一管三根线		一管四根线	
			铜	铝	铜	铝	铜	铝	铜	铝	铜	铝	铜	铝	铜	铝
1.0	1/1.13	1/18#	18		13		12		10		11		10		10	
1.5	1/1.37	1/17#	23	16	17	13	16	12	15	10	15	12	14	11	12	10
2.5	1/1.76	1/15#	30	24	24	18	22	17	20	14	22	17	19	15	17	13
4	1/2.24	1/13#	39	30	32	24	29	22	26	20	29	22	26	20	23	17
6	1/2.73	1/11#	50	39	41	32	37	30	34	26	39	29	33	25	30	23
10	7/1.33	7/17#	74	57	59	45	52	40	46	34.5	51	38	45	35	40	30
16	7/1.70	7/16#	95	74	75	67	5	60	45		66	50	59	45	52	40
25	7/2.12	7/14#	126	96	98	75	87	66	78	59	87	67	78	59	69	52
35	7/2.50	7/12#	156	120	121	92	106	82	95	72	109	83	96	73	85	64
50	19/1.83	19/15#	200	152	151	115	134	102	119	91	139	104	121	94	107	82
70	19/2.14	19/14#	247	191	186	143	167	130	150	115	169	133	152	117	135	104
95	19/2.50	19/12#	300	230	225	174	203	156	182	139	208	160	186	143	169	130
120	37/2.00	37/14#	346	268	260	200	233	182	212	165	242	182	217	165	197	147

续表

(2)橡皮绝缘线安全载流量(A)

导线截面积（mm²）	固定敷设用的线芯		明线安装		穿钢管安装						穿硬塑料管安装					
	线芯股数/单股直径（mm）	近似英规股数/线号			一管二根线		一管三根线		一管四根线		一管二根线		一管三根线		一管四根线	
			铜	铝	铜	铝	铜	铝	铜	铝	铜	铝	铜	铝	铜	铝
150	37/2.24	37/13#	407	312	294	226	268	208	243	191	277	217	252	197	230	178
185	37/2.50	37/12#	468	365												
240	61/2.24	61/13#	570	442												
300	61/2.50	61/12#	668	520												
400	61/2.85	61/11#	815	632												
500	91/2.61	91/12#	950	738												

(3)护套线和软线安全载流量(A)

导线截面积（mm²）	护套线								软导线		
	两根线芯				三根或四根线芯				单根芯线	双根芯线	
	塑料绝缘		橡皮绝缘		塑料绝缘		橡皮绝缘		塑料绝缘	塑料绝缘	橡皮绝缘
	铜	铝	铜	铝	铜	铝	铜	铝	铜	铜	铜
0.5	7		7		4		4		8	7	7
0.75									13	10.5	9.5
0.8	11		10		9		9		14	11	10
1.0	13		11		9.6		10		17	13	11
1.5	17	13	14	12	10	8	10	8	21	17	14
2.0	19		17		15		12	12	25	18	17
2.5	23	17	18	14	17	14	16	16	29	21	18
4.0	30	23	28	21.8	23	19	21				
6.0	37	29			28	22					

(4)绝缘导线安全载流量的温度校正系数

环境最高平均温度（℃）	35	40	45	50	55
校正系数	1	0.91	0.82	0.71	0.58

注：表(1)～(3)所列的安全载流量是根据线芯最高允许温度为65℃、周围空气温度为35℃而定的。当实际环境温度超过35℃的地区（指当地最热月份的平均最高温度），导线的安全载流量应乘以表(4)所列的校正系数。

附录 D 常用电子元器件参考资料

1. 电阻器、电容器、电感器和变压器图形符号

图形符号	名称与说明	图形符号	名称与说明
	电阻器一般符号		电感器、线圈、绕组 注:符号中半圆数 不得少于3个
	可变电阻器或可调 电阻器		带磁芯、铁芯的电 感器
	滑动触点电位器		带磁芯连续可调的 电感器
	极性电容		双绕组变压器 注:可增加绕组数 目
	可变电容器或可调 电容器		绕组间有屏蔽的双 绕组变压器 注:可增加绕组数 目
	双联同调可变电容 器 注:可增加同调联 数		在一个绕组上有抽 头的变压器
	微调电容器		

2. 半导体管图形符号

图形符号	名称与说明	图形符号	名称与说明
	二极管	(1)	JFET 结型场效应 管 (1)N 沟道 (2)P 沟道
	发光二极管	(2)	
	光电二极管		PNP 型晶体三极管
	稳压二极管		NPN 型晶体三极 管

续表

图形符号	名称与说明	图形符号	名称与说明
	变容二极管		全波桥式镇流器

3. 其他电气图形符号

图形符号	名称与说明	图形符号	名称与说明
	具有两个电极的压电晶体 注:电极数目可增加	或	接机壳或底板
	熔断器		导线的连接
	指示灯及信号灯		导线的不连接
	扬声器		动合(常开)触点开关
	蜂鸣器		动断(常闭)触点开关
	接大地		手动开关

附录 E 半导体分立器件的命名方法

E.1 国产半导体分立器件型号命名法

第一部分		第二部分		第三部分				第四部分	第五部分
用数字表示器件电极的数目		用汉语拼音字母表示器件的材料和极性		用汉语拼音字母表示器件的类型				用数字表示器件序号	用汉语拼音表示规格的区别代号
符号	意义	符号	意义	符号	意义	符号	意义		
2	二极管	A	N 型,锗材料	P	普通管	D	低频大功率管 ($f_a < 3$ MHz, P_C(1 W))		
		B	P 型,锗材料	V	微波管				
		C	N 型,硅材料	W	稳压管				
		D	P 型,硅材料	C	参量管	A	高频大功率管 ($f_a \geqslant 3$ MHz) P_C(1 W)		
				Z	整流管				
3	三极管	A	PNP 型,锗材料	L	整流堆				
		B	NPN 型,锗材料	S	隧道管	T	半导体闸流管 (可控硅镇流器)		
		C	PNP 型,硅材料	N	阻尼管	Y	体效应器件		
		D	NPN 型,硅材料	U	光电器件	B	雪崩管		
		E	化合物材料	K	开关管	J	阶跃恢复管		
				X	低频小功率管 ($f_a < 3$ MHz, $P_C < 1$ W)	CS	场效应器件		
						BT	半导体特殊器件		
						FH	复合管		
				G	高频小功率管 ($f_a \geqslant 3$ MHz $P_C < 1$ W)	PIN	PIN 型管		
						JG	激光器件		

示例:

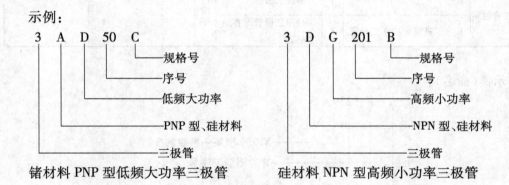

锗材料 PNP 型低频大功率三极管　　　　硅材料 NPN 型高频小功率三极管

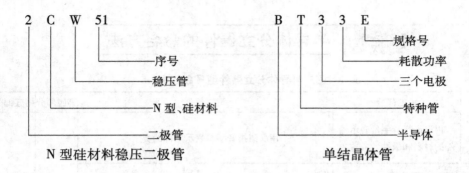

N 型硅材料稳压二极管   单结晶体管

E.2　国际电子联合会半导体器件型号命名法

第一部分		第二部分				第三部分		第四部分	
用字母表示使用的材料		用字母表示类型及主要特性				用数字或字母加数字表示登记号		用字母对同一型号者分档	
符号	意义	符号	意义	符号	意义	符号	意义	符号	意义
A	锗材料	A	检波、开关和混频二极管	M	封闭磁路中的霍尔元件	三位数字	通用半导体器件的登记序号（同一类型器件使用同一登记号）	A B C D E ：	专用半导体器件的登记序号（同一类型器件使用同一登记号）
		B	变容二极管	P	光敏元件				
B	硅材料	C	低频小功率三极管	Q	发光器件				
		D	低频大功率三极管	R	小功率可控硅				
C	砷化镓	E	隧道二极管	S	小功率开关管				
		F	高频小功率三极管	T	大功率可控硅	一个字母加两位数字	同一型号器件按某一参数进行分档的标志		
D	锑化铟	G	复合器件及其他器件	U	大功率开关管				
		H	磁敏二极管	X	倍增二极管				
R	复合材料	K	开放磁路中的霍尔元件	Y	整流二极管				
		L	高频大功率三极管	Z	稳压二极管即齐纳二极管				

示例（命名）：

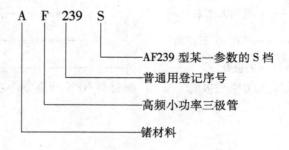

E.3　美国电子工业协会半导体器件型号命名法

第一部分		第二部分		第三部分		第四部分		第五部分	
用符号表示用途的类型		用数字表示 PN 结的数目		美国电子工业协会(EIA)注册标志		美国电子工业协会(EIA)登记顺序号		用字母表示器件分档	
符号	意义	符号	意义	符号	意义	符号	意义	符号	意义
JAN或J	军用品	1	二极管	N	该器件已在美国电子工业协会注册登记	多位数字	该器件在美国电子工业协会登记的顺序号	A B C D ⋮	同一型号的不同档别
		2	三极管						
无	非军用品	3	三个 PN 结器件						
		n	n 个 PN 结器件						

例：

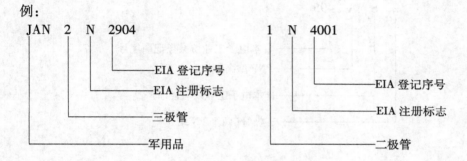

E.4　日本半导体器件型号命名法

第一部分		第二部分		第三部分		第四部分		第五部分	
用数字表示类型或有效电极数		S 表示日本电子工业协会(EIAJ)的注册产品		用字母表示器件的极性及类型		用数字表示在日本电子工业协会登记的顺序号		用字母表示对原来型号的改进产品	
符号	意义	符号	意义	符号	意义	符号	意义	符号	意义
0	光电（即光敏）二极管、晶体管及其组合管	S	表示已在日本电子工业协会(EIAJ)注册登记的半导体分立器件	A	PNP 型高频管	四位以上的数字	从 11 开始，表示在日本电子工业协会注册登记的顺序号，不同公司性能相同的器件可以使用同一顺序号，其数字越大越是近期产品	A B C D E F ⋮	用字母表示对原来型号的改进产品
1	二极管			B	PNP 型低频管				
				C	NPN 型高频管				
				D	NPN 型低频管				
2	三极管、具有两个以上 PN 结的其他晶体管			F	P 控制极可控硅				
				G	N 控制极可控硅				
				H	N 基极单结晶体管				
				J	P 沟道场效应管				
3	具有四个有效电极或具有三个 PN 结的晶体管			K	N 沟道场效应管				
				M	双向可控硅				
$n-1$	具有 n 个有效电极或具有 $n-1$ 个 PN 结的晶体管								

示例：

（1）2SC502A（日本收音机中常用的中频放大管）

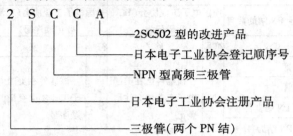

2 S C C A

　　　　　　　　　　　2SC502 型的改进产品

　　　　　　　　　　日本电子工业协会登记顺序号

　　　　　　　　　NPN 型高频三极管

　　　　　　　日本电子工业协会注册产品

　　　　　三极管（两个 PN 结）

（2）2SA495（日本夏普公司 GF－9494 收录机用小功率管）

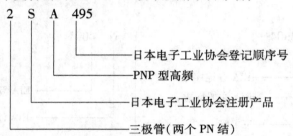

2 S A 495

　　　　　　　　　日本电子工业协会登记顺序号

　　　　　　　PNP 型高频

　　　　　日本电子工业协会注册产品

　　　三极管（两个 PN 结）

附录 F 部分半导体二极管的参数

类型	型号	最大整流电流（mA）	正向电流（mA）	正向压降（在左栏电流值下）（V）	反向击穿电压（V）	最高反向工作电压（V）	反向电流（μA）	零偏压电容（pF）	反向恢复时间（ns）
普通检波二极管	2AP9		≥2.5	≤1	≥40	20	≤250	≤1	f_H（MHz） 150
	2AP7	≤16	≥5		≥150	100			
	2AP11	≤25	≥10	≤1		≤10	≤250	≤1	f_H（MHz） 40
	2AP17	≤15	≥10			≤100			
锗开关二极管	2AK1		≥150	≤1	30	10		≤3	≤200
	2AK2				40	20			
	2AK5		≥200	≤0.9	60	40		≤2	≤150
	2AK10		≥10	≤1	70	50			
	2AK13		≥250	≤0.7	60	40		≤2	≤150
	2AK14				70	50			
硅开关二极管	2CK70A～E		≥10	≤0.8	A≥30 B≥45 C≥60 D≥75 E≥90	A≥20 B≥30 C≥40 D≥50 E≥60		≤1.5	≤3
	2CK71A～E		≥20						≤4
	2CK72A～E		≥30						
	2CK73A～E		≥50					≤1	≤5
	2CK74A～D		≥100	≤1					
	2CK75A～D		≥150						
	2CK76A～D		≥200						
整流二极管	2CZ52B ……H	2	0.1	≤1		25 ……600			同2AP普通二极管
	2CZ53B ……M	6	0.3	≤1		50 ……1000			
	2CZ54B ……M	10	0.5	≤1		50 ……1000			
	2CZ55B ……M	20	1	≤1		50 ……1000			
	2CZ56B ……B	65	3	≤0.8		25 ……1000			
	1N4001 ……4007	30	1	1.1		50 ……1000	5		
	1N5391 ……5399	50	1.5	1.4		50 ……1000	10		
	1N5400 ……5408	200	3	1.2		50 ……1000	10		

附录G 常用稳压二极管的主要参数

参数 / 型号	工作电流为稳定电流 稳定电压(V)	稳定电压下 稳定电流(mA)	环境温度<50°C		稳定电流下 动态电阻(Ω)	稳定电流下 电压温度系数/10^{-4}(°C)	环境温度<10°C 最大耗散功率(W)
			最大稳定电流(mA)	反向漏电流			
2CW51	2.5~3.5		71	≤5	60≤ -9		
2CW52	3.2~4.5		55	≤2	≤70	≥ -8	
2CW53	4~5.8	10	41	≤1	≤50	-6~4	
2CW54	5.5~6.5		38	≥	≤30	-3~5	
2CW56	7~8.8		27		≤15	≤7	0.25
2CW57	8.5~9.8		26	≤0.5	≤20	≤8	
2CW59	10~11.8	5	20		≤30	≤9	
2CW60	11.5~12.5		19		≤40	≤9	
2CW103	4~5.8	50	165	≤1	≤20	-6~4	
2CW110	11.5~12.5	20	76	≤0.5	≤20	≤9	1
2CW113	16~19	10	52	≤0.5	≤40	≤11	
2CW1A	5	30	240		≤20		1
2CW6C	15	30	70		≤8		1
2CW7C	6.0~6.5	10	30		≤10	0.05	0.2

附录 H 常用半导体三极管的主要参数

H.1 3AX51(3AX31)型 PNP 型锗低频小功率三极管

	原型号	3AX31				测试条件
	新型号	3AX51A	3AX51B	3AX51C	3AX51D	
极限参数	P_{CM}(mW)	100	100	100	100	$T_a = 25$ ℃
	I_{CM}(mA)	100	100	100	100	
	T_{jM}(℃)	75	75	75	75	
	BV_{CBO}(V)	≥30	≥30	≥30	≥30	$I_C = 1$ mA
	BV_{CEO}(V)	≥12	≥12	≥18	≥24	$I_C = 1$ mA
直流参数	I_{CBO}(μA)	≤12	≤12	≤12	≤12	$V_{CB} = -10$ V
	I_{CEO}(μA)	≤500	≤500	≤300	≤300	$V_{CE} = -6$ V
	I_{EBO}(μA)	≤12	≤12	≤12	≤12	$V_{EB} = -6$ V
	h_{FE}	40~150	40~150	30~100	25~70	$V_{CE} = -1$ V,$I_C = 50$ mA
交流参数	f(kHz)	≥500	≥500	≥500	≥500	$V_{CB} = -6$ V,$I_E = 1$ mA
	N_F(dB)	-	≤8	-	-	$V_{CB} = -2$ V,$I_E = 0.5$ mA,$f = 1$ kHz
	h_{ie}(kΩ)	0.6~4.5	0.6~4.5	0.6~4.5	0.6~4.5	$V_{CB} = -6$ V,$I_E = 1$ mA,$f = 1$ kHz
	h_{re}(×10)	≤2.2	≤2.2	≤2.2	≤2.2	
	h_{oe}(μs)	≤80	≤80	≤80	≤80	
	h_{fe}	-	-	-	-	
h_{FE}色标分档		(红)25~60,(绿)50~100,(蓝)90~150				
管脚		B E C				

H.2　3AX81 型 PNP 型锗低频小功率三极管

型　号		3AX81A	3AX81B	测试条件
极限参数	$P_{CM}(mW)$	200	200	
	$I_{CM}(mA)$	200	200	
	$T_{jM}(℃)$	75	75	
	$BV_{CBO}(V)$	20	30	$I_C = 4$ mA
	$BV_{CEO}(V)$	10	15	$I_C = 4$ mA
	$BV_{EBO}(V)$	7	10	$I_E = 4$ mA
直流参数	$I_{CBO}(\mu A)$	≤30	≤15	$V_{CB} = -6$ V
	$I_{CEO}(\mu A)$	≤1000	≤700	$V_{CE} = -6$ V
	$I_{EBO}(\mu A)$	≤30	≤15	$V_{EB} = -6$ V
	$V_{BES}(V)$	≤0.6	≤0.6	$V_{CE} = -1$ V, $I_C = 175$ mA
	$V_{CES}(V)$	≤0.65	≤0.65	$V_{CE} = V_{BE}, V_{CB} = 0, I_C = 200$ mA
	h_{FE}	40～270	40～270	$V_{CE} = -1$ V, $I_C = 175$ mA
交流参数	$f_\beta(kHz)$	≥6	≥8	$V_{CB} = -6$ V, $I_E = 10$ mA
h_{FE}色标分档		（黄）40～55,（绿）55～80,（蓝）80～120,（紫）120～180,（灰）180～270,（白)270～400		
管　脚				

H.3　3BX31 型 NPN 型锗低频小功率三极管

型　号		3BX31M	3BX31A	3BX31B	3BX31C	测试条件
极限参数	$P_{CM}(mW)$	125	125	125	125	$T_a = 25$ ℃
	$I_{CM}(mA)$	125	125	125	125	
	$T_{jM}(℃)$	75	75	75	75	
	$BV_{CBO}(V)$	15	20	30	40	$I_C = 1$ mA
	$BV_{CEO}(V)$	6	12	18	24	$I_C = 2$ mA
	$BV_{EBO}(V)$	6	10	10	10	$I_E = 1$ mA
直流参数	$I_{CBO}(\mu A)$	≤25	≤20	≤12	≤6	$V_{CB} = 6$ V
	$I_{CEO}(\mu A)$	≤1000	≤800	≤600	≤400	$V_{CE} = 6$ V
	$I_{EBO}(\mu A)$	≤25	≤20	≤12	≤6	$V_{EB} = 6$ V
	$V_{BES}(V)$	≤0.6	≤0.6	≤0.6	≤0.6	$V_{CE} = 6$ V, $I_C = 100$ mA
	$V_{CES}(V)$	≤0.65	≤0.65	≤0.65	≤0.65	$V_{CE} = V_{BE}, V_{CB} = 0, I_C = 125$ mA
	h_{FE}	80～400	40～180	40～180	40～180	$V_{CE} = 1$ V, $I_C = 100$ mA
交流参数	$f_\beta(kHz)$	－	－	≥8	$f_\beta ≥ 465$	$V_{CB} = -6$ V, $I_E = 10$ mA
h_{FE}色标分档		（黄）40～55,（绿）55～80,（蓝）80～120,（紫）120～180,（灰）180～270,（白)270～400				
管　脚						

H.4　3DG100(3DG6)型 NPN 型硅高频小功率三极管

	原型号	3DG6				测试条件
	新型号	3DG100A	3DG100B	3DG100C	3DG100D	
极限参数	$P_{CM}(mW)$	100	100	100	100	
	$I_{CM}(mA)$	20	20	20	20	
	$BV_{CBO}(V)$	$\geqslant30$	$\geqslant40$	$\geqslant30$	$\geqslant40$	$I_C=100\ \mu A$
	$BV_{CEO}(V)$	$\geqslant20$	$\geqslant30$	$\geqslant20$	$\geqslant30$	$I_C=100\ \mu A$
	$BV_{EBO}(V)$	$\geqslant4$	$\geqslant4$	$\geqslant4$	$\geqslant4$	$I_E=100\ \mu A$
直流参数	$I_{CBO}(\mu A)$	$\leqslant0.01$	$\leqslant0.01$	$\leqslant0.01$	$\leqslant0.01$	$V_{CB}=10\ V$
	$I_{CEO}(\mu A)$	$\leqslant0.1$	$\leqslant0.1$	$\leqslant0.1$	$\leqslant0.1$	$V_{CE}=10\ V$
	$I_{EBO}(\mu A)$	$\leqslant0.01$	$\leqslant0.01$	$\leqslant0.01$	$\leqslant0.01$	$V_{EB}=1.5\ V$
	$V_{BES}(V)$	$\leqslant1$	$\leqslant1$	$\leqslant1$	$\leqslant1$	$I_C=10\ mA,I_B=1\ mA$
	$V_{CES}(V)$	$\leqslant1$	$\leqslant1$	$\leqslant1$	$\leqslant1$	$I_C=10\ mA,I_B=1\ mA$
	h_{FE}	$\geqslant30$	$\geqslant30$	$\geqslant30$	$\geqslant30$	$V_{CE}=10\ V,I_C=3\ mA$
交流参数	$f_T(MHz)$	$\geqslant150$	$\geqslant150$	$\geqslant300$	$\geqslant300$	$V_{CB}=10\ V,I_E=3\ mA$ $f=100\ MHz,R_L=5\ \Omega$
	$K_P(dB)$	$\geqslant7$	$\geqslant7$	$\geqslant7$	$\geqslant7$	$V_{CB}=-6\ V,I_E=3\ mA,f=100\ MHz$
	$C_{ob}(pF)$	$\leqslant4$	$\leqslant4$	$\leqslant4$	$\leqslant4$	$V_{CB}=10\ V,I_E=0$
	h_{FE}色标分档	（红）30~60,（绿）50~110,（蓝）90~160,（白）>150				
	管　脚					

H.5　3DG130(3DG12)型 NPN 型硅高频小功率三极管

	原型号	3DG12				测试条件
	新型号	3DG130A	3DG130B	3DG130C	3DG130D	
极限参数	$P_{CM}(mW)$	700	700	700	700	
	$I_{CM}(mA)$	300	300	300	300	
	$BV_{CBO}(V)$	$\geqslant40$	$\geqslant60$	$\geqslant40$	$\geqslant60$	$I_C=100\ \mu A$
	$BV_{CEO}(V)$	$\geqslant30$	$\geqslant45$	$\geqslant30$	$\geqslant45$	$I_C=100\ \mu A$
	$BV_{EBO}(V)$	$\geqslant4$	$\geqslant4$	$\geqslant4$	$\geqslant4$	$I_E=100\ \mu A$
直流参数	$I_{CBO}(\mu A)$	$\leqslant0.5$	$\leqslant0.5$	$\leqslant0.5$	$\leqslant0.5$	$V_{CB}=10\ V$
	$I_{CEO}(\mu A)$	$\leqslant1$	$\leqslant1$	$\leqslant1$	$\leqslant1$	$V_{CE}=10\ V$
	$I_{EBO}(\mu A)$	$\leqslant0.5$	$\leqslant0.5$	$\leqslant0.5$	$\leqslant0.5$	$V_{EB}=1.5\ V$
	$V_{BES}(V)$	$\leqslant1$	$\leqslant1$	$\leqslant1$	$\leqslant1$	$I_C=100\ mA\quad I_B=10\ mA$
	$V_{CES}(V)$	$\leqslant0.6$	$\leqslant0.6$	$\leqslant0.6$	$\leqslant0.6$	$I_C=100\ mA\quad I_B=10\ mA$
	h_{FE}	$\geqslant30$	$\geqslant30$	$\geqslant30$	$\geqslant30$	$V_{CE}=10V\quad I_C=50\ mA$

原型号		3DG12				测试条件
新型号		3DG130A	3DG130B	3DG130C	3DG130D	$V_{CB} = 10$ V$,I_E = 50$ mA$,f = 100$ MHz $R_L = 5$ Ω
交流参数	f_T(MHz)	$\geqslant 150$	$\geqslant 150$	$\geqslant 300$	$\geqslant 300$	
	K_P(dB)	$\geqslant 6$	$\geqslant 6$	$\geqslant 6$	$\geqslant 6$	$V_{CB} = -10$ V$,I_E = 50$ mA $f = 100$ MHz
	C_{ob}(pF)	$\leqslant 10$	$\leqslant 10$	$\leqslant 10$	$\leqslant 10$	$V_{CB} = 10$ V$,I_E = 0$
h_{FE}色标分档		（红）30~60,（绿）50~110,（蓝）90~160,（白）>150				
管 脚						

H.6　9011~9018 塑封硅三极管

型 号		(3DG)9011	(3CX)9012	(3DX)9013	(3DG)9014	(3CG)9015	(3DG)9016	(3DG)9018
极限参数	P_{CM}(mW)	200	300	300	300	300	200	200
	I_{CM}(mA)	20	300	300	100	100	25	20
	BV_{CBO}(V)	20	20	20	25	25	25	30
	BV_{CEO}(V)	18	18	18	20	20	20	20
	BV_{EBO}(V)	5	5	5	4	4	4	4
直流参数	I_{CBO}(μA)	0.01	0.5	0.5	0.05	0.05	0.05	0.05
	I_{CEO}(μA)	0.1	1	1	0.5	0.5	0.5	0.5
	I_{EBO}(μA)	0.01	0.5	0.5	0.05	0.05	0.05	0.05
	V_{CES}(V)	0.5	0.5	0.5	0.5	0.5	0.5	0.35
	V_{BES}(V)		1		1	1	1	1
	h_{FE}	30	30	30	30	30	30	30
交流参数	f_T(MHz)	100			80	80	500	600
	C_{ob}(pF)	3.5			2.5	4	1.6	4
	K_P(dB)							10
h_{FE}色标分档		（红）30~60,（绿）50~110,（蓝）90~160,（白）>150						
管 脚								

参考文献

[1] 石生.电路基本分析[M].北京:高等教育出版社,2006.

[2] 陈小虎.电工电子技术[M].北京:高等教育出版社,2001.

[3] 郝广发.电工工艺[M].北京:机械工业出版社,1999.

[4] 张燕敏.电工进网作业许可考试参考教材[M].北京:中国财经出版社,2006.

[5] 金国砥.电工实训[M].北京:电子工业出版社,2002.